《双碳目标下"多能融合"技术图解》编委会

编委会主任：
　刘中民　中国科学院大连化学物理研究所，中国工程院院士

编委会副主任：
　蔡　睿　中国科学院大连化学物理研究所，研究员

编委会委员（以姓氏笔画排序）：
　王志峰　中国科学院电工研究所，研究员
　王国栋　东北大学，中国工程院院士
　王建强　中国科学院上海应用物理研究所，研究员
　王艳青　中国科学院大连化学物理研究所，高级工程师
　王集杰　中国科学院大连化学物理研究所，研究员
　叶　茂　中国科学院大连化学物理研究所，研究员
　田亚峻　中国科学院青岛生物能源与过程研究所，研究员
　田志坚　中国科学院大连化学物理研究所，研究员
　吕清刚　中国科学院工程热物理研究所，研究员
　朱文良　中国科学院大连化学物理研究所，研究员
　朱汉雄　中国科学院大连化学物理研究所，高级工程师
　任晓光　中国科学院大连化学物理研究所/榆林中科洁净能源创新研究院，
　　　　　正高级工程师
　刘中民　中国科学院大连化学物理研究所，中国工程院院士
　许明夏　大连交通大学，副教授
　孙丽平　国家能源集团技术经济研究院，工程师
　严　丽　中国科学院大连化学物理研究所，研究员

杜　伟	中国科学院大连化学物理研究所，正高级工程师
李　睿	上海交通大学，教授
李先锋	中国科学院大连化学物理研究所，研究员
李婉君	中国科学院大连化学物理研究所，研究员
杨宏伟	国家发展和改革委员会能源研究所，研究员
肖　宇	中国科学院大连化学物理研究所，研究员
何京东	中国科学院重大科技任务局，处长
汪　澜	中国建筑材料科学研究总院，教授
汪国雄	中国科学院大连化学物理研究所，研究员
张　晶	大连大学，教授
张宗超	中国科学院大连化学物理研究所，研究员
陈　伟	中国科学院武汉文献情报中心，研究员
陈忠伟	中国科学院大连化学物理研究所，加拿大皇家科学院院士、加拿大工程院院士
陈维东	中国科学院大连化学物理研究所/榆林中科洁净能源创新研究院，副研究员
邵志刚	中国科学院大连化学物理研究所，研究员
麻林巍	清华大学，副教授
彭子龙	中国科学院赣江创新研究院，纪委书记/副研究员
储满生	东北大学，教授
路　芳	中国科学院大连化学物理研究所，研究员
蔡　睿	中国科学院大连化学物理研究所，研究员
潘立卫	大连大学，教授
潘克西	复旦大学，副教授
潘秀莲	中国科学院大连化学物理研究所，研究员
魏　伟	中国科学院上海高等研究院，研究员

DIAGRAMS FOR
MULTI-ENERGY INTEGRATION
TECHNOLOGIES TOWARDS DUAL CARBON TARGETS

双碳目标下"多能融合"技术图解

蔡 睿 刘中民 总主编

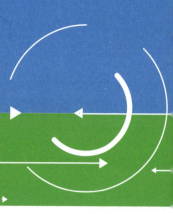

可再生能源规模应用与先进核能

李婉君 詹 晶 王政威 主编

化学工业出版社

·北京·

内容简介

《可再生能源规模应用与先进核能》以能源革命为背景,以碳达峰、碳中和目标为导向,采用图解形式介绍可再生能源和先进核能领域宏观发展态势,太阳能、风能、水能、生物质能、地热能、海洋能、核能等子领域的发展详情。全书内容共计两篇十五章,全面系统地介绍了可再生能源及先进核能领域的科技创新、产业发展、主要技术清单及发展路线图;近年来领域政策支持概况及展望;采用文献调研等方法对可再生能源和先进核能技术进行领域发展态势分析等。

本书可供从事新能源、环境保护等相关专业的技术人员、研究人员和管理人员参考,也可供关心新能源技术发展的人士阅读。

图书在版编目(CIP)数据

可再生能源规模应用与先进核能 / 李婉君,詹晶,王政威主编. -- 北京:化学工业出版社,2024.8. (双碳目标下"多能融合"技术图解 / 蔡睿,刘中民总主编). -- ISBN 978-7-122-45919-0

Ⅰ.TK01;TL

中国国家版本馆CIP数据核字第2024PT2618号

责任编辑:满悦芝 杨振美 郭宇婧　　文字编辑:郭丽芹
责任校对:王 静　　装帧设计:张 辉

出版发行:化学工业出版社(北京市东城区青年湖南街13号 邮政编码100011)
印　　装:中煤(北京)印务有限公司
710mm×1000mm 1/16 印张21¾ 字数279千字 2025年4月北京第1版第1次印刷

购书咨询:010-64518888　　　　　　　售后服务:010-64518899
网　　址:http://www.cip.com.cn
凡购买本书,如有缺损质量问题,本社销售中心负责调换。

定　　价:128.00元　　　　　　　　　　　　　　版权所有　违者必究

本书编写人员名单

主　编：李婉君　詹　晶　王政威

参　编：杜　伟　王春博　王秀丹　王艳青

序 言

2014年6月13日，习近平总书记在中央财经领导小组第六次会议上提出"四个革命、一个合作"能源安全新战略，推动我国能源发展进入新时代。2020年9月22日，习近平主席在第七十五届联合国大会一般性辩论上郑重宣布：中国将提高国家自主贡献力度，采取更加有力的政策和措施，二氧化碳排放力争于2030年前达到峰值，努力争取2060年前实现碳中和（以下简称"碳达峰碳中和目标"）。实现碳达峰碳中和目标，是以习近平同志为核心的党中央统筹国内国际两个大局作出的重大战略决策，是着力解决资源环境约束突出问题，实现中华民族永续发展的必然选择，是构建人类命运共同体的庄严承诺。二氧化碳排放与能源资源的种类、利用方式和利用总量直接相关。我国碳排放量大的根本原因在于能源及其相关的工业体系主要依赖化石资源。如何科学有序推进能源结构及相关工业体系从高碳向低碳/零碳发展，如何在保障能源安全的基础上实现"双碳"目标（即碳达峰碳中和目标），同时支撑我国高质量可持续发展，其挑战前所未有，任务异常艰巨。在此过程中，科技创新必须发挥至关重要的引领作用。

经过多年发展，我国能源科技创新取得重要阶段性进展，有力保障了能源安全，促进了产业转型升级，为"双碳"目标的实现奠定了良好基础。中国科学院作为国家战略科技力量的重要组成部分，历来重视能源领域科技和能源安全问题，先后组织实施了"未来先进核裂变能""应对气候变化的碳收支认证及相关问题""低阶煤清洁高效梯级利用""智能导钻技术装备体系与相关理论研究""变革性纳米技术聚焦""变革性洁净能源关键技术与示范"等A类战略性先导科技专项。从强化核能、煤炭等领域技术研究出发，逐步推动了面向能源体系变革的系统化研究部署。"双碳"问题，其本质主要还是能源的问题。要实现"碳达峰碳中和目标"，我国能源结构、生产生活方式将需要颠覆性变革，必须以新理念重新审视传统能源体系和工业生产过程，协同推进新型能源体系建设、工业低碳零碳流程再造。

"多能融合"理念与技术框架是以刘中民院士为代表的中国科学院专家经过多年研究，针对当前能源、工业体系绿色低碳转型发展需求，提出的创新理念和技术框架。"多能融合"理念与技术框架提出以来，经过不断丰富、完善，已经成为中国科学院、科技部面向"双碳"目标的技术布局的核心系统框架之一。

为让读者更加系统、全面了解"多能融合"理念与技术框架，中国科学院大连化学物理研究所组织编写了双碳目标下"多能融合"技术图解丛书，试图通过翔实的数据和直观的图示，让政府管理人员、科研机构研究人员、企业管理人员、金融机构从业人员及大学生等广大读者快速、全面把握"多能融合"的理念与技术框架，加深对双碳愿景下的能源领域科技创新发展方向的理解。

本丛书的具体编写工作由中国科学院大连化学物理研究所低碳战略研究中心承担，编写团队基于多能融合系统理念，围绕化石能源清洁高效利用与耦合替代、可再生能源多能互补与规模应用、低碳与零碳工业流程再造和低碳化智能化多能融合等四条主线，形成了一套6册的丛书，分别为《"多能融合"技术总论》及"多能融合"技术框架中的各关键领域，包括《化石能源清洁高效开发利用与耦合替代》《可再生能源规模应用与先进核能》《储能氢能与智能电网》《终端用能低碳转型》《二氧化碳捕集、利用及封存》。

本丛书获得了中国科学院A类战略性先导科技专项"变革性洁净能源关键技术与示范"等项目支持。在编写过程中，成立了编写委员会，统筹指导丛书编写工作；同时，也得到了多位国内外知名专家学者的指导与帮助，在此表达真诚的感谢。但因涉及领域众多，编写过程中难免有纰漏之处，敬请各位专家学者及广大读者批评指正。

蔡 睿

2024年10月

前 言

随着应对全球气候变化及能源低碳化发展成为国际共识,在需求导向和低碳发展战略的引领下,世界各国能源结构转型进程正在稳步推进,加速向清洁低碳的新能源转型,各国都制定了发展战略。全球能源系统将持续向绿色、低碳、清洁、高效、智慧、多元方向发展,进入新能源发展加速期,能源体系逐渐从化石能源绝对主导向低碳多能融合方向转变。

中国作为世界能源生产及消费大国,尤其重视应对气候变化及低碳能源发展。2021年10月,《中共中央 国务院关于完整准确全面贯彻新发展理念做好碳达峰碳中和工作的意见》《国务院关于印发2030年前碳达峰行动方案的通知》,对碳达峰、碳中和重大工作进行系统谋划和总体部署,明确提出:到2030年,非化石能源消费比重达到25%左右,风电、太阳能发电总装机容量达到12亿千瓦以上;到2060年,绿色低碳循环发展的经济体系和清洁低碳安全高效的能源体系全面建立,能源利用效率达到国际先进水平,非化石能源消费比重达到80%以上。因此,我们必须坚持以习近平新时代中国特色社会主义思想为指导,完整、准确、全面贯彻新发展理念,统筹发展和安全,坚持先立后破、通盘谋划,更好发挥新能源在能源保供增供方面的作用。

鉴于此,本书主要从可再生能源和核能领域进行图解分析,共计两篇十五章,分别从太阳能、风能、水能、生物质能、地热能、海洋能、核能等新能源领域的技术进展、产业发展、政策支持等方面进行了分析阐述。第一篇主要探讨可再生能源领域的发展,共计九章内容。第1章可再生能源发展态势概述了可再生能源在国际、国内两个空间维度的宏观发展情况,对全球可再生能源电力装机规模及发电量变化趋势、能源装机结构等以数据为基准进行分析阐述。第 2 章至第 7 章分别详细阐述了太阳能、风能等子领域的资源开发、技术创新、产业升级等发展现状，对主要技术的发展趋势和关键问题等进行分析，并且根据分析形成技术发展路线图。第 8 章结合前 7 章的分论述，探讨分析了面向碳达峰、碳中和目标下的可再生能源电力及热力的发展现状及未来规划。第 9 章以国家政策为基础，对 2022 年度可再生能源相关政策进行整理分析，明确了政策加持对可再生能源技术及其产业发展的重要性和关键性，并基于过往发展经验及未来发展需求进行新阶段的政策展望。第二篇主要探讨核能领域的发展，共计六章内容。第 10 章核能技术发展现状概述了国际及国内核能发展现状，重点梳理了我国核能产业的发展历史及现状。第 11 章核能基础理论简要概述了核能产业链的基本知识及核能的主要特征。第 12 章和第 13 章以先进核裂变能、乏燃料安全处置与循环利用和可控核聚变为大类进行相关技术的内涵、发展方向和趋势及拟解决的关键科技问题的介绍。第 14 章基于专利宏观检索来分析核能领域技术发展的趋势和方向，分别对核能领域核裂变能、乏燃料后处理和可控核聚变三个方面进行介绍。第 15 章重点从核能的定位、政策、技术等方面给出了核能行业的对策建议。

考虑到研究问题的复杂性，限于编者理论水平、实际经验和编写时间，书中难免存在不足和疏漏之处，恳请读者批评指正。

编　者

目 录

0 绪论 / 1
- 0.1 新能源发展的重要性 …………………………………………… 1
- 0.2 新能源发展的必要性 …………………………………………… 2

第一篇 可再生能源篇

第1章 可再生能源发展态势 / 7
- 1.1 国际发展 ………………………………………………………… 7
- 1.2 国内发展 ………………………………………………………… 10

第2章 太阳能 / 18
- 2.1 资源概况 ………………………………………………………… 18
  - 2.1.1 资源分布 …………………………………………………… 18
  - 2.1.2 技术开发量 ………………………………………………… 19
- 2.2 基础理论 ………………………………………………………… 21
  - 2.2.1 光伏发电基本原理 ………………………………………… 21
  - 2.2.2 光伏发电主要技术 ………………………………………… 21
  - 2.2.3 光热发电基本原理 ………………………………………… 22
  - 2.2.4 光热发电主要技术 ………………………………………… 23
- 2.3 主要特征 ………………………………………………………… 24
  - 2.3.1 光伏 ………………………………………………………… 24
  - 2.3.2 光热 ………………………………………………………… 25
- 2.4 发展现状 ………………………………………………………… 26
  - 2.4.1 国际现状 …………………………………………………… 26
  - 2.4.2 国内现状 …………………………………………………… 28
  - 2.4.3 光伏 ………………………………………………………… 31
  - 2.4.4 光热 ………………………………………………………… 41
- 2.5 技术清单 ………………………………………………………… 51
  - 2.5.1 晶体硅电池技术 …………………………………………… 51

  2.5.2 薄膜和新型电池技术 …………………………………… 52
  2.5.3 光伏系统及核心部件技术 ………………………………… 53
  2.5.4 超超临界熔盐塔式太阳能热发电技术 ………… 54
  2.5.5 超临界二氧化碳太阳能热发电技术 …………… 55
  2.5.6 化学电池和卡诺电池协同储能技术 …………… 56
  2.5.7 太阳能集热储热多能互补零碳供热技术 …… 57
  2.5.8 太阳能废水近零排放技术 ……………………… 58
2.6 技术发展路线图 ………………………………………………… 59

第3章 风能 / 61

3.1 资源概况 ………………………………………………………… 61
  3.1.1 资源分布 ……………………………………… 61
  3.1.2 技术开发量 …………………………………… 63
3.2 基础理论 ………………………………………………………… 63
3.3 主要特征 ………………………………………………………… 64
3.4 发展现状 ………………………………………………………… 65
  3.4.1 国际现状 ……………………………………… 65
  3.4.2 国内现状 ……………………………………… 69
  3.4.3 技术发展 ……………………………………… 71
  3.4.4 产业现状 ……………………………………… 81
3.5 技术清单 ………………………………………………………… 85
  3.5.1 先进风力发电技术 …………………………… 85
  3.5.2 陆上不同类型风电场运行优化及运维技术 … 86
  3.5.3 大型海上风电机组叶片测试技术研究及测试
     系统研制 …………………………………… 87
  3.5.4 超大型、高可靠性海上风电机组与关键部件
     研制技术 …………………………………… 87
  3.5.5 大功率陆上风电机组设计优化与电气控制关键
     技术 ………………………………………… 88
3.6 技术路线图 ……………………………………………………… 89

第4章 水能 / 90

4.1 资源概况 ………………………………………………………… 90
  4.1.1 资源分布 ……………………………………… 90
  4.1.2 技术开发量 …………………………………… 91
4.2 基础理论 ………………………………………………………… 91

4.2.1 基本原理 …… 91
4.2.2 电站分类 …… 93
4.3 主要特征 …… 93
4.4 发展现状 …… 94
4.4.1 国际现状 …… 94
4.4.2 国内现状 …… 95
4.4.3 技术现状 …… 98
4.4.4 产业现状 …… 100
4.5 技术清单 …… 102
4.5.1 抽水蓄能和可调节性水电技术内涵 …… 102
4.5.2 未来发展方向和趋势 …… 102
4.5.3 拟解决的关键科技问题 …… 102
4.6 技术发展路线图 …… 103

第5章 生物质能 / 104

5.1 资源概况 …… 104
5.1.1 资源分布 …… 104
5.1.2 技术开发量 …… 106
5.2 基础理论 …… 108
5.2.1 生物质 …… 108
5.2.2 生物质发电 …… 108
5.3 主要特征 …… 109
5.4 发展现状 …… 110
5.4.1 国际现状 …… 110
5.4.2 国内现状 …… 112
5.4.3 技术现状 …… 114
5.4.4 产业现状 …… 116
5.5 技术清单 …… 117
5.5.1 航油技术 …… 117
5.5.2 生物柴油技术 …… 118
5.5.3 生物燃料乙醇技术 …… 118
5.5.4 厌氧发酵制备生物燃气技术 …… 119
5.5.5 热化学气化技术 …… 120
5.5.6 生物质直燃发电技术 …… 121
5.5.7 生物质混燃发电技术 …… 122
5.5.8 生物质气化发电技术 …… 122

        5.5.9 生物质成型燃料 …………………………………… 123
        5.5.10 生物基化学品 …………………………………… 124
    5.6 技术发展路线图 ……………………………………………… 124

第6章　地热能 / 126

    6.1 资源概况 ……………………………………………………… 126
        6.1.1 资源分布 ……………………………………………… 126
        6.1.2 技术开发量 …………………………………………… 127
    6.2 基础理论 ……………………………………………………… 128
        6.2.1 地热能 ………………………………………………… 128
        6.2.2 地热发电 ……………………………………………… 128
        6.2.3 地热供热 ……………………………………………… 128
    6.3 主要特征 ……………………………………………………… 129
    6.4 发展现状 ……………………………………………………… 130
        6.4.1 国际现状 ……………………………………………… 130
        6.4.2 国内现状 ……………………………………………… 133
        6.4.3 技术发展 ……………………………………………… 137
        6.4.4 产业现状 ……………………………………………… 139
    6.5 技术清单 ……………………………………………………… 142
        6.5.1 干蒸汽地热发电技术 ………………………………… 142
        6.5.2 闪蒸地热发电技术 …………………………………… 143
        6.5.3 有机朗肯循环技术 …………………………………… 145
        6.5.4 卡琳娜循环技术 ……………………………………… 146
        6.5.5 增强型地热系统 ……………………………………… 147
        6.5.6 地源热泵技术 ………………………………………… 148
        6.5.7 中深层水热型地热能取暖技术 ……………………… 149
    6.6 技术发展路线图 ……………………………………………… 150

第7章　海洋能 / 151

    7.1 资源概况 ……………………………………………………… 151
        7.1.1 资源分布 ……………………………………………… 151
        7.1.2 技术开发量 …………………………………………… 151
    7.2 基础理论 ……………………………………………………… 152
        7.2.1 潮汐能 ………………………………………………… 153
        7.2.2 潮流能 ………………………………………………… 153
        7.2.3 海流能 ………………………………………………… 154

　　　　7.2.4　波浪能 …………………………………………… 154
　　　　7.2.5　温差能 …………………………………………… 154
　　　　7.2.6　盐差能 …………………………………………… 155
　7.3　主要特征 ……………………………………………………… 155
　7.4　发展现状 ……………………………………………………… 156
　　　　7.4.1　国际现状 ………………………………………… 156
　　　　7.4.2　国内现状 ………………………………………… 166
　　　　7.4.3　技术现状 ………………………………………… 172
　　　　7.4.4　产业现状 ………………………………………… 179
　7.5　技术清单 ……………………………………………………… 181
　　　　7.5.1　波浪能高效、高稳定性和大型阵列化技术 …… 182
　　　　7.5.2　潮流能高效、低成本和大型化技术 …………… 182
　　　　7.5.3　潮流能发电机组低流速启动技术 ……………… 183
　　　　7.5.4　温差能发电及综合利用技术 …………………… 184
　　　　7.5.5　温差能发电热力循环技术 ……………………… 185
　7.6　技术发展路线图 ……………………………………………… 185

第8章　"碳中和、碳达峰"目标下的可再生能源发展方向　/ 187

　8.1　电力发展 ……………………………………………………… 188
　8.2　热力发展 ……………………………………………………… 198

第9章　政策分析　/ 203

　9.1　政策概述 ……………………………………………………… 203
　9.2　政策梳理 ……………………………………………………… 206
　9.3　政策展望 ……………………………………………………… 221

第二篇　核　能

第10章　核能技术发展现状　/ 227

　10.1　国际核能现状 ………………………………………………… 229
　　　　10.1.1　核电装机情况 …………………………………… 229
　　　　10.1.2　核电发电量 ……………………………………… 230
　　　　10.1.3　美国核电发展情况 ……………………………… 231
　　　　10.1.4　俄罗斯核电发展情况 ……………………………233

10.1.5 法国核电发展情况 ………………………………………… 235
10.1.6 日本核电发展情况 ………………………………………… 236
10.1.7 韩国核电发展情况 ………………………………………… 238
10.1.8 国际核能技术应用现状 …………………………………… 239
10.1.9 国际核能发展的展望 ……………………………………… 241
10.2 国内核能产业发展现状 ………………………………………… 244
10.2.1 天然铀 ……………………………………………………… 244
10.2.2 核燃料循环产业 …………………………………………… 246
10.2.3 核电工程建设 ……………………………………………… 247
10.2.4 核电站运行 ………………………………………………… 249
10.2.5 国内核能技术发展现状 …………………………………… 254
10.2.6 核电企业 …………………………………………………… 256
10.2.7 国内核能发展的展望 ……………………………………… 260

第11章 核能基础理论 / 263

11.1 核工业产业链基本知识 ………………………………………… 264
11.1.1 铀矿勘查 …………………………………………………… 264
11.1.2 铀矿采冶 …………………………………………………… 264
11.1.3 铀纯化 ……………………………………………………… 265
11.1.4 铀转化 ……………………………………………………… 265
11.1.5 铀浓缩 ……………………………………………………… 265
11.1.6 燃料组件制造 ……………………………………………… 266
11.1.7 核电站 ……………………………………………………… 266
11.1.8 乏燃料后处理 ……………………………………………… 267
11.1.9 放射性废物处理 …………………………………………… 267
11.1.10 放射性废物处置 ………………………………………… 267
11.2 核能的主要特征 ………………………………………………… 267

第12章 核能领域技术清单 / 269

12.1 先进核裂变能 …………………………………………………… 269
12.1.1 大型轻水堆技术 …………………………………………… 269
12.1.2 高温与超高温气冷反应堆技术 …………………………… 270
12.1.3 超临界水冷堆技术 ………………………………………… 271
12.1.4 快堆技术 …………………………………………………… 272
12.1.5 钍基熔盐堆技术 …………………………………………… 273
12.1.6 加速器驱动的先进核能系统 ……………………………… 273

  12.1.7 小型模块化反应堆技术·····274
  12.1.8 先进核燃料元件设计及制造技术·····275
  12.1.9 超高温熔盐蓄热储能技术·····276
  12.1.10 高温电解制氢技术与应用·····277
  12.1.11 放射性废物减容与减害技术·····278
  12.1.12 先进核材料·····279
  12.1.13 核安全技术与工程·····280
  12.1.14 核能非电利用技术·····281
12.2 乏燃料安全处理处置与循环利用·····282
  12.2.1 湿法乏燃料后处理技术·····282
  12.2.2 干法后处理技术·····282
  12.2.3 冷坩埚玻璃化技术·····282
  12.2.4 石墨自蔓延等放射性废物处理技术·····283
  12.2.5 快堆嬗变技术·····283
  12.2.6 ADS嬗变技术·····284
  12.2.7 核能资源勘探开发与核燃料循环·····285
12.3 可控核聚变能·····286
  12.3.1 聚变示范堆DEMO·····286
  12.3.2 大型托卡马克聚变堆装置的设计、建造和运行·····287
  12.3.3 惯性约束聚变驱动器技术·····288

第13章 核能技术发展路线图 / 290

13.1 核能发展总体路线图·····290
13.2 压水堆发展路线及备选技术·····292
  13.2.1 路线·····292
  13.2.2 备选技术·····292
13.3 快堆及第四代堆发展路线及备选技术·····292
  13.3.1 路线·····292
  13.3.2 备选技术·····293
13.4 受控核聚变科学技术路线及备选技术·····293
  13.4.1 路线·····293
  13.4.2 备选技术·····293

第14章 核能领域专利分析 / 294

14.1 研究背景·····294
14.2 核裂变能专利现状分析·····295

14.2.1　反应堆技术…………………………………295
　　　14.2.2　核能非电应用技术……………………………297
　　　14.2.3　核安全科学技术………………………………299
14.3　乏燃料后处理专利现状分析 ………………………… 301
14.4　可控核聚变专利现状分析 …………………………… 303
　　　14.4.1　磁约束核聚变技术……………………………303
　　　14.4.2　惯性约束核聚变技术…………………………305

第15章　"碳中和、碳达峰"目标下核能行业对策建议 / 307

15.1　核电将成为兑现减排主力军，加强核电在未来能源体系中的作用和定位……………………………………… 307
15.2　核能非电应用将为能源密集型行业脱碳助力 ……… 308
15.3　核安全政策加快出台，保障核能安全性生命线 …… 308
15.4　乏燃料管理尽快完善，确保核能可持续发展 ……… 309
15.5　加大国内铀资源勘查开发力度，确保核能物质基础供应安全…………………………………………………… 309

总结　/ 310

参考文献　/ 312

图目录

图 0-1 "四主线、四平台"的"多能融合"技术体系 ………… 3
图 1-1 2012—2022 年全球可再生能源装机量及 2012—2021 年发电量趋势 …………………………………………………… 8
图 1-2 2022 年全球可再生能源装机结构 ……………………… 8
图 1-3 2022 年全球可再生能源装机量前十位的国家 ………… 9
图 1-4 2021 年全球可再生能源发电量前十位的国家 ………… 9
图 1-5 2011—2022 年可再生能源累计装机规模趋势 ………… 11
图 1-6 2022 年全国电源装机结构图 …………………………… 12
图 1-7 2022 年全国新增发电装机量结构图 …………………… 12
图 1-8 2022 年全国非化石能源发电量结构图 ………………… 13
图 1-9 2022 年我国省(区、市)可再生能源电力实际消纳情况 ………………………………………………………… 14
图 1-10 2022 年可再生能源电力消纳非水电责任权重完成情况 …………………………………………………………… 15
图 1-11 2021 年及 2022 年全国风电并网消纳情况对比图 …… 15
图 1-12 2021 年及 2022 年全国光伏并网消纳情况对比图 …… 16
图 1-13 2021 年及 2022 年全国主要流域水电利用情况对比图… 16
图 2-1 并网光伏发电系统示意图 ……………………………… 21
图 2-2 塔式光热发电原理图 …………………………………… 23
图 2-3 全球太阳能装机规模发展趋势 ………………………… 26
图 2-4 全球太阳能发电量发展趋势 …………………………… 27
图 2-5 2022 年全球太阳能装机量前十位的国家 ……………… 27
图 2-6 2021 年全球太阳能发电量前十位的国家 ……………… 28
图 2-7 2011—2022 年中国太阳能发电装机及新增装机趋势 … 29
图 2-8 2011—2022 年中国太阳能发电量趋势 ………………… 29
图 2-9 2012—2022 年中国太阳能 6000 千瓦及以上发电设备利用时间趋势 …………………………………………… 30
图 2-10 2016—2022 年弃光率趋势 ……………………………… 30
图 2-11 2021/2022 年中国各区域太阳能装机量对比 …………… 31
图 2-12 2022 年我国各省份光伏装机情况 ……………………… 32
图 2-13 我国首个超高海拔光伏实证基地项目 ………………… 37

图2-14	卡塔尔阿尔卡萨光伏电站	38
图2-15	全球首个深远海风光同场漂浮式光伏实证项目	39
图2-16	光伏产业链示意图	40
图2-17	2016—2022年我国光伏制造端主要环节发展概况	40
图2-18	截至2021年9月全球光热发电项目分布概况	41
图2-19	青海中控德令哈50MW光热电站	45
图2-20	中船新能源100MW光热发电示范项目	46
图2-21	首航高科敦煌100MW塔式光热电站	46
图2-22	中广核德令哈50MW槽式光热电站	47
图2-23	中电建青海共和50MW塔式光热电站	48
图2-24	兰州大成敦煌50MW线性菲涅尔式光热电站	48
图2-25	鲁能海西州50MW光热发电项目	49
图2-26	太阳能热发电产业链构成图	50
图2-27	常规晶体硅太阳电池的结构示意图	52
图2-28	固体颗粒作为传热流体的超临界CO_2太阳能热发电技术示意图	56
图2-29	太阳能光伏/光热技术路线图	60
图3-1	风力发电过程示意图	64
图3-2	全球风电装机量趋势	66
图3-3	全球风力发电量趋势	66
图3-4	2022年全球风电装机量前十位的国家	67
图3-5	2021年全球风电发电量前十位的国家	67
图3-6	中国风电装机及新增装机趋势	69
图3-7	中国风电发电量趋势	70
图3-8	2021/2022年中国各区域风电装机量对比	70
图3-9	中国6000千瓦及以上风电设备利用时间趋势	71
图3-10	中国弃风率趋势	72
图3-11	国内首台最大单机容量陆上风力发电机组	73
图3-12	我国山地风电最大单机容量风机成功投运	74
图3-13	16兆瓦海上风电机组成功下线	74
图3-14	全国最大平价海上风电场	75
图3-15	双瑞风电全球最长风电叶片SR260成功下线	76
图3-16	山东能源渤中海上风电A场址风机吊装	77
图3-17	渤中海上风电B场址海上升压站	77
图3-18	神泉二项目风机吊装	78
图3-19	三一重能7.XMW风机吊装	79
图3-20	我国首座深远海浮式风电平台主体完工	79

图 3-21	明阳智能全球最大最长的海上抗台风型叶片 MySE16.X-260下线	80
图 3-22	风电产业链	81
图 3-23	2022年企业新增风电装机概况	82
图 3-24	2022年我国海上风电装机量分布情况	83
图 3-25	2022年我国风电叶片产能概况	83
图 3-26	我国风电机组出口容量概况	84
图 3-27	风能技术路线图	89
图 4-1	中国水力资源技术可开发量	91
图 4-2	典型调节式水电站示意图	92
图 4-3	全球水电资源技术开发量分布	94
图 4-4	全球水电装机量及发电量趋势	95
图 4-5	2022年全球水电装机量前十位的国家（不含抽水蓄能）	96
图 4-6	2021年全球水电发电量前十位的国家（不含抽水蓄能）	96
图 4-7	我国水电装机及新增装机趋势	97
图 4-8	我国水电发电量趋势	97
图 4-9	2021/2022年我国区域水电装机量对比	98
图 4-10	白鹤滩水电站	99
图 4-11	雅砻江两河口水电站下游	100
图 4-12	水电产业链示意图	101
图 4-13	水电技术路线图	103
图 5-1	我国生物质资源量和能源化利用量现状	105
图 5-2	我国生物质能技术可开发量地区分布情况	105
图 5-3	生物质能总量构成图	107
图 5-4	生物质能已开发利用量结构图	107
图 5-5	全球生物质发电装机量及发电量趋势	111
图 5-6	2022年全球生物质发电装机量前十位的国家	111
图 5-7	2021年全球生物质发电量前十位的国家	112
图 5-8	2015—2022年中国生物质发电装机量及发电量	113
图 5-9	2022年我国部分省（区、市）生物质装机量概况	113
图 5-10	中国生物质能发电行业产业链	116
图 5-11	生物质技术发展路线图	125
图 6-1	全球地热能装机量及发电量趋势	131
图 6-2	全球地热直接利用装机量及年利用量趋势	131
图 6-3	2022年全球地热能发电装机量前十位的国家	132

图6-4 2021年全球地热能发电量前十位的国家 …………133
图6-5 我国地热能主要应用领域……………………………134
图6-6 我国地热能开发利用格局情况………………………134
图6-7 中国地热能装机量趋势………………………………135
图6-8 2016—2020年中国中深层、浅层地热开发利用规模变化趋势………………………………………………136
图6-9 地热干蒸汽发电技术示意图…………………………142
图6-10 闪蒸地热发电技术示意图 …………………………144
图6-11 有机朗肯循环发电技术示意图 ……………………145
图6-12 卡琳娜循环发电技术示意图 ………………………146
图6-13 增强型地热系统示意图 ……………………………147
图6-14 增强型地热发电技术示意图 ………………………148
图6-15 地热能技术发展路线图 ……………………………150
图7-1 全球海洋能装机量及发电量趋势……………………157
图7-2 2022年全球海洋能发电装机量前十位的国家 ………157
图7-3 2021年全球海洋能发电量前十位的国家和地区 ……158
图7-4 瑞典CorPower公司为HiWave-5项目铺设海底电缆…………………………………………………………160
图7-5 爱尔兰OE公司波浪能装置将在欧洲海洋能源中心（EMEC）进行测试 ……………………………………160
图7-6 英国亚特兰蒂斯公司MeyGen项目一期工程的第三台潮流能机组…………………………………………162
图7-7 英国SM公司推出新型锚泊装置 ……………………163
图7-8 爱尔兰GKinetic公司完成潮流能机组示范 …………164
图7-9 法国潮流能试验场开展环境监测……………………165
图7-10 瑞典CorPower公司的C4波浪能装置耐力测试……173
图7-11 PelaFlex混合发电平台 ………………………………174
图7-12 瑞典Minesto公司布放第二台D4潮流能机组 ……175
图7-13 潮流能发电机组"奋进号"在浙江舟山秀山岛下海………………………………………………………176
图7-14 国家能源集团龙源电力浙江温岭潮光互补智能电站………………………………………………………177
图7-15 世界首台兆瓦级漂浮式波浪能发电装置正式下水………………………………………………………178
图7-16 海洋能技术路线图 …………………………………186
图10-1 世界核电发展历史 …………………………………228
图10-2 主要国家运行反应堆数量和装机容量 ……………229

图 10-3　主要反应堆类型及装机容量 …………………………230
图 10-4　主要国家核电发电量与核电占比 …………………231
图 10-5　美国核电装机容量 ……………………………………232
图 10-6　美国核电发电量占总发电量比值 …………………232
图 10-7　俄罗斯核电装机容量 …………………………………233
图 10-8　俄罗斯核电发电量占总发电量比值 ………………234
图 10-9　法国核电装机容量 ……………………………………235
图 10-10　法国核电发电量占总发电量比值 …………………236
图 10-11　日本核电装机容量 ……………………………………237
图 10-12　日本核电发电量占总发电量比值 …………………237
图 10-13　韩国核电装机容量 ……………………………………238
图 10-14　韩国核电发电量占总发电量比值 …………………239
图 10-15　核电领域重大技术问题 ………………………………240
图 10-16　世界重要能源机构对全球核电装机容量的预测 …242
图 10-17　世界铀资源产量 ………………………………………245
图 10-18　我国铀矿类型和比例分布 ……………………………245
图 10-19　我国铀矿床规模个数及资源量占比 ………………246
图 10-20　2012—2022年全国核电装机规模 …………………252
图 10-21　2022年全国电力装机占比 …………………………252
图 10-22　2011—2022年全国核电发电量 ……………………253
图 10-23　2011—2022年全国核电利用时间 …………………253
图 10-24　中国核电发展历程 ……………………………………255
图 10-25　截至2022年中广核与中核集团在运机组对比 ……258
图 10-26　截至2022年中广核与中核集团在建机组对比 ……259
图 10-27　2019—2021年中广核与中核集团发电量对比 ……259
图 10-28　中国核电预测数据 ……………………………………261
图 11-1　核裂变与核聚变原理 …………………………………263
图 11-2　核工业产业链 …………………………………………264
图 11-3　核电厂示意图 …………………………………………266
图 13-1　核能技术发展路线图 …………………………………291
图 14-1　全球反应堆专利申请/公开趋势图 …………………295
图 14-2　反应堆专利地区或组织排名 …………………………296
图 14-3　反应堆主要专利申请人情况 …………………………296
图 14-4　全球核能非电应用专利申请/公开趋势图 …………297
图 14-5　核能非电应用专利地区或组织排名 …………………298
图 14-6　核能非电应用主要专利申请人情况 …………………298
图 14-7　全球核安全科学技术专利申请/公开趋势图 ………299

图14-8　核安全科学技术专利地区或组织排名　…………………300
图14-9　核安全科学技术主要专利申请人情况　…………………300
图14-10　全球乏燃料后处理专利申请/公开趋势图　…………301
图14-11　乏燃料后处理专利地区或组织排名　…………………302
图14-12　乏燃料后处理主要专利申请人情况　…………………302
图14-13　全球磁约束核聚变技术专利申请/公开趋势图　……303
图14-14　磁约束核聚变技术专利地区或组织排名　……………304
图14-15　磁约束核聚变技术主要专利申请人情况　……………304
图14-16　全球惯性约束核聚变技术专利申请/公开趋势图　…305
图14-17　惯性约束核聚变技术专利地区或组织排名　…………306
图14-18　惯性约束核聚变技术主要专利申请人情况　…………306

表目录

表1–1	中国可再生能源资源可开发量	10
表2–1	太阳能辐射总量等级及地区分布	19
表2–2	全国各区域不同资源等级以上光伏技术开发量	20
表2–3	我国主要光伏技术类别	22
表2–4	我国主要光热发电技术类别	23
表2–5	我国主要光伏技术发展概况	33
表2–6	2022年我国保持的5项电池效率纪录	34
表2–7	2022年太阳电池中国最高效率	35
表2–8	我国首批20个太阳能热发电示范项目概况	42
表2–9	光热主要技术发展现状	44
表3–1	全国不同高度风能资源分布概况	62
表3–2	中国各区域80m高度风能资源技术开发量	63
表3–3	中国近海100m高度风能资源技术开发量	63
表3–4	2022年世界部分国家及地区风电发展概况	68
表4–1	水资源地区分布概况	90
表5–1	生物质发电形式	109
表6–1	地热能源与开采方式	127
表6–2	水热型地热资源按温度分级	129
表7–1	我国海洋能蕴藏量	152
表7–2	我国海洋能技术可开发量	152
表7–3	海洋能分类	153
表7–4	世界各国代表性潮汐电站统计	161
表7–5	我国部分沿海省市关于推进海洋能发展文件一览表	166
表7–6	我国海洋能电站一览表	168
表7–7	主要波浪能发电技术比较	168
表7–8	鹰式波浪能装置与国外波浪能发电装置相关参数	169
表7–9	我国早期建成的潮汐电站	169
表7–10	国内潮流能发电量进展	170
表7–11	浙江大学60kW及650kW潮流能机组与英国SeaGen装置主要参数一览表	171

表7-12	中国温差能装置和世界典型温差能装置主要参数一览表 …………………………………………172
表8-1	"十四五"大型清洁能源基地布局 …………189
表8-2	第一批以沙漠、戈壁、荒漠地区为重点的大型风电光伏基地建设项目清单………………………190
表8-3	第二批以沙漠、戈壁、荒漠地区为重点的大型风电光伏基地建设项目清单………………………197
表8-4	2022年我国清洁供暖领域政策支持情况 ……200
表9-1	2022年我国各部委出台可再生能源政策文件 ……207
表9-2	我国各省"十四五"能源规划发展目标一览表………219
表10-1	我国在建设核电项目情况 …………………248
表10-2	中国核电分布表 ……………………………249

0 绪 论

0.1 新能源发展的重要性

随着气候变化和能源需求的不断增加，传统能源的使用已经导致了许多环境问题，由于新能源的使用可以减少温室气体的排放，从而减缓气候变化的速度，故新能源的发展已经成为全球关注的热点之一。根据国际能源署的预测，如果全球能源转型成功，到2050年有望将温室气体排放量减少50%以上。

目前，全球部分发达国家已经开始提升清洁能源发展速度，新能源应用在能源系统中的比重越来越高。例如，欧洲国家将可再生能源作为实现碳中和的关键手段之一，各国通过不同的政策和举措支持新能源产业的发展。中国是推动新能源发展的重要国家，经过多年的努力，已经在太阳能、风能等领域取得了显著成绩，成为世界新能源领域发展的重要力量。

21世纪以来，我国非化石能源在一次能源消费中的占比逐年增加，从2000年的7.3%上升到了2020年的15.9%，超额完成15.0%的"十三五"目标。随着"双碳"战略的提出，我国的非化石能源发展将进一步提速。经过多年努力，我国以风电、光伏发电为代表的新能源发展成效显著，装机规模稳居全球首位，发电量占比稳步提升，成本快速下降，已基本进入平价无补贴发展的新阶段。与国际先进水平相比，虽然我国部分发展环节存在"卡脖子"问题，但已实现诸多技术达到国际领跑或并跑水平，并建成了具备国际竞争力的产业链体系。作为对未来发展具有重大战略意义的技术领域及产业类别，可再生能源将持续面临着科技创新、降本增效、市场完善等方面的挑战。

在先进核能领域，我国一直高度重视核能科技创新发展，将安全高效核能技术列为重点任务，围绕"三步走"战略持续发展我国核能技术，加强基础研究、原始创新，不断缩小与国际先进水平的差距。目前，我国自主第三代核电技术落地国内示范工程，并成功走向国际，进入大规模应用阶段。第四代核电技术全面开展研究工作，其中，在钠冷快堆、高温气冷堆及钍基熔盐堆等方面处于世界先进水平。聚变能技术方面，我国也已成为世界上重要的研究中心之一。国内核能产业发展迅速，铀矿产业建立了完整的科研技术、生产运营和人才队伍体系，核燃料生产竞争力进一步提升，核电工程建设稳步进行，形成了核电站建造的专有技术体系。核电站运行跻身世界前列，运行稳定、安全可靠。未来，我国将继续深入实施创新驱动发展战略，完善核能领域科技研发体系，加大基础研究和应用研究相结合的力度，进一步促进我国核能产业的发展，在未来核能领域起到引领作用，助推清洁低碳能源供应。

0.2 新能源发展的必要性

在能源革命的进程中，2021年我国"碳达峰、碳中和"战略对可再生能源发展提出了明确的要求，两会通过的"十四五"规划和2035年远景目标纲要，也对新能源的发展提出了明确任务目标。为实现碳达峰、碳中和目标，达成对国际社会的庄严承诺，须稳步改变我国以煤为主的能源结构，大力发展可再生能源和安全先进核能，实现非化石能源的多能互补和规模应用。

由于可再生能源的资源属性，太阳能、风能等可再生能源存在能量密度低、波动性强等问题，具有随机性、间歇性和波动性等特点。随着太阳能、风能等更大规模的发展，仅靠单项技术的进步将难以完全解决风光发电并网消纳问题，需从能源系统整体角度进行规划发展。

因此，可再生能源的大规模高质量发展须采取多种能源的系统融合发展策略，正如本丛书《"多能融合"技术总论》中所提出的适合我国国情的多能融合技术的"四主线、四平台"体系（如图0-1所示），以风、光资源作为发电和供能的主力资源，以核电、水电和其他综合互补的非化石能源为"稳定电源"，以少量的火电作为应急电源或者调节电源，通过可再生能源功率预测技术、电力系统稳定控制技术、电力系统灵活互动技术等构建新型电力系统管理和运行体系。在推进科技发展的同时，我国仍需不断健全完善有利于全社会共同开发利用新能源的体制机制和法治政策体系，全方位保障可再生能源、先进核能等清洁能源从辅助能源向主体能源的转变。

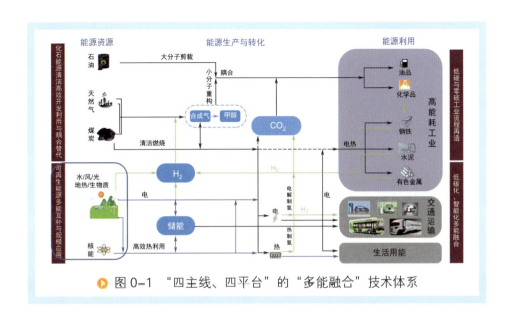

图0-1 "四主线、四平台"的"多能融合"技术体系

0 绪论 3

第一篇
可再生能源篇

第1章

可再生能源发展态势

1.1 国际发展

全球在能源清洁低碳化需求的推动下，能源结构正逐渐从化石能源绝对主导向低碳多能融合方向转变。如图1-1所示，全球可再生能源装机量及发电量规模呈现逐年攀升态势。随着俄乌冲突的爆发，强化了各国对能源安全问题的关注，加快了各国向太阳能、风能等可再生能源开发利用转变的进程，进而减少对进口化石燃料的依赖。

纵观全球，2022年全球可再生能源装机量超过3380GW，较2021年增长超过300GW，中国依旧是主要装机量贡献国。在新增装机量中，太阳能发电装机量增长居于首位，与2021年新增133GW相比继续保持提升态势，2022年新增约192GW，占新增装机量比例约65%；与2021年相比，2022年风能发电装机量继续保持低速增长，新增约75GW，占比约25.4%。从整体装机结构来看，与2021年相比，太阳能发电占比从28%上升至31%，风电占比从27%略降至26.7%，如图1-2所示，2022年水电（不含抽蓄）和太阳能装机规模占比均超30%，风电和太阳能发电装机规模占全球可再生能源装机规模总量的一半以上。

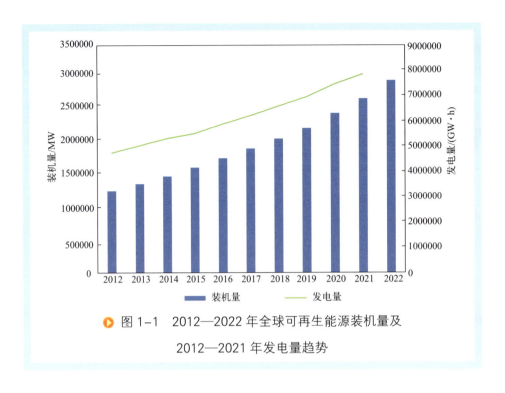

图 1-1　2012—2022 年全球可再生能源装机量及 2012—2021 年发电量趋势

图 1-2　2022 年全球可再生能源装机结构

从国家角度来看，2022 年全球可再生能源装机量排名前十位的国家如图 1-3 所示，中国以超过 12 亿千瓦的装机量位居全球首位，其次是美国、巴西、印度、德国等国家，和2021年相比，装机量前十位国家继续保持原位。

2021年，全球可再生能源发电量排名前十位的国家如图1-4所示（国际发电量公开数据仅统计至2021年），中国以超过22000亿千瓦时的发电量位居全球首位，其次是美国、巴西、加拿大等国家。2021年装机量和发电量均进入全球前十位的国家为：中国、美国、巴西、加拿大、印度、德国、日本和西班牙。

图1-3 2022年全球可再生能源装机量前十位的国家

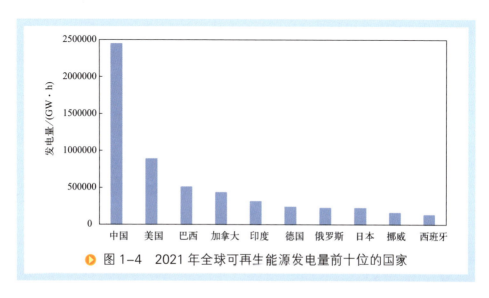

图1-4 2021年全球可再生能源发电量前十位的国家

第1章 可再生能源发展态势

1.2 国内发展

可再生能源是未来保障我国能源安全的重要能源，在满足国家能源需求、改善能源结构、加强环境保护、促进经济发展等方面已发挥了重要作用。根据初步估计，如表1-1所示我国各类可再生能源资源潜力巨大、发展前景广阔。

表1-1 中国可再生能源资源可开发量

种类	资源可开发装机量
太阳能	约17000亿吨标准煤❶
风能	约10亿千瓦，其中陆地约3亿千瓦
水能	技术可开发量约5.4亿千瓦 经济可开发量约4亿千瓦
生物质能	生物质发电：约3亿吨秸秆+3亿吨林木枝丫和林业废弃物 液体燃料：约5000万吨
地热能（不含中低温）	可开发装机量约600万千瓦
海洋能	技术可开发量约6.46亿千瓦

十余年来，随着我国各项技术的不断发展、行业政策的持续支持等，我国可再生能源装机规模整体呈现逐年攀升态势。如图1-5所示，其中，水电装机规模基本呈现稳步上升态势，略有波动；风电和太阳能发电装机规模呈现快速提升态势，发展势头迅猛；生物质发电较其他可再生能源发电装机规模上升趋势略显缓慢。

"十三五"时期以来，我国非化石能源消费增量占到一次能源消费增量的40%，较"十二五"期间的增量占比上升了14个百分点。"十四五"规划期间，我国依旧保持非化石能源的优先发展位置，大力推动新时代可再生能源大规模、高比例、高质量、市场化发展。

---

❶ 1吨标准煤发热量为29.3MJ。

图 1-5　2011—2022 年可再生能源累计装机规模趋势

2022 年，我国可再生能源新增装机量创历史新高、发电量稳步增长，持续保持高利用率水平，积极推进绿色电力证书交易。和 2021 年电源结构相比较，2022 年可再生能源发电装机占比从 43% 提升至约 46%，其中主要增长来自太阳能发电，占比从 13% 提升至约 16%。如图 1-6 2022 年全国电源装机结构图所示，可再生能源装机规模达到 12.13 亿千瓦，同比增长约 14.1%，占全国发电总装机规模的 47.3%。其中，风电装机量 3.65 亿千瓦、太阳能发电 3.93 亿千瓦、生物质发电 0.41 亿千瓦（生物质发电数据归入火电统计）、常规水电 3.68 亿千瓦、抽水蓄能 0.45 亿千瓦。

和 2021 年可再生能源新增装机 1.34 亿千瓦相比（占全国新增发电装机的 76.1%），2022 年新增装机 1.52 亿千瓦，占全国新增发电装机的 76.2%，新增装机占比持平，可再生能源已成为我国电力新增装机的主要来源之一。其中，风电、太阳能发电新增装机达到 1.25 亿千瓦，比 2021 年提升超过 2250 万千瓦。如图 1-7 2022 年全国新增发电装机量结构图所示，风电、太阳能发电新增装机量占全国新增发电装机规模的 60% 以上。

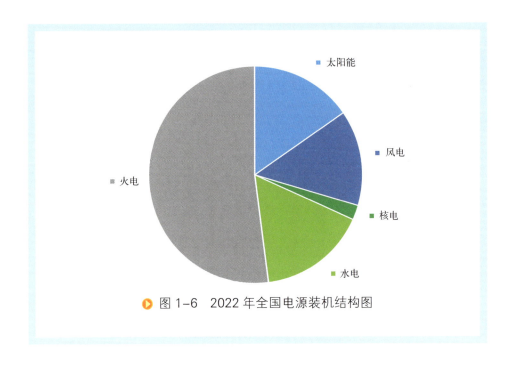

图 1-6 2022 年全国电源装机结构图

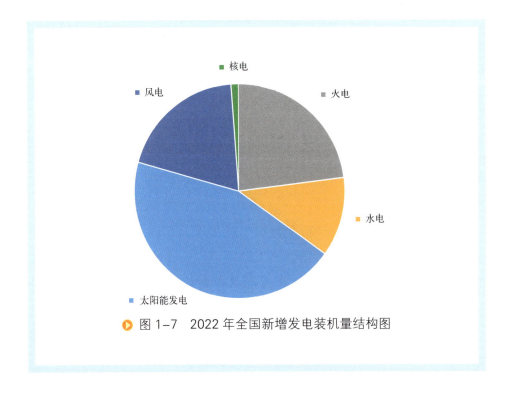

图 1-7 2022 年全国新增发电装机量结构图

发电量方面，2022年，全国发电量8.7万亿千瓦时，非化石能源发电量占比达到36.2%（约3.15万亿千瓦时）。其中，全国可再生能源发电量达到2.7万亿千瓦时，比2021年提升了0.22万亿千瓦时，全社会用电量占比从29.8%提升至31.6%，相当于减少国内二氧化碳排放约22.6亿吨，在保障能源供应及生态保护方面发挥的作用愈加重要。如图1-8 2022年全国非化石能源发电量结构图所示，风电、光伏发电的发电量总值占比近40%，水电发电量占比超过40%，核电及生物质发电发电量占比约20%。其中，风电、光伏发电的发电量首次突破1万亿千瓦时，达到1.19万亿千瓦时，较2021年增加2073亿千瓦时，同比增长21%，占全社会用电量的13.8%。

图1-8　2022年全国非化石能源发电量结构图

2022年，全国可再生能源电力实际消纳量为26810亿千瓦时，比2021年提升了2364亿千瓦时，占全社会用电量的31.6%。如图1-9 2022年我国省（区、市）可再生能源电力实际消纳情况所示，北京等26个省（自治区、直辖市）完成了国家能源主管部门下达的最低总量消纳责任权重，其中17个省（自治区、直辖市）达到激励值。

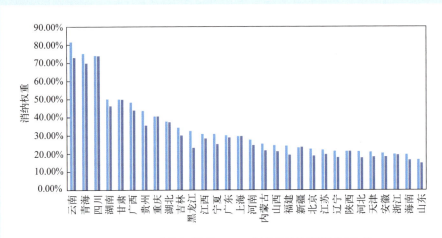

▶ 图1-9　2022年我国省（区、市）可再生能源电力实际消纳情况

［1.西藏不参与考核；2.湖南计入贵州点对网37亿千瓦时水电；3.宁夏向陕西转让4亿千瓦时非水电可再生能源超额消纳量；4.河南向甘肃转让48亿千瓦时非水电可再生能源超额消纳量；5.上海、重庆受2022年西南地区来水偏枯极端天气影响，根据《国家发展改革委　国家能源局关于建立健全可再生能源电力消纳保障机制的通知》（发改能源〔2019〕807号），对其未完成总量权重予以核减；6.陕西受2022年权重测算边界调整影响，根据《国家发展改革委　国家能源局关于建立健全可再生能源电力消纳保障机制的通知》（发改能源〔2019〕807号），对其未完成总量权重予以核减；7.经新疆维吾尔自治区和新疆生产建设兵团双方协商，自治区总量消纳责任权重为25.1%，兵团总量消纳责任权重为19.3%］

全国非水电可再生能源电力消纳量为13676亿千瓦时，比2021年提升了2278亿千瓦时，占全社会用电量比重为15.9%，同比增长2.2个百分点。如图1-10 2022年可再生能源电力消纳非水电责任权重完成情况所示，北京等28个省（自治区、直辖市）完成了国家能源主管部门下达的最低非水电消纳责任权重，其中24个省（自治区、直辖市）达到激励值。

利用率方面，如图1-11 2021年及2022年全国风电并网消纳情况对比图，全国及重点省份清洁能源消纳利用情况良好。2022年全国风电平均利用率96.8%，与上年基本持平；和2021年相比，青海、新疆和蒙西风电利用率同比显著提升。

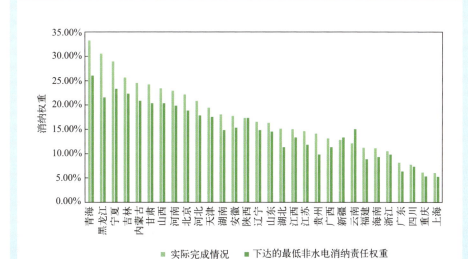

图 1-10 2022 年可再生能源电力消纳非水电责任权重完成情况

（1.西藏不参与考核；2.宁夏向陕西转让4亿千瓦时非水电可再生能源超额消纳量；3.河南向甘肃转让48亿千瓦时非水电可再生能源超额消纳量；4.经新疆维吾尔自治区和新疆生产建设兵团双方协商，自治区非水电消纳责任权重为14%，兵团非水电消纳责任权重为9.8%）

图 1-11 2021 年及 2022 年全国风电并网消纳情况对比图

第1章 可再生能源发展态势

如图 1-12 2021 年及 2022 年全国光伏并网消纳情况对比图，2022 年全国光伏发电利用率 98.3%，同比提升 0.3 个百分点。其中，青海光伏消纳水平较 2021 年显著提升，同比提升 4.9 个百分点。

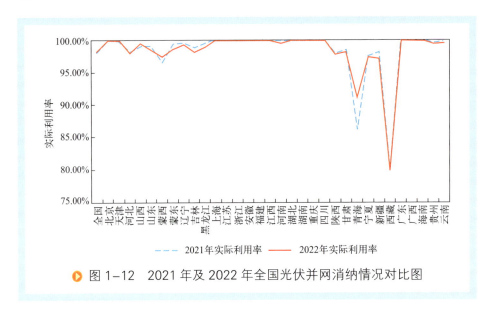

图 1-12　2021 年及 2022 年全国光伏并网消纳情况对比图

如图 1-13 所示 2021 年及 2022 年全国主要流域水电利用情况对比图，2022 年全国主要流域有效水能利用率约 98.7%，同比提高 0.8 个百分点，

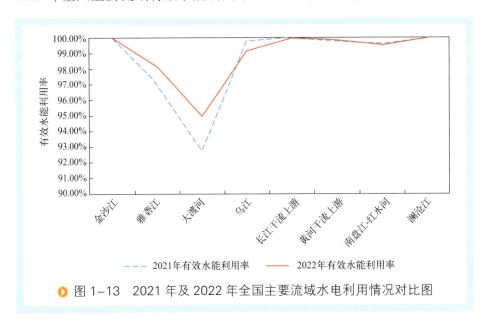

图 1-13　2021 年及 2022 年全国主要流域水电利用情况对比图

其中雅砻江和大渡河流域利用率略有提升。

此外，绿电交易方面，全年核发绿证2060万个，交易数量达到969万个；累计核发绿证约5954万个，累计交易数量1031万个。

国家在可再生能源的生产方面不断优化发展方式的同时，稳步推进可再生能源的大规模开发利用；在技术方面坚持以创新为驱动，实现可再生能源的高质量发展，有力推动了经济社会绿色低碳转型发展。"十四五"开局以来，以沙漠、戈壁、荒漠地区为重点的大型风电光伏基地建设是"十四五"新能源发展的重中之重。截至2022年底，我国第一批大型风电光伏基地项目已全面开工建设，部分已建成投产，第二批大基地项目正陆续开工。2022年12月28日，由三峡集团牵头，联合内蒙古能源集团建设的库布齐沙漠鄂尔多斯中北部新能源基地项目在内蒙古鄂尔多斯市达拉特旗开工建设。该项目是在沙漠、戈壁、荒漠地区开发建设的全球最大规模风电光伏基地项目，也是我国首个开工建设的千万千瓦级新能源大基地项目。2022年12月30日，西北首批投运的沙漠、戈壁、荒漠大型光伏基地项目——"沙戈荒"银东直流配套330千伏煦光新能源汇集站20万千瓦光伏单元成功并网发电。该项目并网后，西北电网新能源装机容量达到1.57亿千瓦，西北新能源装机比例突破45%，在世界同等规模交流同步电网中位列第一，同时标志着西北新能源装机超过煤电装机，成为西北地区第一大电源。

未来，根据《2024年能源工作指导意见》可知，国家将持续推动能源绿色低碳转型和高质量发展，大力推进非化石能源高质量发展，非化石能源发电装机占比提高到55%左右。风电、太阳能发电量占全国发电量的比重达到17%以上。非化石能源占能源消费总量比重提高到18.9%左右。

第 2 章

太阳能

太阳能是指以电磁波的形式投射到地球，可以转化为热能、电能、化学能等可供人类使用的太阳辐射能。太阳能资源总量巨大、取之不尽、清洁无污染、资源不受地域限制。但是，太阳能能量密度较低，易受昼夜、季节、地理纬度和海拔高度等自然条件的限制，以及云、气溶胶等气象因素的影响，具有一定的周期波动性和不稳定性。目前，太阳能辐射的利用方式主要有太阳能光伏发电、太阳能光热发电和太阳能热利用等。

2.1 资源概况

2.1.1 资源分布

我国属于太阳能资源丰富的国家之一，全国总面积 2/3 以上地区年日照时间大于 2000 小时，年辐射量在 5000MJ/m² 以上。据统计资料分析，中国陆地区域每年接收的太阳辐射总量为 $3.3 \times 10^3 \sim 8.4 \times 10^3 \text{MJ/m}^2$，相

当于 2.4×10^4 亿吨标准煤的储量。根据国家能源局公布的数据，我国太阳能辐射总量等级及地区分布如表2-1。

表2-1 太阳能辐射总量等级及地区分布

地区	年总量/(MJ/m^2)	年总量/($kW\cdot h/m^2$)	占国土面积比例/%	主要地区
一类地区	≥6300	≥1750	约22.8	内蒙古额济纳旗以西、甘肃酒泉以西、青海100°E以西大部分地区、西藏94°E以西大部分地区、新疆东部边缘地区、四川甘孜部分地区
二类地区	5040～6300	1400～1750	约44.0	新疆大部、内蒙古额济纳旗以东大部、黑龙江西部、吉林西部、辽宁西部、河北大部、北京、天津、山东东部、山西大部、陕西北部、宁夏、甘肃酒泉以东大部、青海东部边缘、西藏94°E以东、四川中西部、云南大部、海南
三类地区	3780～5040	1050～1400	约29.8	内蒙古50°N以北、黑龙江大部、吉林中东部、辽宁中东部、山东中西部、山西南部、陕西中南部、甘肃东部边缘、四川中部、云南东部边缘、贵州南部、湖南大部、湖北大部、广西、广东、福建、江西、浙江、安徽、江苏、河南
四类地区	＜3780	＜1050	约3.3	四川东部、重庆大部、贵州中北部、湖北110°E以西、湖南西北部

2.1.2 技术开发量

2.1.2.1 光伏

中国太阳能资源技术开发总量约为1362亿千瓦。在水平面总辐射年总量≥$1000kW\cdot h/m^2$的区域，我国光伏技术开发量为1362亿千瓦；水平面总辐射年总量≥$1400kW\cdot h/m^2$的区域，我国光伏技术开发量为1287亿千瓦；水平面总辐射年总量≥$1700kW\cdot h/m^2$的区域，我国光伏技术开发量为731亿千瓦。从区域划分来看，光伏技术开发量前3位区域为西北地区、东北地区和西南地区（如表2-2所示），三个地区的技术开发量之和超过全国总量的90%。

表2-2 全国各区域不同资源等级以上光伏技术开发量

区域	水平面总辐射年总量 ≥1000kW·h/m² /10⁴kW	水平面总辐射年总量 ≥1400kW·h/m² /10⁴kW	水平面总辐射年总量 ≥1700kW·h/m² /10⁴kW
西北地区	7814329	7764587	3837356
东北地区	2877434	2622009	1369675
西南地区	2396038	2302759	2099619
华北地区	183072	151120	0
华东地区	164302	25005	0
华中地区	109621	0	0
华南地区	73740	6012	123

2.1.2.2 光热

除了对太阳能资源的需求以外，太阳能热发电对其所需的土地资源、水资源、地形地貌、电网规划、交通设施等也有一定的要求，尤其是在当前技术状况和成本电价的约束下，主要制约太阳能热发电的因素包括：

① 适合太阳能热发电站的年总太阳法向直射辐射量 > 2000kW·h/m²。

② 荒漠化土地、荒地、戈壁等地区，要求其地形坡度值范围在每100平方公里内平均坡度变化小于5度。

③ 距离电站选址100公里以内有三级以上公路，10公里以内有四级公路；一个装机10万千瓦的电站，年须保证用水5万吨。

④ 国家电网规划距离不超过10公里。

综上所述，我国适合太阳能热发电发展的具体区域主要是青藏高原西北部、新疆东部、内蒙古中西部、甘肃省和宁夏回族自治区等地，西藏地区虽然太阳能资源好，但是距离东部地区远，电力输送难度较高。我国2016年公布的首批示范项目的建设地址也基本位于前述地区。据国家太阳能光热产业技术创新战略联盟报告发布的数据，当前我国太阳能资源开发总量为649.96亿千瓦，年发电总量为100万亿千瓦时。

2.2 基础理论

2.2.1 光伏发电基本原理

光伏发电是利用半导体界面的光生伏特效应将光能直接转变为电能的一种技术。随着光伏发电技术的不断进步，十年间其度电成本下降了90%以上，已成为全球具有明显经济性优势的清洁发电方式之一。并网光伏发电系统示意图如图2-1。

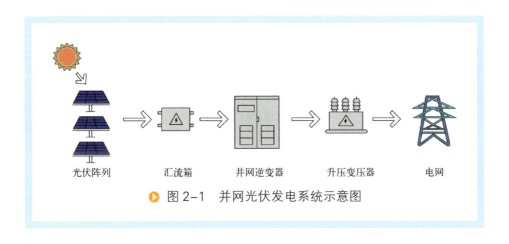

图 2-1 并网光伏发电系统示意图

2.2.2 光伏发电主要技术

光伏发电技术主要包括晶体硅电池、薄膜电池、新型电池、光伏系统及平衡部件等核心技术，具体主要技术如表2-3所示。晶体硅电池技术是目前市场占有率最高的电池技术，其产业化效率高、成本较低，并且通过叠层技术的发展可突破晶体硅单结电池理论转换效率的极限；传统薄膜电池光电转换效率接近多晶硅电池，国际上铜铟镓硒电池和碲化镉电池均已实现产业化，但成本偏高；钙钛矿电池技术近年来发展迅猛、多种新型电池正在探索中。新型光伏系统及平衡部件技术正向着大功率高效率等方向更新。

表2-3 我国主要光伏技术类别
（不完全统计）

主要技术方向	子技术
晶体硅太阳电池	发射极钝化和背面接触（PERC）电池产业化技术
	异质结电池（HJT）技术
	全背电极接触晶硅太阳电池（IBC）技术
	隧穿氧化层钝化接触（TOPCon）电池技术
	新型高效晶硅电池结构与实现
	钙钛矿/晶硅叠层电池技术
	异质结背接触（HBC）电池技术
薄膜太阳电池	铜铟镓硒（CIGS）薄膜太阳电池技术
	碲化镉（CdTe）薄膜太阳电池技术
新型太阳电池	钙钛矿电池技术
	全钙钛矿叠层电池技术
光伏系统及平衡部件	大功率光伏全直流发电系统及直流变换器技术
	海上漂浮式光伏系统及部件技术
设备制造	先进光伏发电关键装备制造技术

2.2.3 光热发电基本原理

太阳能光热发电也称为聚焦型太阳能热发电（concentrating solar power，简写为 CSP），其原理是利用抛物形或碟形镜面的聚焦作用将太阳能的热量收集起来，通过换热装置提供高温高压蒸汽，然后按常规方式发电，即利用高温高压蒸汽推动朗肯循环汽轮机发电。根据太阳能热发电系统聚光方式的不同，通常分为塔式、槽式、碟式、线性菲涅尔式发电四种技术类型，其中，塔式、碟式为点聚焦技术，槽式和线性菲涅尔式为线聚焦技术。目前国际上商业化应用的光热发电主要为塔式、槽式和线性菲涅尔式发电技术。图 2-2 为塔式光热发电原理图。

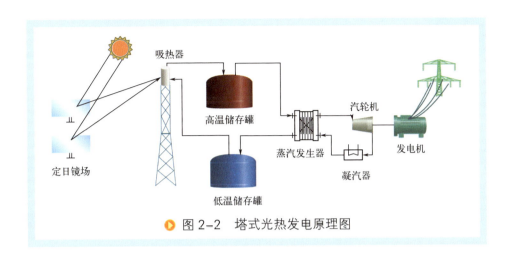

图 2-2 塔式光热发电原理图

2.2.4 光热发电主要技术

光热发电系统是集热、传热、储热、发电等多种系统的集成,集合光学、热力学、材料学、机械及自动化控制学科等多个技术领域,如表 2-4 所示,光热发电是一项跨学科、跨领域的综合性技术。

表2-4 我国主要光热发电技术类别

(不完全统计)

主要技术方向	子技术
材料技术	太阳能发电关键材料研制
发电器件及系统技术	低成本聚光器设计及性能测量和评价
	聚光场能流调控策略
	高效率规模化光电能量转换技术
	吸热、储热、换热设备关键技术
	热化学储放热关键技术
	超超临界熔盐塔式太阳能热发电技术
	超临界二氧化碳热发电技术
	化学电池和卡诺电池协同储能技术
多能耦合技术	太阳能热驱动制氢技术
	太阳能光热耦合CO_2转化能量技术
装备制造技术	先进太阳能热发电关键装备制造技术

第2章 太阳能

2.3 主要特征

光伏发电和光热发电所用的太阳能是取之不尽、用之不竭的可再生能源，具有充分的清洁性、绝对的安全性、相对的广泛性、确实的长寿命和免维护性、资源的充足性及潜在的经济性等优点，在长期的能源战略中具有重要地位。光伏发电和光热发电作为太阳能发电的两种形式，其既具有共性特征又各有特点。两者的共性特征主要表现在太阳能资源方面：

第一，资源具有广泛性和无限性。太阳能资源分布较为广泛，资源量丰富，不会受到能源资源危机和燃料市场不稳定因素的影响。

第二，资源具有清洁性和环保性。太阳能发电不产生污染物和温室气体，较常规化石燃料能源发电方式更为清洁，对环境更加友好。

第三，资源具有间歇性和能量密度低等限制性。太阳辐照的地理分布、季节变化、昼夜交替会产生供能的间歇性。由于太阳能能量密度低，当大规模使用的时候，占地面积会较大，且会受到太阳辐射强度的影响。

光伏发电和光热发电的不同之处，请参见 2.3.1 和 2.3.2 两节内容。

2.3.1 光伏

第一，光伏发电方式具有灵活性及应用场景多样化特点。光伏发电可以有效利用建筑物的屋顶、墙壁等进行发电，对资源利用的地域限制性较小；同时可以与渔业、农业、牧场等场景结合，发展"光伏+"模式。

第二，光伏发电安装运维具有安全性及简易性。除了跟踪式发电系统外，光伏发电没有运动部件，因此不易损毁，安装相对容易，维护相对简单。

第三，光伏发电系统的建设周期短，且发电组件的使用寿命长，发电系统的能量回收周期短。

但是，光伏发电也因其资源属性存在一定局限性，由于太阳能供能的间歇性，光伏发电没有储能环节会造成发电的不连续性。

2.3.2 光热

第一，光热发电的出电具有平滑性。由于发电原理不同，光热发电出力特性优于光伏、风电的出力特性。光热发电通过储热单元的热发电机组，能够平滑发电出力，减少小时级出力波动。根据不同储热模式，可不同程度提高电站利用时间和发电量、提高电站调节性能。此外，光热发电通常通过补燃或与常规火电联合运行改善出力特性，使其能够在晚上持续发电，可以稳定出力承担基荷运行。

第二，光热发电接入电网具有灵活性。带有储热和补燃装置的太阳能热发电站蓄热装置可以平滑发电出力，提高电网的灵活性，弥补风电、光伏发电的波动特性，提高电网消纳波动电源的能力。带有储热装置的太阳能热发电系统可以在白天把部分太阳能转化成热能储存在储热系统中，在傍晚之后或者电网需要调峰时用于发电以满足电网的要求，同时也可以保证电力输出更加平稳可靠。

第三，光热发电适宜规模化应用。太阳能光热电站规模越大效率越高，发电成本越低。与此同时，光热发电电站寿命较长。

但是，太阳能光热发电也存在一些不足之处。比如，其必须利用太阳直射辐射将太阳能反射聚焦到吸热器上，但直射辐射易受大气中尘埃、水汽等颗粒的影响，对电站所在地的辐照条件要求较高。并且，目前太阳能热发电主要以大规模集中式开发为主，建设电站所需的土地面积较大，在分布式应用中存在很大的困难。

2.4 发展现状

2.4.1 国际现状

根据国际可再生能源署（IRENA）公布的数据，如全球太阳能装机趋势图（图2-3）和发电量趋势图（图2-4）所示，十余年来全球太阳能发电装机量和发电量总体保持同步上升趋势。这一方面是由于世界各国对低碳能源使用的重视程度不断增强，另一方面也归因于各项可再生能源技术的不断进步。

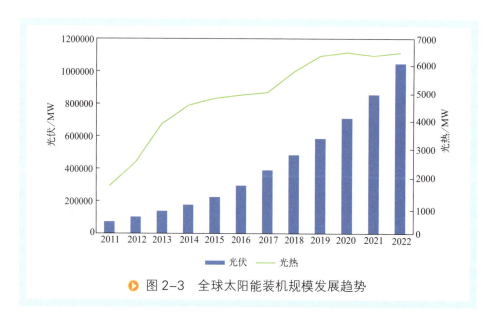

图2-3 全球太阳能装机规模发展趋势

2022年，全球太阳能发电装机规模达到1061GW，新增发电装机超190GW，继续位居可再生能源发电装机规模首位。其中，光伏发电装机量和2021年相比提升较多，光热发电装机提升较缓。在全球太阳能发展典型国家中，如图2-5所示，中国以3.93亿千瓦装机量位居第一，其次是美国、日本、德国等国家。和2021年相比，越南、西班牙没有进入2022年前十位排名。

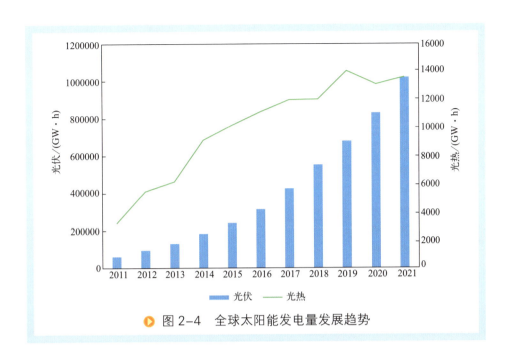

图 2-4 全球太阳能发电量发展趋势

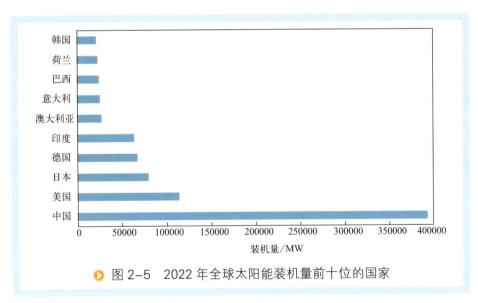

图 2-5 2022 年全球太阳能装机量前十位的国家

根据国际可再生能源署公布的最新发电量数据，2021 年，全球太阳能发电量超过 1033926GW·h，如图 2-6 所示，其中，中国以超过 327000GW·h 位居世界首位，其次是美国、日本、印度等国家。和

第 2 章 太阳能　27

2021年装机量前十位的国家相比,中国、美国、日本的装机量和发电量排名保持对应,其他国家略有变化。

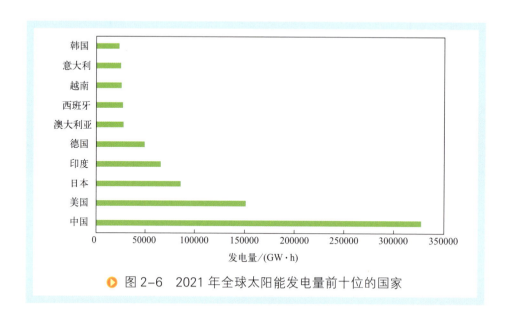

图 2-6 2021年全球太阳能发电量前十位的国家

2.4.2 国内现状

目前,我国太阳能利用技术具有较强的国际竞争力,大部分技术领先国际并已进入工业示范阶段。其中,光伏发电发展较为成熟并已进入推广商用阶段,光热发电示范工程正在不断推进,并已进入商业化初期阶段。多年来,在国家政策引导和支持下,随着技术的不断突破,产业的不断升级,行业体系的不断完善,如图2-7～图2-9所示,我国太阳能发电装机量、发电量、设备利用时间都在不断上升,呈现良好发展前景。

总体来看,2011—2022年,我国太阳能装机量呈现快速增长趋势,新增装机已连续8年位居全球第一。从"十三五"时期至2022年底,累计装机量已实现5倍增长。

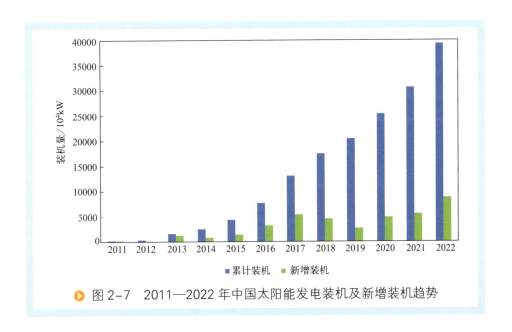

▶ 图 2-7 2011—2022 年中国太阳能发电装机及新增装机趋势

"十三五"时期至 2022 年底，太阳能发电量已实现 6 倍增长。2022 年太阳能发电年度发电量首次突破 4000 亿千瓦时，较 2021 年大幅提升，创历史新高。

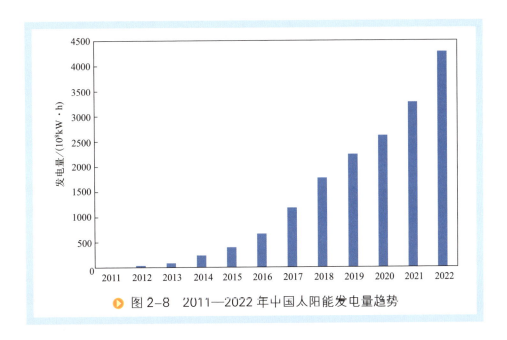

▶ 图 2-8 2011—2022 年中国太阳能发电量趋势

第 2 章 太阳能

2012—2022 年，太阳能 6000 千瓦及以上发电设备利用时间呈现波动性发展趋势。从图 2-9 可以看出，2016 年之后整体呈上升趋势，2022 年太阳能发电 1337 小时，比 2021 年提高 56 小时，利用水平持续提升。

此外，近年来我国太阳能发电利用率稳步提升（图 2-10）。2022 年全国太阳能发电利用率达到 98.3%，比 2021 年提高 0.3 个百分点，消纳水平持续提升。

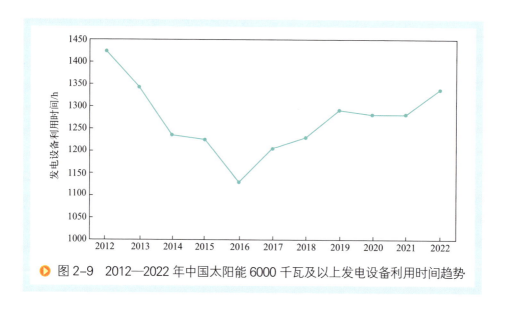

图 2-9　2012—2022 年中国太阳能 6000 千瓦及以上发电设备利用时间趋势

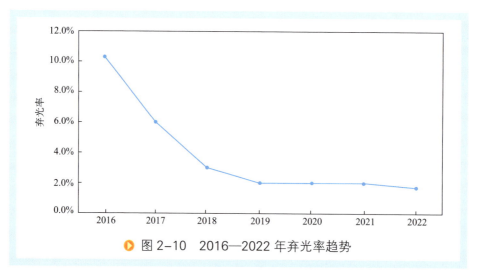

图 2-10　2016—2022 年弃光率趋势

从区域装机情况来看，如图 2-11 所示，和 2021 年相比，我国华北、华东、西北地区装机规模仍位居全国前三位，2022 年装机容量分别达到 10137 万千瓦、7861.14 万千瓦、7831.7 万千瓦，占全国装机规模的 60% 以上，已逐渐呈现区域资源规模化发展利用的态势。

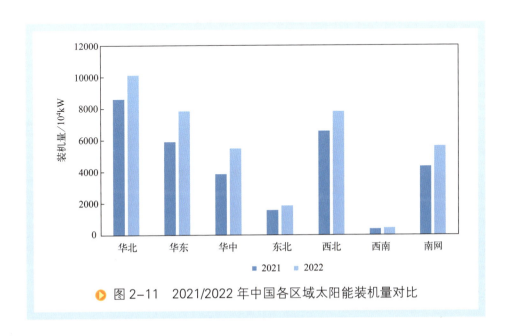

图 2-11 2021/2022 年中国各区域太阳能装机量对比

2.4.3 光伏

2022 年，我国光伏发电在项目建设、技术创新、产业竞争力等方面都呈现不断提升及增强的态势。截至 2022 年底，我国太阳能发电装机量达到 3.93 亿千瓦、装机量占比约 15.3%，新增装机量达到 8741 万千瓦、同比增长 59.3%。其中，集中式光伏新增 3629.4 万千瓦，同比增长 41.8%；分布式光伏新增 5111.4 万千瓦，同比增长 74.5%。我国量产单晶硅电池的平均转换效率已达到 23.1%；光伏治沙、"农业 + 光伏"、可再生能源制氢等新模式、新业态不断涌现，分布式发展成为主要方式。

2022 年，我国各省份光伏装机情况如图 2-12 所示，和 2021 年相比，

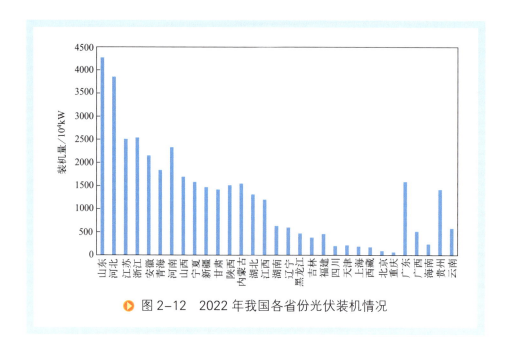

图 2-12 2022 年我国各省份光伏装机情况

山东、河北、浙江、江苏、河南等省份仍然位于全国前列。其中，河南装机量从 1555.6 万千瓦提升到 2333 万千瓦，增长最快，山东、河北装机量均突破 3700 万千瓦，稳居前两位。

2.4.3.1 技术现状

近些年来，我国量产太阳电池的光电转换效率以每年约 0.5% 的速度增长。在各种商业化太阳电池产品中，PERC 太阳电池在未来 5～10 年内将占据主要的市场份额，各种新型的 N 型太阳电池技术将出现增速发展。在薄膜太阳电池技术领域，铜铟镓硒（CIGS）薄膜太阳电池技术将是我国光伏建筑一体化产业的重要应用方向。钙钛矿太阳电池技术正处于商业化发展的前沿，由于其在光电转换效率、成本、弱光性和室内应用方面均具有显著优势，许多研究人员认为钙钛矿太阳电池有望取代硅基太阳电池的主导地位。如表 2-5 所示，我国晶体硅太阳电池、新型太阳电池及光伏系统环节中均有技术处于国际领跑水平，处于并跑及跟跑阶段的技术仍需加快技术攻关。

表2-5 我国主要光伏技术发展概况

(不完全统计)

主要技术方向	子技术	技术现状
晶体硅太阳电池	发射极钝化和背面接触（PERC）电池产业化技术	领跑
	异质结电池（HJT）技术	领跑
	全背电极接触晶硅太阳电池（IBC）技术	并跑
	隧穿氧化层钝化接触（TOPCon）电池技术	并跑
	新型高效晶硅电池结构与实现	跟跑
	钙钛矿/晶硅叠层电池技术	跟跑
	异质结背接触（HBC）电池技术	跟跑
薄膜太阳电池	铜铟镓硒（CIGS）薄膜太阳电池技术	并跑
	碲化镉（CdTe）薄膜太阳电池技术	跟跑
新型太阳电池	钙钛矿电池技术	并跑
	全钙钛矿叠层电池技术	领跑
光伏系统及平衡部件	大功率光伏全直流发电系统及直流变换器技术	领跑
	海上漂浮式光伏系统及部件技术	跟跑

生产技术方面，大尺寸产品逐渐发展成为主流。大尺寸硅片、N型电池技术占比快速提升，182mm+210mm尺寸2021年市场占比为45%，2022年达到82.8%；TOPCon和异质结电池2021年市场占比为3%，2022年达到96%。此外，多晶硅生产的综合电耗和还原电耗不断降低，硅片厚度快速下降，电池片量产效率稳步提升，双面组件渗透率继续扩大。

技术创新方面，发电侧增效依然是推进光伏进一步发展的关键因素，其中主要环节当属高效太阳电池技术的突破及应用。和2021年相比，2022年国内主流企业P型PERC电池量产平均转换效率从23.1%提升至23.2%；N型TOPCon电池初具量产规模，平均转换效率从24%提升至24.5%；HJT电池量产速度加快，硅异质结太阳电池转换效率创造26.81%的世界新纪录，钙钛矿及叠层电池研发及中试取得新突破。从2014年起，我国企业/研究机构晶硅电池实验室效率已打破纪录56次。2022年我国企业/研究机构刷新效率纪录14次，其中10次为N型电池技术。

2022年,根据美国可再生能源实验室公布的全球太阳电池效率纪录,我国在国际上保持了5项电池效率纪录,占比达到19.23%,居世界第二位,这表明了我国自主创新能力不断增强,具体信息请参见表2-6。

表2-6 2022年我国保持的5项电池效率纪录

单位名称	电池类型	效率纪录
汉能控股集团有限公司	单结砷化镓电池	29.1%
晶科能源股份有限公司	多晶硅同质结电池	23.3%
上海交通大学/北京航空航天大学	有机薄膜电池	18.2%
中国科学院化学研究所	有机叠层电池	14.2%
南京邮电大学	铜锌锡硫电池	13.0%

截至2022年底,我国光伏晶硅电池实验室效率刷新世界纪录11次,其中隆基的硅基异质结电池效率从2021年的26.3%提升到26.81%,创全球硅基太阳电池效率最高纪录;这是时隔五年,继2017年日本公司创造单结晶硅电池效率纪录26.7%以来的最新世界纪录,也是首次由中国企业创造的硅太阳电池效率的最高纪录。同时,隆基绿能科技股份有限公司新推出了钙钛矿/硅叠层电池效率达到25.71%。此外,晶科能源股份有限公司创造了N型TOPCon电池25.4%(全面积)的中国最高效率,中国科学院物理研究所的团队在铜锌锡硫硒(CZTSSe)电池技术领域实现了13.6%的效率。

2022年中国可再生能源学会光伏专业委员会收到的23份太阳电池效率报告,包括了单晶硅异质结(p-HJT、n-HJT、无银HJT)、单晶硅n-TOPCon、钙钛矿、钙钛矿/晶硅叠层两端电池(Perovskite/HJT 2-term.)、钙钛矿/晶硅叠层四端电池(Perovskite/HJT 4-term.)、钙钛矿/钙钛矿叠层电池共6类太阳电池。其中2022年太阳电池中国最高效率如表2-7所示。

2022年,在技术创新、产业升级、政策支持的推动下,我国在光伏项目建设方面也取得了诸多新的成绩。

表2-7 2022年太阳电池中国最高效率

分类	效率/%	面积/cm²	开路电压 V_{oc} /mV	短路电流 J_{sc} /(mA/cm²)	填充因子 /%	检测中心（日期）	说明	单位中文备注
硅								
晶硅电池	26.81±0.40	274.4（t）	751.4	41.45	86.07	ISFH（2022年10月）	Longi, n-HJT	隆基绿能
晶硅电池	26.50±0.40	274.4（t）	750.6	41.01	86.08	ISFH（2022年6月）	Longi, n-HJT	隆基绿能
晶硅电池	26.56±0.40	274.1（t）	751.3	41.30	85.59	ISFH（2022年11月）	Longi, n-HJT	隆基绿能
晶硅电池	26.12±0.39	274.3（t）	750.2	41.09	84.76	ISFH（2022年9月）	Longi, n-HJT	隆基绿能
晶硅电池	26.41±0.40	274.5（t）	750.2	40.80	86.28	ISFH（2022年7月）	Maxwell/Sundrive, n-HJT Cu-plating	迈为/Sundrive
叠层								
钙钛矿/晶硅电池	29.55±0.34	1.0187（da）	1889	19.99	78.30	NREL（2022年12月）	Longi, Perovskite/HJT 2-term.	隆基绿能
钙钛矿/晶硅电池	27.87±0.67	1.0282（da）	1836	19.40	78.25	FhG-ISE（2022年7月）	NJU/Trina, Perovskite/HJT 2-term.	南京大学/天合光能
钙钛矿/晶硅电池	27.18±0.66	1.0722（da）	1867	19.57	74.39	FhG-ISE（2022年7月）	Longi, Perovskite/HJT 2-term.	隆基绿能
钙钛矿/晶硅电池（大电池）	23.4±0.6	10.86（da）	1808	16.85	76.80	JET（2022年1月）	NKU, Perovskite/HJT 2-term.	南开大学
钙钛矿/晶硅电池	16.10±0.50 9.80±0.30	241.4（da）	1170 731.9	17.98 16.63	76.53 80.70	JET（2022年12月）	Longi, Perovskite/HJT 4-term.	隆基绿能

续表

分类	效率/%	面积/cm²	开路电压 V_{oc} /mV	短路电流 J_{sc} /(mA/cm²)	填充因子 /%	检测中心（日期）	说明	单位中文备注
钙钛矿/晶硅电池（小电池）	29.1±0.62	0.0489（da）	2151	16.51	82.00	JET（2022年12月）	NJU/Renshine, 2-term.	南京大学/仁烁光能
钙钛矿/晶硅电池	28.2±0.69	1.038（da）	2159	16.58	78.80	JET（2022年12月）	NJU/Renshine, 2-term.	南京大学/仁烁光能
钙钛矿/晶硅电池	26.4±0.8	1.044（da）	2118	15.30	81.47	JET（2022年3月）	SCU, 2-term.	四川大学
钙钛矿/钙钛矿（微型组件）	24.5±0.6	20.25（da）	2157	14.86	77.50	JET（2022年6月）	NJU/Renshine, 2-term.	南京大学/仁烁光能
钙钛矿								
钙钛矿（微型组件）	21.8±0.61	19.35（da）	1174	23.83	77.90	JET（2022年8月）	Microquanta, 7 cells	杭州纤纳

注：表中（t）表示总面积；（da）表示指定照明区域面积。

2022年10月14日,我国首个超高海拔光伏实证基地项目——四川甘孜州兴川实证光伏电站首批发电单元并网发电(图2-13),标志着该基地正式投产。该基地位于海拔3900米至4500米的四川甘孜州顶贡大草原,是我国海拔最高的光伏实证基地。该项目总装机60万千瓦,总占地面积约13650亩❶,总投资约32亿元,全容量并网后年平均发电量12.68亿千瓦时,每年可节约标准煤约39万吨,减少二氧化碳排放约107万吨。

▷ 图2-13 我国首个超高海拔光伏实证基地项目

2022年10月18日,卡塔尔阿尔卡萨80万千瓦光伏电站(图2-14)投运。该电站是卡塔尔有史以来首个全容量并网的大型地面光伏电站、世界第三大单体光伏发电站、世界最大的运用跟踪系统和双面组件的光伏项目。该项目总承包商为中国企业组成的联合体,项目于2020年7月开工,卡塔尔世界杯开幕前正式建成投产。该项目200万块光伏组件全部采用隆基Hi-MO 4组件产品,该组件采用掺镓技术克服组件光衰减,

---

❶ 1亩 = 666.67平方米。

图2-14 卡塔尔阿尔卡萨光伏电站

双面发电,电价低于传统能源,每年可产生约18亿千瓦时绿色电力、减少约90万吨的碳排放,并为2022卡塔尔世界杯场馆供应清洁电力。世界杯期间,项目日均发电量360万千瓦时,占哈尔萨光伏电站装机容量的60%,占卡塔尔总发电量的6%。

2022年10月31日,国家电投山东半岛南3号海上风电场2万千瓦深远海漂浮式光伏500千瓦实证项目(图2-15)成功发电,成为全球首个投用的深远海风光同场漂浮式光伏实证项目。不同于现有的遮蔽海区和近海区域的海上光伏,该实证项目是全球首个在离岸距离30公里、水深30米、极端浪高10米的"双30"海洋环境下,研究和建设的漂浮式海上光伏工程实证项目,实现了深远海风光同场漂浮式光伏项目研究的重大突破,验证了浮体、锚固、发电组件抗风浪能力和海洋环境耐候性。我国确权海上光伏用海项目近30个,涉及江苏、山东、浙江、辽宁、广东等地。山东先行先试,为未来海上光伏实现规模化、商业化、标准化探索出

图 2-15　全球首个深远海风光同场漂浮式光伏实证项目

技术路线。

2.4.3.2　产业现状

经过多年努力发展，我国光伏产业已实现了全产业链自主可控，光伏产业已被列为国家战略性新兴产业之一，成为国内目前具有国际竞争力的产业之一。如图 2-16 所示，光伏产业链较长，上中下游涵盖了硅料、硅片、设备、胶膜、电池、组件、逆变器等环节。光伏行业制造能力持续增强、产业链逐步完善、市场规模持续扩大、技术水平不断提升都为我国光伏产业在国际上强力竞争发展提供了坚实的基础。

从产业链主要环节发展情况来看，2022 年我国光伏产业规模实现持续性增长。和 2021 年相比，如图 2-17 所示，2022 年全国多晶硅、硅片、电池片、组件产量分别从 50.5 万吨提升至 85.7 万吨、从 227GW 提升至 371.3GW、从 198GW 提升至 330.6GW、从 182GW 提升至 294.7GW，同比增长率均超过 55%，中国产量在全球产量占比均已超 80%，具有显著优势。光伏产品（硅片、电池片、组件）出口总额约512.5亿美元，同比增长80.3%；光伏制造端（不含逆变器）产值突破1.4万亿元人民币，同比增长超过95%。

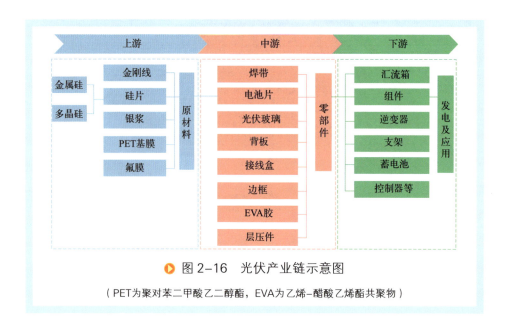

图2-16 光伏产业链示意图

（PET为聚对苯二甲酸乙二醇酯，EVA为乙烯-醋酸乙烯酯共聚物）

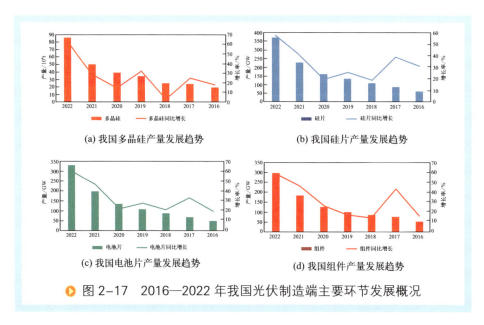

图2-17 2016—2022年我国光伏制造端主要环节发展概况

在智能化运用方面，随着新一代信息技术与光伏产业融合创新的加快，第三批智能光伏试点示范名单适时扩围，工业、建筑、交通、农业、能源等领域系统化解决方案不断更新，光伏产业智能制造、智能运维、智能调度、光储融合等水平有效提升。

在市场发展方面，光伏应用势头迅猛，呈现全球化增长态势。国内光伏项目建设持续拓展扩大，大基地建设及分布式应用稳步提升，光伏装机规模仅次于火电、水电，装机类型以户用、工商业、集中式电站为主。河南、河北、山东户用光伏优势明显，浙江、江苏、广东三省的工商业光伏装机规模位列全国前三位。

2.4.4 光热

光热发电技术现阶段仍然以槽式发电技术和塔式发电技术为主，其中熔盐塔式发电技术逐步成熟，与导热油槽式发电技术成为并列的主流技术。如图2-18所示，截至2021年9月，全球太阳能热发电累计装机量达到9162兆瓦，分布于全球14个国家及地区。

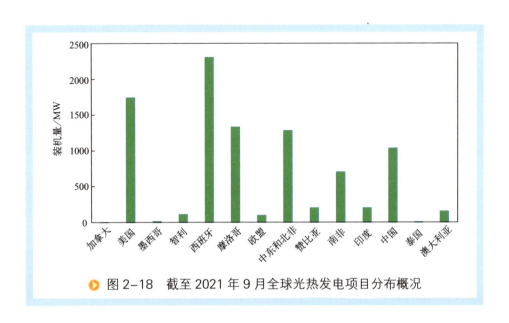

图2-18　截至2021年9月全球光热发电项目分布概况

目前，在我国已建成的太阳能热发电系统中，塔式技术路线占比约60%，槽式技术路线约占28%，线性菲涅尔技术路线约占12%。截至2022年底，我国并网的太阳能热发电累计装机量达到538MW，在全球占比达到8%。我国首批光热发电示范项目具体信息可参见表2-8。

表2-8 我国首批20个太阳能热发电示范项目概况

项目名称	概况
中广核德令哈50MW槽式光热发电项目	2018年6月30日并网。2023年，电站运维团队全方面开展"提质增效"工作，通过机组大修、系统流量提升、熔盐加注及保温修复等技改重点工作，提升机组发电能力，持续开展精细化调整和节能降耗工作。2023年度完成上网电量11040万千瓦时
首航敦煌100MW熔盐塔式光热发电项目	2018年12月28日并网。2023年1~11月份，电站发电量为2.35亿千瓦时，同比上年1~11月增幅21%，再创电站投运以来历年最高纪录。2023年底至2024年初对汽轮机高压缸进行更换，各系统将进行技术的升级改造
中控德令哈50MW熔盐塔式光热发电项目	2018年12月30日并网。2023年，青海中控德令哈50MW塔式光热电站年度发电量1.524亿千瓦时，达到设计发电量的104.38%，连续两年达到年设计发电量
中电建共和50MW熔盐塔式光热发电项目	2019年9月19日并网。2023年，电站设备性能、发电量逐步提升，全年发电量达6818.7万千瓦时，实现年度发电任务的100.275%，上网电量为6757.3万千瓦时，实现年度上网任务的108.99%
中电工程哈密50MW塔式光热发电项目	2019年12月29日并网。2023年是电站主设备治理、性能提升的关键年份，年内月度最高发电量1507.51万千瓦时、单日最高发电量86.9万千瓦时
兰州大成敦煌50MW线性菲涅尔式光热发电项目	2019年12月31日并网。2023年，电站进行了进一步系统优化升级，提升运维策略及运行稳定性，经过优化的集热回路表现超过设计指标
乌拉特中旗100MW槽式光热发电项目	2020年1月8日并网。电站自投运以来，累计发电量约8.7亿千瓦时，2023年纯光热年发电量约3.3亿千瓦时，单月纯光热最高发电量5230万千瓦时，单日纯光热最高发电量221.6万千瓦时，各项指标均超过设计值，实现当年投产当年达标
玉门鑫能50MW塔式光热发电项目	2021年12月30日全面投运。该项目是全球首个基于二次反射塔式聚光集热储热技术的商业化塔式光热电站，采用了江苏鑫晨光热技术有限公司自主研发并完全拥有知识产权的核心技术，95%以上的设备实现了国产化（公开资料仅到2021年）
龙腾玉门50MW槽式光热电站	截至2021年5月未有明显进展（公开资料仅到2021年）
国华玉门100MW熔盐塔式光热电站	2018年由首航高科接续开发，2020年5月底吸热塔全面开工建设。项目配备单塔单镜场，一套储热系统，可满足汽轮发电机组额定功率运行11小时，一套蒸汽发生系统，高温超高压再热纯凝汽轮发电机系统以及其他辅助设施（公开资料仅到2020年）

续表

项目名称	概况
中国三峡新能源金塔100MW熔盐塔式光热电站	2021年由中控太阳能接续开发,截至2021年5月尚未正式开工(公开资料仅到2021年)
达华尚义50MW熔盐塔式光热电站	首航高科受让开发商49%股权并签订EPC总承包合同。截至2021年5月尚未正式开工(公开资料仅到2021年)
中海阳玉门50MW槽式光热电站	该项目是我国首个启动建设的槽式光热发电项目,也是玉门市四个入围项目中首个启动建设的示范项目。该项目共计将建设192个槽式集热回路,设计寿命25年。2018年上海电气与中海阳签订合作协议联合推进项目进度。截至2021年5月未有明显进展(公开资料仅到2021年)
北方联合电力乌拉特50MW菲涅尔光热电站	内蒙古乌拉光热开发有限公司接续该项目并改为槽式项目,2019年项目可研评审会召开。截至2021年5月未有明显进展(公开资料仅到2021年)
黄河上游水电开发135MW熔盐塔式光热电站	2020年,由中控太阳能公司接续开发,完成交接备案。2021年正式开工(公开资料仅到2021年)
中阳张家口察北64MW熔盐槽式光热电站	截至2020年,该项目现已完成6200亩场地中的3000亩基础平整工程,全部厂区地勘,2条厂区临时用电线路的接入,项目配套办公楼3层主体工程,项目综合服务楼主体工程以及项目附属动力中心主体工程(公开资料仅到2020年)
深圳金钒阿克塞50MW熔盐槽式光热电站	该项目主体工程的土建工作于2017年6月份开工建设,之后进程停工。2020年12月,该项目在甘肃阿克塞哈萨克族自治县举行隆重的复工复启仪式(公开资料仅到2020年)
华强兆阳张家口50MW菲涅尔光热电站	截至2018年5月尚未全面开建(公开资料仅到2018年)
中节能甘肃武威太阳能古浪100MW槽式光热电站	截至2021年5月未有实质进展(公开资料仅到2021年)
中信张北50MW菲涅尔光热电站	截至2021年5月未有实质进展(公开资料仅到2021年)

2.4.4.1 技术现状

太阳能光热发电技术水平在国内外发展呈现基本同步态势。目前国内外均已经实现了第1代、第2代技术商业化发展;第3代技术已完成实验室阶段，第4代技术处于实验室阶段，但进展较快。"十三五"期间，科技部在太阳能利用方面部署了"超临界二氧化碳太阳能热发电基础研究"项目，并已取得初步科研成果。通过多年科研攻关，太阳能光热发电系统集成技术、电站运维技术、电站软件开发、电站运行策略及关键设备及材料等已有较大提升，并获得国际认可。如表2-9所示，光热发电超表面材料曲面反射聚光技术、聚光场能流调节方法、超临界二氧化碳透平、部分太阳能建筑及海水淡化技术处于国际先进水平，其余技术多处于国际跟跑或并跑水平，技术创新水平需继续提升。

表2-9 光热主要技术发展现状

（不完全统计）

主要技术方向	子技术	技术现状
太阳能热发电	超表面材料曲面反射聚光技术	领跑
	聚光场能流调节方法	领跑
	超临界二氧化碳透平	领跑
	太阳能用关键材料	并跑
	聚光器设计及性能测量和评价	并跑
	吸热、储热和换热设备热应力设计	跟跑
	系统热力学设计及运行策略	跟跑
	热化学储放热技术	跟跑
太阳能建筑及海水淡化	同时具备发电、被动采暖/冷却、热水供应、除醛、除菌、杀毒功能的太阳能建筑	领跑
	中长周期储热供暖	跟跑
	随温度和辐射自调节的选择性涂层与材料技术	跟跑
	海水淡化及高效三维仿生蒸腾技术	领跑

2022年，青海中控德令哈50MW光热电站累计年度实际发电量$1.464 \times 10^8 kW \cdot h$，发电量达到年度设计发电量的100.26%，圆满完成年度发电目标，图2-19为电站全景图。该电站是国家首批光热发电示范项目之一，装机容量50MW，配置7小时熔盐储能系统，镜场采光面积54.27万平方米，设计年发电量$1.46 \times 10^8 kW \cdot h$，每年可节约4.6万吨标准煤，同时减排二氧化碳气体约12.1万吨，电站采用浙江可胜技术股

份有限公司自主研发并完全拥有知识产权的塔式熔盐光热发电核心技术，95%以上的设备实现了国产化。电站运行表现已通过德国独立工程咨询公司 Fichtner 的完整技术评估，认定其技术已达到全球同类电站最先进水平。

图 2-19　青海中控德令哈 50MW 光热电站

中船新能源 100MW 光热发电示范项目（图 2-20）是国家首批光热示范项目中单体规模最大、储热时长最长的槽式光热发电项目，可实现 24 小时连续发电。截至 2023 年 1 月，乌拉特中旗风电项目并网规模约 295 万千瓦，累计发电量约 643.7 亿千瓦时。光伏项目并网 28 万千瓦，累计发电约 40.4 亿千瓦时。光热项目并网 10 万千瓦，累计发电约 5.5 亿千瓦时。

首航高科敦煌 100MW 塔式光热电站（图 2-21）是我国首座百兆瓦级塔式光热电站。电站位于甘肃省敦煌市七里镇西光电产业园，配置 11 小时储热系统，镜场反射面积 140 万平方米。2019 年 6 月电站实现满负荷运行。2022 年经过系统优化，镜场效率及机组其他各系统性能指标均有明显改善，其中，2022 年 6 月份单月发电量超过 3379 万千瓦时，同比增长 91.2%。

图 2-20　中船新能源 100MW 光热发电示范项目

图 2-21　首航高科敦煌 100MW 塔式光热电站

中广核德令哈 50MW 槽式光热电站（图 2-22）位于青海省德令哈市西出口光伏（热）产业园区，是国家首批光热发电示范项目中最早开工、最早建成的项目，为全球首个高寒、高海拔大型槽式光热电站。2022 年，电站实现上网电量 1.207 亿千瓦时，全年满负荷等效利用时间达 2414 小时。

图 2-22 中广核德令哈 50MW 槽式光热电站

中电建青海共和 50MW 塔式光热电站（图 2-23）位于青海省海南州共和县生态太阳能发电园区，电站配置 6 小时储热系统，项目于 2018 年 5 月 8 日开工奠基，2019 年 9 月 19 日机组并网，2021 年 4 月 25 日通过国家示范性验收。2022 年，电站开展了一系列运行策略优化和电站发电性能提升工作，电站整体性能提升工作大幅提速。2023 年 3 月 13 日，光热电站单日发电量再创新高，达到 61.9 万千瓦时。2023 年前三个月电站发电量逐月攀升，电站晴天发电达产率（实际发电量/设计发电量）已接近 90%，整体发电性能稳步提升！

图 2-23 中电建青海共和 50MW 塔式光热电站

兰州大成敦煌 50MW 线性菲涅尔式光热电站（图 2-24）是全球首个实现商业化运行的熔盐工质线性菲涅尔式光热电站。项目位于甘肃省敦煌市七里镇光电产业园区，采用兰州大成具有自主知识产权的高温熔盐线性菲涅尔聚光吸热技术，电站储热时长 15 小时，正常天气具备 24 小时持续发电能力。2022 年，经过运行优化、运维策略调整等工作，电站逐步进入发电量爬坡阶段，年总发电量较 2021 年提高 45.85%。

图 2-24 兰州大成敦煌 50MW 线性菲涅尔式光热电站

鲁能海西州多能互补集成优化国家示范项目总装机容量700MW，其中光伏发电200MW、风电400MW、光热发电50MW（图2-25）、电化学储能50MW，配套建设330千伏汇集站和国家级多能互补示范展示中心，是世界首个集风光热储调荷于一体的多能互补科技创新项目。其中，光热发电配置12小时熔盐储热系统，2022年电站发电量达到8608.95万千瓦时。

图2-25 鲁能海西州50MW光热发电项目

2.4.4.2 产业现状

太阳能热发电产业链体系可分为研发、设计、制造、安装、运维等环节，以易于获得、安全且丰富的原材料为出发点和起点，带动了拥有自主知识产权的产业链核心装备的发展。在国家第一批光热发电示范项目中，设备、材料国产化率超过90%，技术及装备的可靠性和先进性在电站投运后得到有效验证。其中，在青海中控德令哈塔式电站和中船新能源槽式电站中，我国自主化设备部件和材料比例达95%。太阳能热发电产业链具体环节及主要企业请参见图2-26。

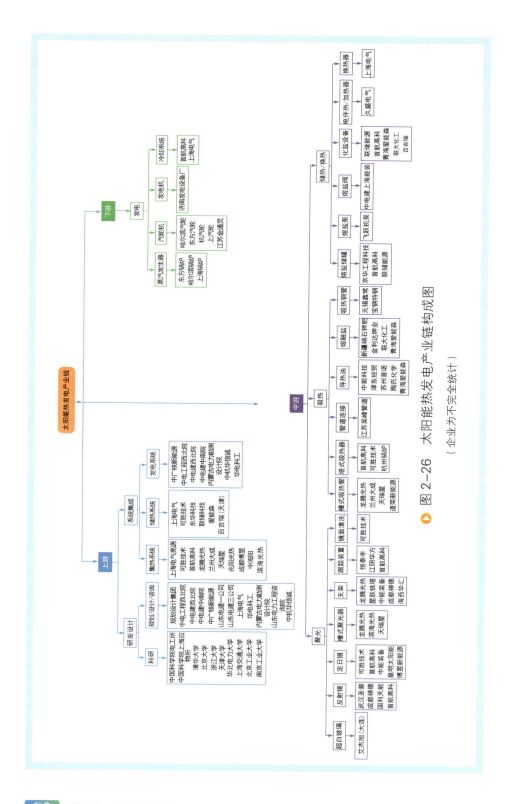

图 2-26 太阳能热发电产业链构成图
（企业为不完全统计）

在我国首个太阳能热发电特许权招标项目以及国家首批太阳能热发电示范项目发展的带动下，经过十多年的发展，目前建立了具有完全自主知识产权的光热发电行业全产业链，已具备支撑太阳能热发电大规模发展的产品供应能力。

据太阳能光热产业技术创新战略联盟不完全统计，截至2022年底，我国从事太阳能热发电相关产业链产品和服务的企事业单位约600家；其中，太阳能热发电行业特有的聚光、吸热、传储热系统相关从业企业数量约320家，约占目前太阳能热发电行业相关企业总数的55%，以聚光领域从业企业数量最多，约170家，相关就业人数约5.9万人。

此外，行业发展标准也在逐渐完善，在各项标准的规制下，努力推动行业的发展，出台各类太阳能热发电的标准70余部。

2.5 技术清单

2.5.1 晶体硅电池技术

2.5.1.1 技术内涵

晶体硅太阳电池本质上是一个大面积的二极管，由pn结、钝化膜、金属电极组成，在n型衬底上掺杂硼源，p型衬底上掺杂磷源，分别形成p+或n+型发射极，并与硅衬底形成pn结。该pn结形成内建电场，将光照下产生的光生载流子（电子-空穴对）进行分离，分别被正面和背面的金属电极收集。图2-27是常规晶体硅太阳电池的结构示意图，从上到下依次为正面栅线电极、正面减反膜SiN_x、pn结、硅衬底、背表面场（back surface field，BSF）以及背面金属电极。

2.5.1.2 未来发展方向和趋势

晶体硅电池是目前在量产方面表现最好的电池技术，具有产业化效

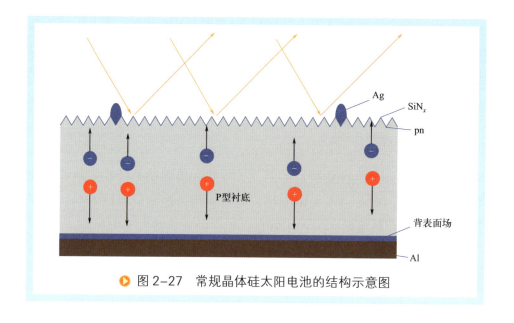

图2-27 常规晶体硅太阳电池的结构示意图

率高、成本低等特点，部分领先企业量产平均效率超过23%。在高端晶硅电池技术研发方面，与国际相比各有优势。未来，通过叠层技术的创新，可突破晶体硅单结晶电池理论转换效率的极限（29.2%），将不断加速产业发展。

2.5.1.3 拟解决的关键科技问题

关键材料创新技术、双面微晶电池技术、叠层器件结构设计技术、叠层电池稳定性技术、组件封装工艺及设备技术等。

2.5.2 薄膜和新型电池技术

2.5.2.1 技术内涵

薄膜太阳电池是缓解能源危机的新型光伏器件。薄膜太阳电池可以使用价格低廉的陶瓷、石墨、金属片等不同材料当基板来制造，形成可产生电压的薄膜，厚度仅需数 μm，目前转换效率最高可以达13%。薄膜太阳电池除了可以制成平面构造外，也因为具有可挠性可以制作成非平面构造，可与建筑物结合或是变成建筑物的一部分，应用非常广泛。

2.5.2.2 未来发展方向和趋势

薄膜和新型电池种类较多。

一是传统薄膜电池，包括铜铟镓硒（copper indium gallium selenide，简称"CIGS"）和碲化镉（cadmium telluride，简称"CdTe"）薄膜电池，其转换效率接近多晶硅电池。目前，国际上两种技术均已实现了产业化，但成本偏高。在我国，铜铟镓硒电池方面，刚性基底电池和组件纪录效率保持 23.4% 和 19.64%，柔性基底电池纪录效率保持 21.4%。碲化镉电池方面，我国小面积电池效率达到 20%，大面积组件效率达到 17%。铜锌锡硫基（CZTS）和锑基硫系薄膜电池方面，我国保持领先态势。

二是新型电池，主要包括钙钛矿电池、有机太阳电池、量子点太阳电池、叠层电池等。目前，钙钛矿电池转换效率、稳定性和实用化等技术发展迅猛。我国单结钙钛矿太阳电池的效率整体上国际领先，我国中国科学院半导体所获得了 25.6% 的美国国家可再生能源实验室（NREL）认证效率。钙钛矿电池技术如能攻克稳定性等问题并实现量产，将对未来光伏大规模应用起到重要作用。有机薄膜电池方面，我国处于国际引领态势，多次刷新 NREL 效率纪录。量子点电池方面，我国多种类型电池的研究已达到国际并跑水平。叠层电池方面，我国在钙钛矿/钙钛矿叠层技术上处于国际领先水平，各种电池技术的融合应用将是未来提升转换效率的重要途径。

2.5.2.3 拟解决的关键科技问题

新型电池稳定性高效率研究、太阳能光电转换的新机理和新现象、新结构和新材料光伏电池研究等将是推动光伏产业高速发展的驱动力。

2.5.3 光伏系统及核心部件技术

2.5.3.1 技术内涵

光伏发电系统主要由光伏阵列（组件的串并联组合）、控制器、逆变器、蓄电池及其他配件组成（并网不需要蓄电池）。根据是否依赖公共电网，分为离网和并网两种，其中离网系统是独立运行的，不需要依赖电网。离网光伏系统配备了有储能作用的蓄电池，可保证系统功率稳定，能在夜间或阴雨天发电不足情况下供给负载用电。光伏系统的工作原理是光伏组件将光能直接转换成直流电，直流电在逆变器作用下转变成交流电，最终实现用电、上网功能。

2.5.3.2 未来发展方向和趋势

光伏系统应用正在向多元化、规模化、高效率的方向发展，如水光互补、渔光互补、农光互补等应用模式不断推广，光伏+制氢、光伏+建筑、光伏+交通等应用形式不断创新。应用区域也逐步从内陆走向海洋，海上光伏发电及"光伏+"模式等新型光伏系统正逐渐成为趋势。

2.5.3.3 拟解决的关键科技问题

大功率高效率光伏直流升压变换器及中压直流系统关键技术、大功率高效率光伏直流电解系统集成技术、大电流高效率光伏直流变换器研制技术、高可靠抗台风海洋漂浮式光伏技术等。

2.5.4 超超临界熔盐塔式太阳能热发电技术

2.5.4.1 技术内涵

基于传统朗肯循环的超超临界太阳能热发电技术将进一步提高光电转换效率，是该领域重要技术发展方向。超超临界蒸汽温度$\geqslant 600℃$，压力$\geqslant 25MPa$，适合应用于以熔盐为传热介质的大型塔式太阳能热发电站。

2.5.4.2 未来发展方向和趋势

与常规火电机组相比，太阳能热发电机组难以实现更大容量，但在温度和压力方面可与常规火电相适应。现有的导热油槽式太阳能热发电站传热流体工作温度超过$390℃$，熔盐塔式太阳能热发电站熔盐工作温度超过560℃，蒸汽参数对应高压、亚临界或超临界。超超临界太阳能热发电技术的应用将提升光电转换效率，但是如何选择合适的熔盐系统和匹配机组容量是这种技术类型的难点。

2.5.4.3 拟解决的关键科技问题

这项技术研究中需要解决的关键科技问题包括：高温、高能流密度条件下吸热器运行，传热流体材料与结构材料之间的腐蚀机理，吸热器结构材料的高温力学行为和吸热器疲劳设计，膜层设计与制备，等。

2.5.5 超临界二氧化碳太阳能热发电技术

2.5.5.1 技术内涵

由于布雷顿循环中超临界二氧化碳循环的发电效率比较高，且超临界二氧化碳太阳能热发电系统装机容量较小，超临界二氧化碳循环的研究成为热发电领域的攻关热点之一。基于超临界二氧化碳动力循环的塔式太阳能热发电技术，具有热机转换效率高、系统回热温度高和热机功率匹配性好的特点，特别适合于太阳能热发电领域。超临界二氧化碳太阳能热发电的传热流体有三种技术路线，分别是采用高温熔盐材料、固体颗粒和二氧化碳。采用不同的传热流体，吸热工艺和装备的技术要求也完全不同。

2.5.5.2 未来发展方向和趋势

以水为循环工质的朗肯循环效率一般低于40%，而超临界二氧化碳循环在40%～50%之间。对于同样为布雷顿循环，以超临界二氧化碳为工质的循环效率也要比以氦气和空气为工质的循环效率高。因此，研究超临界二氧化碳循环在太阳能领域的应用具有深远的意义。突破基于超临界二氧化碳动力循环的太阳能热发电技术瓶颈，是将太阳能热发电成本电价降低到能够平价上网的关键，对于以可再生能源作为基础和调峰电源，高比例可再生能源接入电网，实现碳达峰和碳中和具有重大的经济和环境意义。图 2-28 为固体颗粒作为传热流体的超临界 CO_2 太阳能热发电技术示意图。

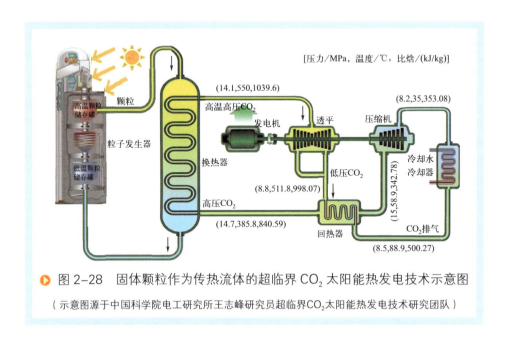

图 2-28　固体颗粒作为传热流体的超临界 CO_2 太阳能热发电技术示意图

（示意图源于中国科学院电工研究所王志峰研究员超临界CO_2太阳能热发电技术研究团队）

2.5.5.3　拟解决的关键科技问题

该项技术涉及的关键科技问题包括：二氧化碳的换热方法研究、高温高效吸热器设计理论与方法研究、储热放热模式对系统性能的影响机理研究、超临界二氧化碳与透平热功转换过程的相互作用机制研究等。

2.5.6　化学电池和卡诺电池协同储能技术

2.5.6.1　技术内涵

化学电池和卡诺电池协同储能技术是将锂离子电池与卡诺电池根据新能源电源需求进行不同储能互补应用的技术。其优势在于：锂离子电池和卡诺电池在响应时间、放电时长和储电容量方面均有各自的特点和优势工作范围，根据光伏电力功率特点，在时序和容量上将二者组合形成有机整体，可保障系统实现灵活调节和安全平稳出力。为确保电网安全以及稳定供能，化学电池与卡诺电池协同储能技术被认为是未来可再生能源电力系统规模化以及可持续化发展的核心与关键技术之一。

2.5.6.2 未来发展方向和趋势

目前，电化学储能电池和卡诺电池协同能质调控研究很少，尤其是基于卡诺电池和化学储能电池在时间响应特性下的变工况动态特性表述和能质调控研究基本处于空白。但在未来的高比例可再生能源电力系统中，储能系统大幅度高频充放电的时间响应特性直接影响了电力系统的灵活性调节和供能稳定性。

因此，在新型电力系统构架中，有必要深入系统化研究多种电池耦合储能系统在大幅高频电力波动条件下的响应梯度特征。并结合能源系统能质能势分析理论，构建新型多源耦合储能系统优化模型，同时利用神经网络等机器学习方法，探索能质协同调控中的核心关键因素及其耦合影响机制，为今后低碳型电力系统构建与调控提供理论基础。

2.5.6.3 拟解决的关键科技问题

基于卡诺电池与化学电池耦合体系的容量结构研究，建立以安全性为约束条件的"电力-耦合储能-放电"动态系统模型，深入研究系统在双向耦合循环过程中的能质循环机理及特性、不同工况输入下储能系统关键因素的时间响应特性、梯度响应与稳定性能质调控策略等。

2.5.7 太阳能集热储热多能互补零碳供热技术

2.5.7.1 技术内涵

在清洁能源供热技术领域，太阳能集热储热多能互补零碳供热技术创造性地提出采用大规模集中式中低温集热技术与低成本长周期储热技术相结合的技术路线，解决太阳能集热与建筑用热的季节性不平衡、年有效利用时间短、长期储热效率低的关键问题；实现高比例太阳能区域规模化供热，推动我国北方寒冷地区清洁供热技术的发展，改变以煤为主的供热能源结构，引领能源创新转型、助力打赢蓝天保卫战、优化供热能源结构、推动北方地区冬季供热能源体系的高质量发展。

2.5.7.2 未来发展趋势和方向

太阳能集热储热多能互补零碳供热技术以太阳能高效光热转换、长期存储和综合利用为纽带，解决可再生能源高效收集与转化、能源波动性、资源与负荷时序不匹配的关键问题。清洁能源供热技术发展是解决北方冬季雾霾的重要手段，煤改电、煤改气等清洁供热，不补贴供热成本约 $0.5 \sim 1.0$ 元 $/(kW \cdot h)$，用户无法承受，电热泵 COP（性能系数，表示热泵的效率）低、经济性差，大规模电网、气网改造及持续补贴，为政府带来长期的财政压力。

2.5.7.3 拟解决的关键问题

未来，应规模化推广，降低热损，向综合能源互补融合方向进行技术耦合：①长周期储热成本显著降低，50 万立方米长期储热系统单位成本低于 150 元 $/m^3$，长周期储热系统年综合储热损失低于 30%；②年均光热转换效率不小于 40%，光热转换路线多元，可与现有城市供热体系有机融合，也可用于低温区域综合能源系统；③可以通过高效电热转化与信息技术支撑，推进风电、光伏等可再生能源电力高效消纳，以及与工业余热、电热联供系统的融合，实现综合能源效率的提升。

2.5.8 太阳能废水近零排放技术

2.5.8.1 技术内涵

在清洁能源供热技术领域，太阳能废水近零排放是一种利用太阳能光伏光热与膜法和热法海水淡化耦合构建的一种工业浓盐水/海水淡化和近零排放技术。该技术充分利用太阳能光电光热综合转化的品位与综合效率优势，并采用膜法与热法耦合技术，适合化工浓盐水零排放、盐化工等脱盐和蒸发过程，有助于推动清洁能源技术在盐化工及化工污水零排放处理领域的应用。

2.5.8.2　发展趋势和方向

该项技术是当前太阳能热利用技术的重要发展方向，膜法和热法海水淡化技术也形成了商业化应用。中国科学院电工研究所依托国家自然科学基金，在高浓盐水的加湿除湿（HDH）处理方面开展了相关理论与实验研究工作，同时依托国家重点研发技术在反渗透+加湿除湿（RO+HDH）海水淡化方面开展了相关研究工作，就光伏光热（PVT）柔性热电比、RO+HDH耦合的海水处理系统集成与优化方面，开展了相关研究工作，相关研究成果为化工废水及盐化工过程的清洁化与高效化处理奠定了研究基础。

2.5.8.3　拟解决关键问题

盐化工和工业废水处理是典型的高能耗工艺过程，同时工业领域高盐废水排放对地下水及流域内土壤等造成严重污染，因此开展基于清洁能源的高效、高浓盐水综合处理技术研究十分必要。

2.6　技术发展路线图

在政策引导驱动下，我国光伏技术已经实现参与国际竞争并达到国际领跑及并跑水平。随着光伏的快速发展，高效率、低成本电池及组件的研发将不断提升发电效率，新型太阳电池及数字化智能化系统、运维技术将不断提高应用质量，多场景多元化应用、可回收循环利用相关技术也将成为行业中长期发展的重点方向。

随着新能源大基地的建设、新型电力系统的构建，亟需解决电力系统灵活性不足、调节能力不足等短板问题，以保障绿电接入电网、调峰和储能的稳定及安全。中国科学院何雅玲院士的研究认为，现阶段电力系统呈现"双高"特征，对电网安全提出严峻挑战，热储能系统在储热容量、规模化建设及运营成本、运行寿命、安全性、发电功率等方面具有突出优势，特别是消纳间歇性新能源（风电、光伏等）装机出力，在构建以新能源为主体的新型电力系统、保障电力系统安全稳定运行等方面发挥重要作用，是未来规模储能的中坚力量。

中国科学院李灿院士也表示，光热发电是最有希望的规模化储能技术，将是未来保障光伏、风电规模化发展的技术，随着光伏、风电大规模化发展，需求更加强烈。光热发电是可再生能源替代火电的重要技术之一，将成为实现"双碳"目标的技术路径。

图 2-29 为太阳能光伏/光热技术路线图。

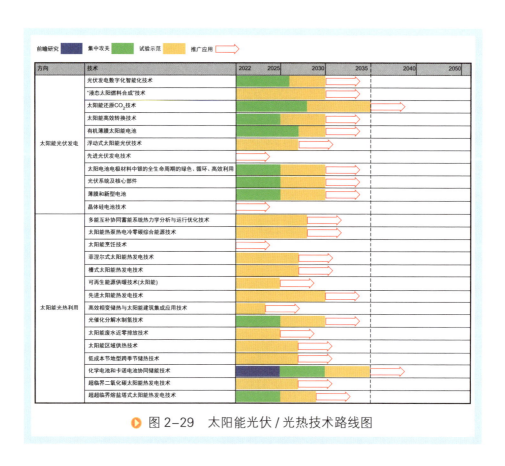

图 2-29　太阳能光伏/光热技术路线图

第 3 章

风能

风能是空气流动所产生的动能，太阳能的一种转化形式。由于太阳辐射造成地球表面各部分受热不均匀，引起大气层中压力分布不平衡，在水平气压梯度的作用下，空气沿水平方向运动形成风。在一定的技术条件下，风能可作为一种重要的能源得到开发利用，风能利用是综合性的工程技术，通过风力机将风的动能转化成机械能、电能和热能等。

3.1 资源概况

中国风能资源气候特征与中国季风气候和东高西低的阶梯式地貌紧密相关，我国年平均风速的高值区分布在青藏高原、"三北"地区和海上区域，年平均风速的低值区主要分布在青藏高原"背风区"的中东部地区。

3.1.1 资源分布

中国气象局风能太阳能中心发布的《中国风能太阳能资源年景公报

（2022年）》数据显示，2022年，我国70米高度年平均风速约5.4m/s，年平均风功率密度约193.1W/m²；100米高度年平均风速约5.7m/s，年平均风功率密度约227.4W/m²。具体分布信息见表3-1。

表3-1　全国不同高度风能资源分布概况

	高度	数值	空间分布
年平均风速	70米高度	7.0~8.0m/s	东北东部、内蒙古中部和东部、新疆东部和北部的部分地区、甘肃西部和北部、青藏高原大部分区域
		大于6.0m/s	东北大部、华北北部、内蒙古大部、宁夏中南部、陕西北部、甘肃西部、新疆东部和北部的部分地区、青藏高原大部、云贵高原和广西等地的山区、东南部沿海等地
		5.0~6.0m/s	山东西部及山东东部沿海、江苏大部、安徽东部等地
		低于5.0m/s	中部和东部平原地区及新疆的盆地区域
	100米高度	7.0~8.0m/s	东北西部和东北部、内蒙古中部和东部、新疆北部和东部的部分地区、甘肃西部、青藏高原大部等地
		大于6.0m/s	东北大部、内蒙古、华北北部、华东北部、宁夏中北部、陕西北部、甘肃西部、新疆东部和北部的部分地区、青藏高原、云贵高原和广西等地的山区、中东部地区沿海等地
年平均风功率密度	70米高度	大于300W/m²	内蒙古中东部、黑龙江东部、河北北部、山西北部、新疆北部和东部、青藏高原和云贵高原的山脊地区等地
		大于200W/m²	东北大部、华北大部、青藏高原大部、云贵高原、西南地区和华东地区的山地、东南沿海等地
		小于150W/m²	中部和东部平原地区及新疆的盆地区域
	100米高度	大于300W/m²	内蒙古中东部、黑龙江东部、吉林西部及东部、河北北部、山西北部、新疆北部和东部的部分地区、青藏高原大部、云贵高原的山脊地区、福建东部沿海等地
		小于150W/m²	华东中部和西部、四川盆地、陕西南部、云南西南部、西藏东南部、新疆南疆盆地等地的部分地区
		大于150W/m²	我国大部分地区

3.1.2 技术开发量

风能资源技术开发量与年平均风速、地形坡度、土地利用性质及水体、城市和自然保护区等因素有关。中国高原、山地、丘陵占国土总面积的 65%，进而导致除年平均风速以外，地形和坡度对风能开发的土地可利用率影响最大。中国各区域 80m 高度风能资源技术开发量如表 3-2，中国近海 100m 高度风能资源技术开发量如表 3-3。

表3-2　中国各区域80m高度风能资源技术开发量

区域	技术开发总量/10^4kW	区域	技术开发总量/10^4kW
东北地区	137557.30	华北地区	11235.48
西南地区	75859.20	华中地区	8874.96
西北地区	60280.82	华南地区	8696.68
华东地区	15288.75		

表3-3　中国近海100m高度风能资源技术开发量

等深线/m	技术开发总量/10^8kW	离岸距离/km	技术开发总量/10^8kW
5～25	2.1	<25	1.9
25～50	1.9	25～50	1.7

3.2 基础理论

风力发电，是把风能转变成机械能，再将机械能转化为电能。风力发电的原理，是利用风力带动风车叶片旋转，再通过增速机将旋转的速度提升，来促使发电机发电。依据风车技术，大约3m/s的微风速度便可以开始发电。风力发电正在世界上形成一股热潮，因为风力发电不需要使用燃料，也不会产生辐射或空气污染。风力发电所需要的装置，称作风力发电机组，大体可分风轮（包括尾舵）、发电机和塔筒三部分。图 3-1 为风力发电过程示意图。

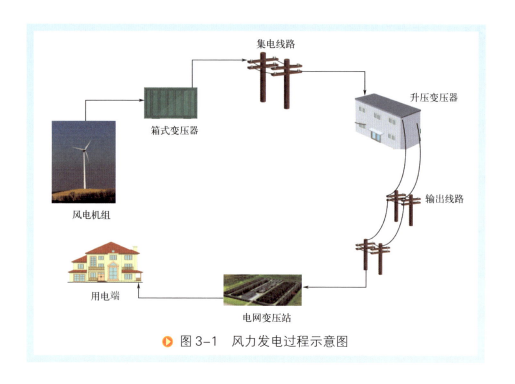

▶ 图 3-1　风力发电过程示意图

3.3　主要特征

风能，作为已经在国内外得到广泛应用的可再生能源主要具有以下特征：

第一，蕴藏量大，具有可再生性。风能是靠空气的流动而产生的，这种能源依赖于太阳的存在，可持续地、有规律地形成气流，周而复始地产生风能。

第二，能源清洁，具有环境友好性。在风能转换为电能的过程中，不产生任何有害气体和废料，不会造成环境污染。

第三，分布广泛，具有应用灵活性。煤、石油和天然气等化石能源具有显著地域性特点，风能发电可就地取材、无须运输，应用具有很大的灵活性。

但是，风能因其自身的资源属性，在能源应用中还具有一定的局限性：

第一，能量密度低。由于风能来源于空气的流动，而空气的密度很小，因此风力的能量密度很低。

第二，供能间歇性。由于气流瞬息万变，风时有时无，时大时小，日、月、季、年的变化都十分明显，能源供应存在间歇性和波动性。

第三，地区差异性。由于地形变化、地理纬度不同等因素，风能的地区差异很大。两个邻近区域，由于地形的不同，其风力可能相差几倍甚至几十倍。

3.4 发展现状

3.4.1 国际现状

十多年来，随着低碳能源理念的深入和技术的进步，全球对风能的开发利用规模不断提升，由全球风电装机量（图 3-2）和发电量趋势图（图 3-3）可以看出，陆上风电和海上风电的装机量及发电量在十年来稳步攀升。其中，2016 年至 2022 年期间，陆上风电增长了近 390000MW，海上风电增长了 4 倍，发电量也呈现快速提升。

从国家发展情况来看，2022 年，全球风电装机规模新增约 75GW，累计装机规模从 2021 年的 825GW 提升到 899GW。其中，中国装机量位居世界首位。和 2021 年相比，全球装机量前十位国家未有新变化，如图 3-4 所示，2022 年在全球风电装机中，中国以 3.65 亿千瓦稳居首位，其次是美国、德国等国家。

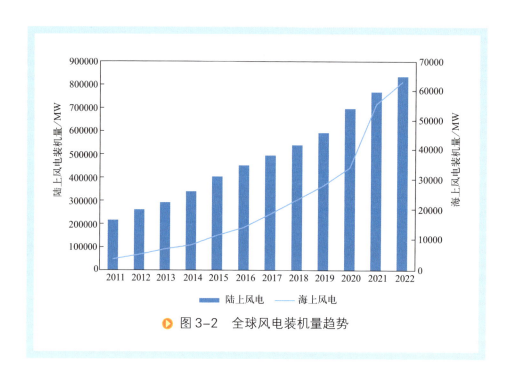

▶ 图 3-2 全球风电装机量趋势

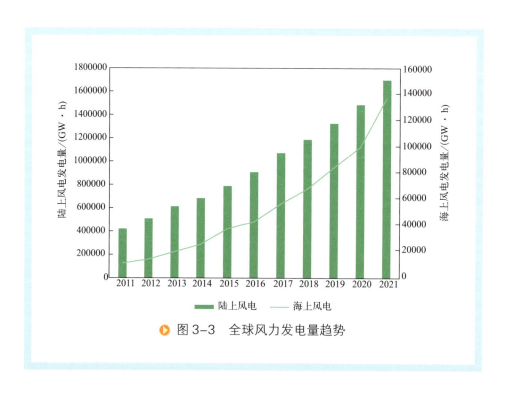

▶ 图 3-3 全球风力发电量趋势

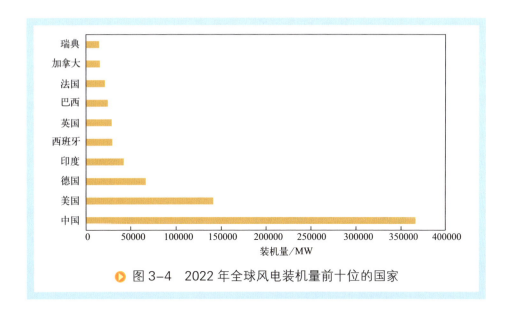

图 3-4　2022 年全球风电装机量前十位的国家

发电量方面，如图 3-5 所示，2021 年中国风电发电量超过 656000GW·h，位居世界首位，其中海上风电发电量为 52710GW·h，陆上风电发电量为 603994GW·h；其次是美国、德国、巴西等国家。对应 2021 年装机量前十位的国家来看，瑞典没有进入发电量前十的席位。

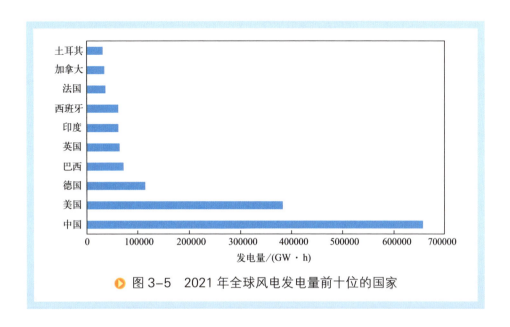

图 3-5　2021 年全球风电发电量前十位的国家

第 3 章　风能

海上风电领域，截至2022年底，全球海上风电并网装机规模达到6850万千瓦，同比增长26%，约占全球可再生能源发电装机总量的2%，未来这一比例将稳步提升。海上风能正成为海洋国家发展可再生能源的重要支撑。中国海上风电累计并网装机量将达到3250万千瓦，连续两年位居全球首位，占比约为全球装机量的50%。国内海上风电产业呈现集聚发展特点，初步形成了环渤海、长三角、珠三角等产业集群。

2022年世界多国和地区的政府相继出台了新的可再生能源政策，旨在大力开发风能、太阳能等资源。如表3-4所示，美国通过《通胀削减法案》为风电机组部件制造技术提供税收抵免；欧盟提出加强能源安全措施，进一步提高可再生能源比重；日本、澳大利亚等国家在风电发展等方面均提出明确发展目标。

表3-4　2022年世界部分国家及地区风电发展概况

国家或组织	发展情况
美国	2022年8月《通胀削减法案》（Inflation Reduction Act 2022）获得通过，延长生产税收抵免政策得以保留，还将为包括主要风电机组部件在内的先进技术提供制造业税收抵免。在利好政策下，美国海上风电发展开始提速，海上风电拍卖创纪录
欧盟	2022年3月，欧盟委员会宣布将部署更多可再生能源、实现天然气供应多样化和提高能源效率，减少成员国对俄罗斯天然气供应的依赖。2022年8月30日，欧洲八国及欧盟领导人在丹麦召开的波罗的海能源峰会上签署《马林堡宣言》，提出加强能源安全和海上风电合作。根据欧洲风能协会（WindEurope）发布的数据显示，欧洲90%新增风电装机容量来自陆上风电，主要部署在德国、瑞典、芬兰、西班牙和法国
英国	2022年英国电力的26.8%来自风电，仅次于天然气。英国政府设立了到2030年实现500万千瓦漂浮式海上风电装机规模的目标。在英国海上风电项目开发中，中国企业扮演着重要角色。大金重工作为英国Moray West海上风电场供应了48根超大直径单桩基础与12套塔筒，这批产品是大金重工除塔筒类产品外，首次向欧洲出口的超大型单桩基础，同时也是中国制造商首次为欧洲市场供应此类产品
印度	印度政府设立了到2030年使风电装机容量达到1.4亿千瓦的目标。同时，印度政府还宣布了每年进行百万千瓦规模的海上风电拍卖计划。相比较而言，印度风电市场较为理性，投资商更注重平准化度电成本和风电场的发电量。该市场已经朝着提高风能资源的利用效率和风电机组的发电量方向转变
日本	根据日本规划，在2030年达到1000万千瓦海上风电装机规模，2040年前完成3000万~4500万千瓦的海上风电装机规模，并于2050年实现碳中和。2022年12月22日，日本首个大型海上风电场在其北部秋田县开始商业运营

续表

国家或组织	发展情况
澳大利亚	截至2022年，澳大利亚已拥有840万千瓦的风电运营能力，全部来自陆上风电，未来将继续加大可再生能源发展力度。此外，澳大利亚政府也在考虑开放其他地区海上风电场，包括东海岸的新南威尔士州、维多利亚州西部、塔斯马尼亚州北部和西澳大利亚州南部的海岸
韩国	韩国可再生能源转型的进程发展较慢，和其他发达国家相比差距较大。截至2022年底，可再生能源仅占总发电量的6.4%，化石燃料仍为主导能源。现阶段，韩国只有3.8%的发电量来自风电和太阳能光伏发电，该国制定了到2030年20%的电力来自可再生能源，海上风电装机规模达到1200万千瓦的目标，将比目前的12.45万千瓦大幅增加
埃及	2022年中国电建与阿米尔能源公司签署协议，将在埃及开发50万千瓦苏伊士湾风电项目。这是埃及单体容量最大的风电项目，也是埃及近几年签约的最大新能源项目之一，建成后预计每年可产生约27亿千瓦时的清洁能源，实现二氧化碳减排约100万吨

3.4.2 国内现状

我国经过多年努力，如中国风电装机（图3-6）及发电量（图3-7）趋势图所示，风电装机量及发电量呈现逐年稳步上升趋势。2016—2022年间，我国风电累计装机规模呈现翻倍增长，从不足15000万千瓦提升至36500万千瓦。

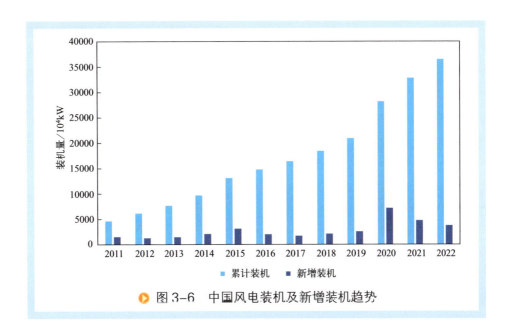

图3-6 中国风电装机及新增装机趋势

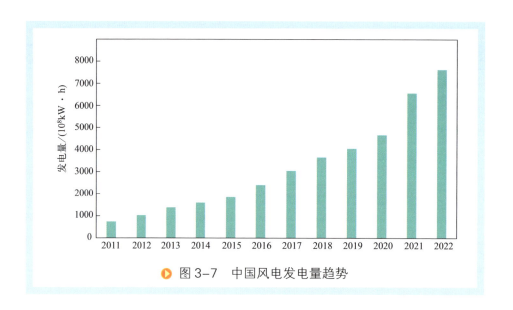

图 3-7 中国风电发电量趋势

和 2021 年相比，2022 年，在我国各区域装机中，如图 3-8 所示，西北、华北、南网地区依旧保持前三位，风电装机量分别达到 8279.23 万千瓦、7585.53 万千瓦、6260 万千瓦，占全国总装机量的 50% 以上。

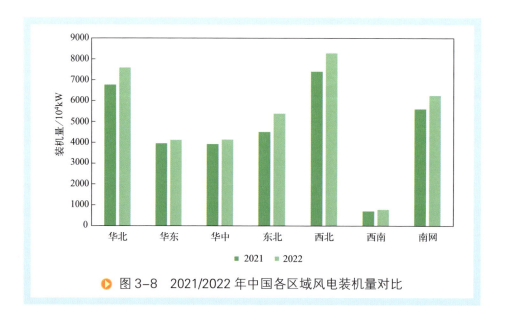

图 3-8 2021/2022 年中国各区域风电装机量对比

随着技术创新、政策支持以及消纳水平的提升，如图 3-9 所示，我国风电设备利用时间从 2015 年起到 2022 年整体呈现上升趋势，2018 年起连年超过 2000 小时，2022 年风电设备利用时间达到 2221 小时，略低于 2021 年。

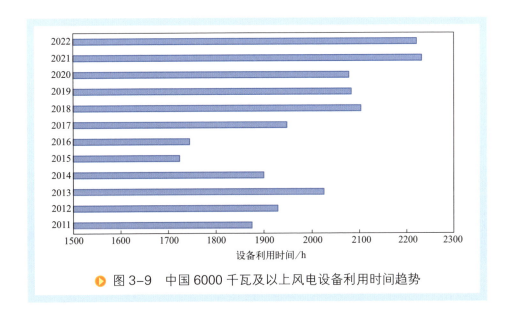

图 3-9　中国 6000 千瓦及以上风电设备利用时间趋势

从弃风率趋势图（图 3-10）可以看出，2016 年之前弃风率值波动较大，随着风电的快速发展，多地积极探索消纳新机制，2016—2022 年我国弃风率整体呈现逐年下降态势，虽然 2020—2022 年期间略有上行，但整体来看风电逐渐实现了高效利用。

3.4.3　技术发展

通过多年努力攻关，我国风能领域各项技术不断成熟，产业化应用有望在 2030 年前全部实现。虽然科技取得了一定进步，但部分技术优势尚不明显，整体水平处于国际并跑或跟跑阶段。在风电机组研发创新方面，针对风电机组不同运行环境特点，我国开发出可应用于低风速型、

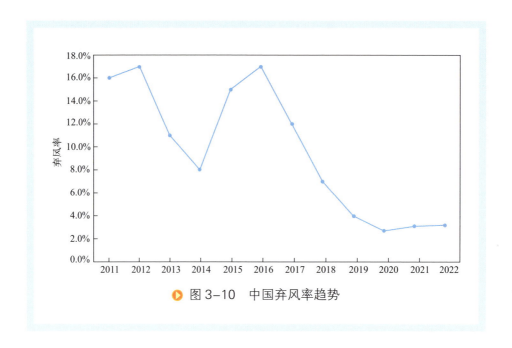

图 3-10 中国弃风率趋势

低温型、抗盐雾型、抗台风型、高海拔型等系列风电机组。其中，中国自主研发的低风速型风电机组已将可利用的风能资源下探到 4.8m/s 左右，进一步实现了低风速地区风电开发的经济价值和中国风能资源开发潜力的双提高。

2022 年，我国风电机组大型化趋势凸显，7MW 陆上风电机组已经批量应用，8MW 机型完成了样机吊装。主轴轴承国产化替代获得重大进展，洛阳轴承公司自主研发的国内首套外径达到 3.2m、用于 16MW 风电机组的主轴轴承已下线交付。风电新机型迭代速度加快，国内风电企业推出了超过 220 款新机型，平均每家企业的新机型超过 10 个。

2022 年 9 月 22 日，哈电风能有限公司试制的国内首台最大单机容量陆上风力发电机组（图 3-11）一次并网成功，标志着我国陆上风力发电机组技术的又一次突破。该机组单机容量功率范围涵盖 6.75～8MW，能够在中高风速陆上风场以及中低风速海上区域内稳定运行。单台机组预计年上网电量可达 2600 万千瓦时，相当于节约标准煤 8250 吨，减少二氧化碳排放 24600 吨。

图3-11 国内首台最大单机容量陆上风力发电机组

2022年11月11日，国家电投云南国际富源西风电项目首台风电机组成功并网发电，标志着我国山地风电最大单机容量风机成功投运（图3-12）。此次投运的F29号风机单机容量6.7兆瓦，轮毂高度110米，叶轮直径191米，最大起重量150吨，是目前国内山地风电投运单机容量最大、塔筒高度最高、叶片最长、起重量最大的风机。项目总装机规模80万千瓦，设计安装135台风机，共分三期：一期（墨红片区）30万千瓦、富源西风电场二期（冒天水片区）10万千瓦、富源西风电场三期。项目建成投产后，预计年上网电量19.6亿千瓦时，每年可节约标准煤约64.1万吨，每年减排二氧化碳约173.2万吨、二氧化硫约1171.8吨。

2022年11月23日，金风科技与三峡集团合作研发的GWH252-16兆瓦海上风电机组在福建三峡海上风电国际产业园下线（图3-13），该款机组刷新了全球最大单机容量、全球最大叶轮直径、单位兆瓦最轻重量纪录。16兆瓦机组的成功下线，标志着我国风电装备产业实现了从"跟跑"到"并跑"再到"领跑"的历史性跨越，创造了全球海上风电装备发展的最新标杆。

图3-12 我国山地风电最大单机容量风机成功投运

图3-13 16兆瓦海上风电机组成功下线

2022年12月20日,中国广核集团(简称"中广核")汕尾甲子二40万千瓦海上风电项目最后一台风电机组并网发电,中广核汕尾甲子90万千瓦海上风电场正式实现全容量并网发电,标志着全国最大的平价海上风电场（图3-14）建成投运，也标志着中广核汕尾近海浅水区140万千瓦海上风电项目全面建成投产，粤东首个超百万千瓦级海上风电基地正式建成。该风电场上网电价执行本地区燃煤标杆上网电价，不再享受国家财政补贴。

图3-14 全国最大平价海上风电场

中广核汕尾甲子海上风电场场区中心离岸距离约25km，水深30m到37m，布置78台6.45MW和50台8.0MW海上风电机组，配套建设2座220kV海上升压站及一座500kV陆上升压站。汕尾甲子二项目于2022年6月海上主体开工，仅用时半年就实现了全容量并网发电，创造了新的行业纪录。该基地每年可为广东省提供清洁电能超45亿千瓦时，可等效减少标准煤消耗约145万吨，减少二氧化碳排放量约350万吨，相当于植树造林约9000公顷。

2022年12月24日，双瑞风电全球最长风电叶片SR260成功下线（图3-15），搭载于18MW机组。SR260叶片的叶轮直径达到260米，叶片扫风面积超过5.3万平方米。项目团队在叶片研制过程中实现了超长柔叶片气弹稳定性设计及结构轻量化设计，突破了碳纤维拉挤板整体成型及超长叶片壳体灌注等诸多工艺技术壁垒。

▶ 图 3-15 双瑞风电全球最长风电叶片 SR260 成功下线

2022 年 12 月 30 日，随着渤中 B 场址最后一台风电机组并网发电，山东能源电力集团渤中 A、B 两个场址 90 万千瓦海上风电场实现全容量并网发电，成为我国"十四五"重点建设五大海上风电基地最大规模全容量并网发电项目，山东能源海上风电装机规模跃升至山东省首位。渤中海上风电项目场址位于山东省东营市近海海域中心区域，离岸 20 公里，包含渤中 A、B 两个风电场，规划面积 87.46 平方千米，装机容量 90 万千瓦。两个风电场每年可提供绿电超过 30 亿千瓦时，等效节约标准煤 92 万吨，等效减排二氧化碳 220 万吨。

A 场址（图 3-16）项目仅用时 99 天就取得核准，创下国内海上风电核准的最快速度。项目总装机规模 50.1 万千瓦，安装 60 台 8.35 兆瓦风力发电机组。

图 3-16 山东能源渤中海上风电 A 场址风机吊装

B 场址（图 3-17）项目总装机规模 39.95 万千瓦，安装 47 台 8.5 兆瓦北方区域单机功率最大风力发电机组。

图 3-17 渤中海上风电 B 场址海上升压站

2022年12月28日,国家电投神泉二海上风电项目(简称"神泉二项目",图3-18)顺利实现全容量并网发电。该项目是全球批量应用单机容量最大的海上风电项目,也是西门子能源首次将66kV零碳无氟环保型气体绝缘开关设备(66kV Blue GIS)规模化应用于海上风电的项目。神泉二项目位于广东省揭阳市惠来县神泉镇南面海域,总装机容量502兆瓦,安装16台8兆瓦、34台11兆瓦风机,配套建设1座海上升压站,并首次敷设66kV海缆。项目投产后预计每年可向粤港澳大湾区提供清洁电力17.43亿千瓦时,满足近90万户家庭一年的用电需求,减少标准煤消耗约52.7万吨、减少二氧化碳排放量约为140万吨。

图3-18 神泉二项目风机吊装

2022年12月底,在吉林通榆县,三一重能7.XMW平台首台风电机组成功完成吊装(图3-19)。三一重能率先将7.XMW陆上风机商业化应用,创全球陆上最大商业化风机新纪录。该风场总容量100MW,全部采用三一重能7.XMW平台风电机组,将成为全球首个单机7.XMW风机批量商业化陆上风场。

▶ 图 3-19　三一重能 7.XMW 风机吊装

2023 年 1 月 2 日，我国首座深远海浮式风电平台——"海油观澜号"在青岛完成主体工程建设（图 3-20）。这标志着全球首座水深超百米、离岸距离超百公里的"双百"海上风电项目建设取得重要进展。项目投产

▶ 图 3-20　我国首座深远海浮式风电平台主体完工

后，风机所发电力通过动态海缆接入海上油田群电网用于油气生产，年发电量可达 2200 万千瓦时，可减少二氧化碳排放 2.2 万吨。

2023 年 1 月 10 日，明阳智能正式发布 18 兆瓦全球最大海上风电机组——MySE18.X-28X，并下线全球最大漂浮式海上风电机组 MySE16.X-260（图 3-21）。MySE18.X-28X 机组将搭载超 140 米叶片，其叶轮直径超 280 米，最大扫风面积 66052 平方米，在延续明阳半直驱技术路线的基础上进行了创新和突破，具有"模块化、轻量化、高效率、高可靠"的特点，使机组性能发挥到极致的同时降低了关键部件的重量、成本以及零部件制造工艺难度。研发团队采用基于跨领域融合叶片气动创新技术，使得该机组叶片可提升 2% 发电效率，还能避免失稳，且极端工况下可降低整机载荷。发电能力方面，以粤东风资源条件（年平均风速 8.5m/s）为例，该机组全年发电量可达 8000 万千瓦时，相当于减少二氧化碳排放 6.6 万吨，约等于 9.6 万居民的年总用电量。经济性方面，以 100 万千瓦的粤东风电场为例，MySE18.X-28X 机组与目前市场 13+MW 级别机组相比，可减少 18 个机位数量，工程造价降低约 800～1000 元/

图 3-21　明阳智能全球最大最长的海上抗台风型叶片 MySE16.X-260 下线

kW。MySE16.X-260 的下线进一步提升了包括大型偏航变桨轴承制造、齿轮箱及发电机制造、大型铸件制造等在内的国内高端装备全产业链制造能力。

2023 年 2 月 4 日，三峡集团闽南外海首个风电场项目开工，该项目位于漳浦六鳌半岛东南侧外海海域，场址面积约 22.9 平方千米，是全国首个批量化应用单机容量 16 兆瓦海上风电机组项目。项目总投资近 60 亿元，设计总装机容量 400 兆瓦，投产后年上网电量可超 16 亿千瓦时，每年可节约标准煤约 50 万吨、减少二氧化碳排放约 136 万吨。

3.4.4 产业现状

近年来，全球风电产业正加速向中国转移，中国风电产业链整体呈集中化、一体化趋势发展。风电产业链以制造业为主，且产业链较长，我国已形成涵盖叶片、齿轮箱、塔架、轴承等主要零部件的生产体系。如图 3-22 所示，全链包括上游原材料、中游叶片、齿轮箱等关键零部件，下游主要是风电建设、发电及应用。

图 3-22 风电产业链

根据中国可再生能源学会风能专业委员会公布数据，2022年全国（除港澳台地区外）新增风电装机11098台、容量4983万千瓦，比2021年的15911台、容量5592万千瓦略有下降。2022年，累计风电吊装容量达到3.96亿千瓦，如图3-23所示，金风科技、远景能源、明阳智能三家企业市场份额占比约50%，其中金风科技市场占有率超过20%。

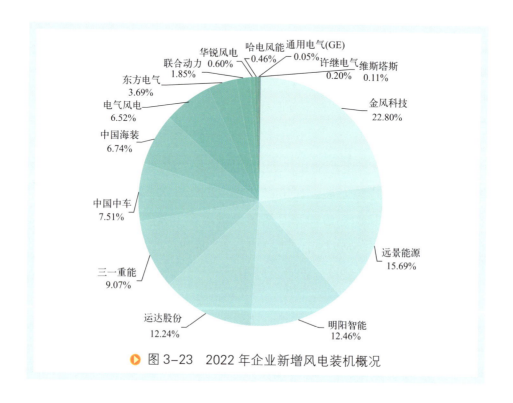

图3-23　2022年企业新增风电装机概况

2022年，我国海上风电新增吊装容量516万千瓦，约占全球装机量的一半以上，累计吊装容量超过3000万千瓦，保持世界领先水平。新增装机主要分布在山东、广东、福建、浙江4省。如图3-24所示，海上风电装机主要分布于江苏、广东、福建、浙江、山东、辽宁、上海、河北、天津9省（市）。其中，累计装机量达到700万千瓦以上的省份为江苏省和广东省，其余省份均在350万千瓦以下。

2022年我国风电叶片产能如图3-25所示，中材叶片产能达到近5000套，位居第一梯队；其次是时代新材、艾朗科技、东方电气、明阳叶片、中复连众位居第二梯队，产能达到4000套左右。

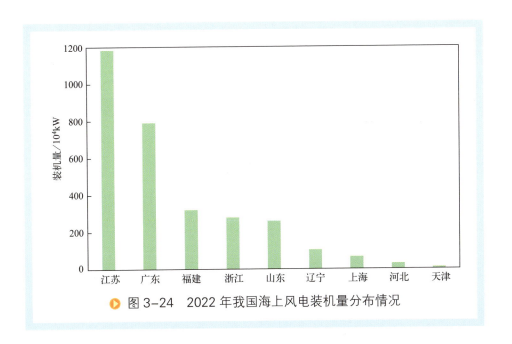

▶ 图 3-24　2022 年我国海上风电装机量分布情况

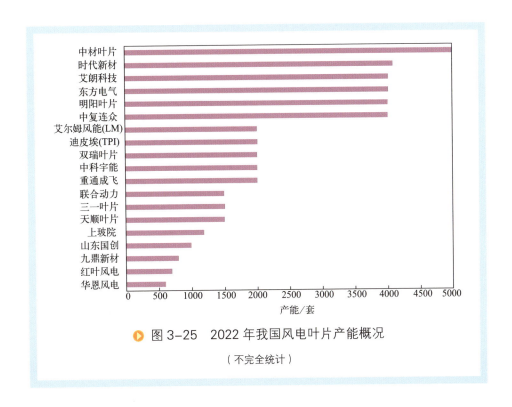

▶ 图 3-25　2022 年我国风电叶片产能概况

（不完全统计）

第 3 章　风能

从产业链企业及出口情况来看，如图3-26我国风电机组出口容量概况所示，2022年我国出口容量从2021年的964.2万千瓦突破至1000万千瓦以上。其中2022年中国风电新增装机的开发企业有200多家，和2021年数量持平；新增装机的整机制造企业共15家（新增装机量4983万千瓦），比2021年的17家（新增装机量5592万千瓦）略低；有6家整机制造企业分别向21个国家出口了风电机组610台、容量为228.7万千瓦（陆上风电机组570台、海上风电机组40台），比2021年的886台机组（容量为326.8万千瓦）数量略低。2021年我国海上风电机组首次实现出口，共计72台。

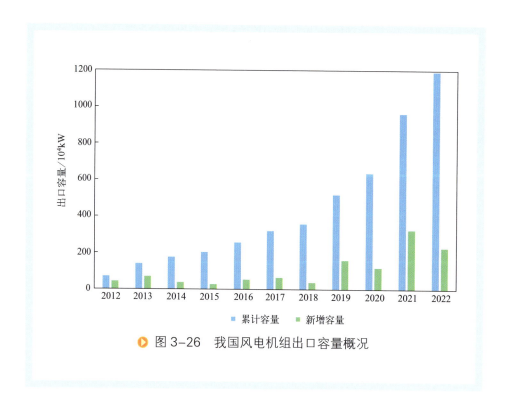

图3-26 我国风电机组出口容量概况

3.5 技术清单

3.5.1 先进风力发电技术

3.5.1.1 技术内涵

风电是近年来技术最为成熟、发展最迅速的可再生能源电力技术之一，为了在能源供给、能源安全方面发挥更大作用，需要进一步解决"卡脖子"问题，在基础和前沿技术研发、核心技术攻关、大功率装备研制、海上风电工程、输电、运维等方面全面提升能力和水平。

3.5.1.2 发展趋势和方向

陆上风电装机由三北地区向中东南部地区推进，分散式与集中式并举发展，陆上大型风电基地规模和数量持续增长，成本显著下降，大部分新建陆上风电项目已经具备平价上网的条件。海上风电单机容量逐步加大，海上风电场规模日益增大，单体规模超过百万千瓦。集中式规模化开发趋势明显，成本逐步降低。海上柔性直流输电系统开始应用，深远海风电场开始示范探索。

未来我国风电规模将持续增长，仍将继续坚持集中式与分散式并举、本地消纳与外送消纳并举、陆上与海上并举，积极推进"三北"地区陆上大型风电基地建设和规模化外送，加快推动近海规模化发展、深远海示范化发展，大力推动中东部和南方地区生态友好型分散式风电发展。

3.5.1.3 拟解决关键问题

面向海上风电大规模汇集与远距离送出需求，需突破海上风电汇集、输电技术系统设计与自主关键装备研制技术等，实现低成本、高效率汇集、输送及稳定运行控制。面向我国风电领域设计、仿真工具软件缺乏，需结合我国风电开发的资源、环境条件，自主研发风资源评估、风电场设计、风电机组仿真分析工具软件。同时，我国大功率海上风电装备测试技术滞后于机组研发进度，缺乏传动链等地面公共试验平台，海上风电测试标准不完善，亟需建设大功率风电装备试验测试技术与公共测试平台。

3.5.2 陆上不同类型风电场运行优化及运维技术

3.5.2.1 技术内涵

随着陆上风电规模的不断增大，在区域电网中占比的不断提升，为确保风电机组及其所在电网的安全稳定工作，需要对场级进行优化。通过风电场建模来描述各种稳态和动态行为而掌握其机理及特性；对风电场主动支撑电网频率电压稳定的运行控制技术进行研究，进而提升电网电压稳定性，调节电网频率。在运行维护方面，传动链地面测试可用于对新型技术和产品进行测试；此外，风电场运行所积累的大量数据可作为风电场运行规律研究的依据。

3.5.2.2 发展趋势和方向

根据《中国风电发展线路图 2050》设定，在基本情形下，到 2020 年、2030 年和 2050 年，风电装机容量将分别达到 2 亿千瓦、4 亿千瓦和 10 亿千瓦。随着陆上风电机组装机容量的大幅提升，研究陆上不同类型风电场运行优化及运维技术能够最大限度地提升各机组的性能，同时保证机组的稳定可靠运行，有益于风电长期向好发展。

3.5.2.3 拟解决的关键问题

风电场的运维技术中，传动链地面测试可以快速有效地对新技术、新设计、新产品进行试验、验证和测试，及早发现设计问题及安全隐患，达到降低技术风险、减少产品开发费用、缩短研发周期等目的，通过对风电场运行积累的数据进行技术研究分析，探索风电场生产运行的规律，对风电场生产经济运行有很大的指导作用。

3.5.3 大型海上风电机组叶片测试技术研究及测试系统研制

3.5.3.1 技术内涵

近年来国内海上风电发展迅速,在保持机组额定功率不变的前提下增大风轮直径是海上风电和低速风电发展的技术趋势之一。随着叶片增大,叶片结构强度/刚度检测问题变得尤为突出。目前国内的叶片全尺度结构测试技术和装备实施大型叶片结构测试时,存在加载力耦合持续共振困难、驱动力不足、测试效率和精度低等一系列问题。该项技术通过产学研合作方式,可解决大型叶片全尺度结构测试技术与装备的关键科学与技术问题。

3.5.3.2 发展趋势和方向

风电机组叶片在风电机组运行过程中受风力作用而产生较大的弹性形变,故通常选用质量较轻、强度较大、耐腐蚀、抗疲劳的材料来制作风电机组叶片。此外,由于结冰或者风力和风向的突变导致叶片振动过大,从而超过设计载荷发生断裂或者扫塔的现象也时有发生,而振动检测是叶片故障识别的常用方法之一,所以研究大型风电机组的叶片振动情况,对于叶片安全检测和监测具有重要的意义。

3.5.3.3 拟解决关键问题

叶片振动的强度与环境风速、转速和功率都有明显的相关性,大型风电叶片测试技术研究及测试系统研制非常重要,可为大型风电机组控制策略优化提供依据,也可为风电机组叶片振动监测和故障诊断提供参考。

3.5.4 超大型、高可靠性海上风电机组与关键部件研制技术

3.5.4.1 技术内涵

海上或近海风电由于地理优势、大功率以及风能资源稳定等特点,

逐渐成为风电发展的重要部分。

3.5.4.2 发展趋势和方向

海上风电场规模越来越大,单体规模超过百万千瓦,集中式规模化开发趋势明显,海上柔性直流输电系统得到应用;风电场离岸距离和水深逐步增加,近海风电布局和开发明显加快,深远海风电场开始示范探索。

3.5.4.3 拟解决关键问题

面向大兆瓦海上风电机组技术应用需求,需突破整机轻量化设计集成技术、超长叶片设计技术、新型发电机与变流技术、先进控制技术,解决整机集成、超长叶片设计制造、全国产化主控技术等问题。

3.5.5 大功率陆上风电机组设计优化与电气控制关键技术

3.5.5.1 技术内涵

风电机组在开发设计时,载荷数据通常由仿真获得,仿真结果能否真实反映风电机组的实际运行状态,决定了风电机组的设计是否经济可靠。因此,大功率风电机组载荷分析与计算软件开发十分重要。

3.5.5.2 发展趋势及方向

随着陆上风电机组单机容量的提升,更高塔架和更长叶片的应用增大了机组柔性;同时,机组的应用环境更复杂(低风速、山地、高海拔地区)。考虑风况影响,建立动态风况-风电机组联合仿真平台,发展风电机组气动、机械、电机仿真等技术,将有助于对控制策略、资源波动、电网扰动及机组各部分的相关作用及动态特性分析。

3.5.5.3 拟解决关键问题

为解决高塔架、长叶片风电机组柔性问题,在载荷优化设计的基础上，还要对载荷进行优化控制。为使风电机组适应真实的电网环境，包括电网电压骤变（骤降或骤升）、电网电压不平衡、电压谐波畸变等，需要对大功率风电机组电网适应性控制、风电机组主控、变桨与变流器等技术进行研究，以保证风机安全高效地工作，向电网输送优质电能。

3.6 技术路线图

截至 2022 年底，我国风电并网装机已突破 3 亿千瓦，已连续 12 年稳居全球第一。与国际风能利用先进国家相比，我国技术整体处于跟跑向并跑演进阶段，部分技术处于领跑水平。风电大型化、高效化、规模化、平价化、远海化是必然趋势，超大型机组及关键部件研发、深海大容量涡轮机等关键部件的研究设计、大功率机组系统优化设计控制、浮动式混合能源平台技术等均是重点方向。图 3-27 为风能技术路线图。

图 3-27 风能技术路线图

第4章

水能

4.1 资源概况

我国蕴藏着丰富的水能资源，根据最新水力资源复查结果，我国水能资源可开发装机容量约 6.87 亿千瓦，水电可开发资源 3 万亿千瓦时每年，约占世界水能总量的 14.3%。但是，由于水能资源主要受气候与地形影响，因此气候变化是影响未来水能资源变化的主要因素之一。

4.1.1 资源分布

由于水文气候条件和地形差异，我国水能资源空间分布较为不均衡，各省区水能资源的分布呈现不一致性，大致可分为三个梯度，如表 4-1 所示。

表4-1 水资源地区分布概况

地区	区域概况
第一梯度	华北和华南地区，人口密度大、经济发达的东部地区，地形平缓、水能容易开发、水能资源比较贫乏、水位落差小，不利于修建大坝
第二梯度	华中和西北地区，人口密度减小、经济发达程度降低、资源开发难度适中、水能资源有一定增加
第三梯度	西南地区，该地区人口稀少、高山峡谷较多、地形复杂，属于板块活跃地区，地震风险较大，水能资源开发十分困难，但河流落差较大，水能资源最为丰富

4.1.2 技术开发量

如图 4-1 所示，我国西南地区可开发水能资源总量约为 47600 万千瓦，已开发比例近 40%；西北地区可开发水能资源总量为 6643 万千瓦，已开发比例近 40%；华北地区可开发水能资源 899 万千瓦，已开发比例近 34%；东北地区可开发水能资源为 1760 万千瓦，已开发比例近 38%；华北和东北的水能资源总量较少，但有一定的水电开发潜力。华东地区可开发水能资源总量为 3007 万千瓦；华中地区可开发水能资源 6444 万千瓦，华南地区 2335 万千瓦，华东、华中和华南水能资源开发比例都已达 80% 以上。

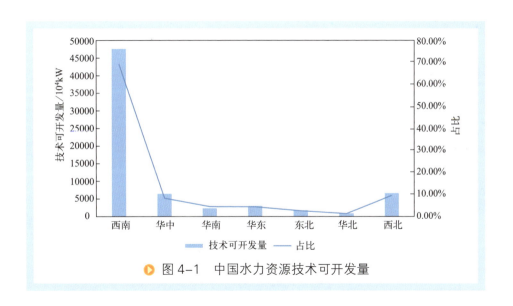

图 4-1 中国水力资源技术可开发量

4.2 基础理论

4.2.1 基本原理

水力发电，是利用河流、湖泊等位于高处具有势能的水流至低处，

第 4 章 水能

将其中所含势能转换成水轮机之动能,再借水轮机为原动力,推动发电机产生电能。一般可分为三种主要的子类型:常规水电站(调节式、径流式)、抽水蓄能电站。

调节式水电站:是最常见的一种水电站,利用水坝将水拦蓄在水库中,具体原理请参见图4-2典型调节式水电站示意图。水能被储存并用于多项用途,但主要是流入水轮机带动发电机运行并产生电力。

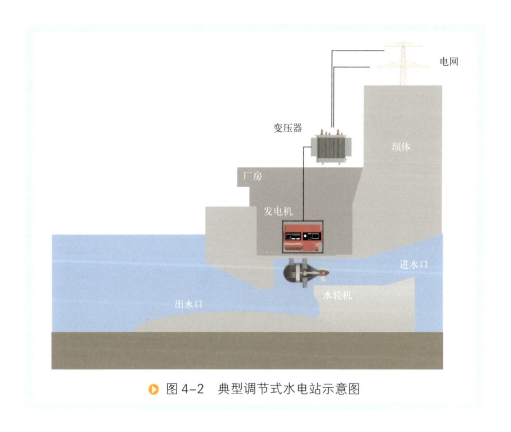

图4-2 典型调节式水电站示意图

径流式水电站:将水直接从河流引入压力钢管,使水轮机旋转,故而其蓄水能力较少抑或没有。

抽水蓄能电站:是利用电力负荷低谷时的电能抽水至上水库,在电力负荷高峰期再放水至下水库发电的水电站,又称蓄能式水电站。它可将电网负荷低时的多余电能,转变为电网高峰时期的高价值电能;适于调频、调相，稳定电力系统的周波和电压，且宜为事故备用；可提高系统中火电站和核电站的效率。我国抽水蓄能电站的建设起步较晚，但由于后发效应，起点却较高，近些年建设的大型抽水蓄能电站技术已处于世界先进水平。

4.2.2 电站分类

按照不同分类方式，水力电站主要有以下类别：

① 按集中落差的方式分类：堤坝式水电厂、引水式水电厂、混合式水电厂、潮汐水电厂和抽水蓄能电厂。

② 按径流调节的程度分类：无调节水电厂和有调节水电厂。

③ 按照水源的性质，一般称为常规水电站，即利用天然河流、湖泊等水源发电。

④ 按水电站利用水头的大小分类：高水头（70米以上）、中水头（15～70米）和低水头（低于15米）水电站。

⑤ 按水电站装机容量分类：大型、中型和小型水电站。一般装机容量在5000kW以下的称为小型水电站，5000～100000kW的称为中型水电站，100000kW或以上的称为大型水电站或巨型水电站。

4.3 主要特征

第一，能源的再生性。由于水流按照一定的水文周期不断循环、从不间断，因此水力资源是一种再生能源。

第二，发电成本低。水力发电只是利用水流所携带的能量，无须再消耗其他动力资源。并且，由于水电站的设备比较简单，其检修、维护费用也较同容量的火电厂低得多。

第三，高效性及灵活性。水力发电的主要动力设备为水轮发电机组，不仅效率较高而且启动、操作灵活。利用水电承担电力系统的调峰、调频、负荷备用和事故备用等任务，可以提高整个系统的经济效益。

第四，工程效益的综合性。由于筑坝拦水形成了水面辽阔的人工湖泊，控制了水流，因此兴建水电站一般都兼有防洪、灌溉、航运、给水以及旅游等多种效益。

4.4 发展现状

4.4.1 国际现状

受地理环境和气候因素的影响，全球水能资源分布很不均匀。从资源技术可开发量分布来看，如图 4-3 所示，亚洲占 50%、南美洲占 18%、北美洲占 14%、欧洲占 8%，非洲占 9%，大洋洲占 1%。

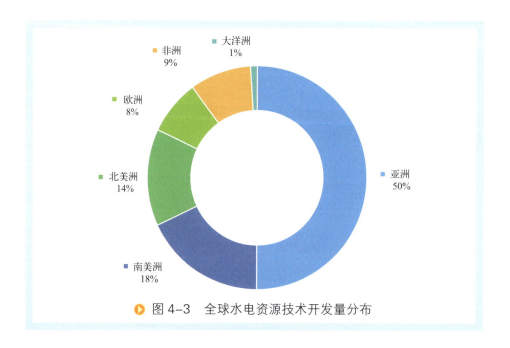

图 4-3 全球水电资源技术开发量分布

十多年以来，如图 4-4 所示，全球水电装机量及发电量总体呈现缓升趋势，但和前述太阳能发电、风力发电相比涨幅较小。和 2021 年相比，2022 年全球水电装机量稳步增长，从 1360923MW 提升至 1395266MW。

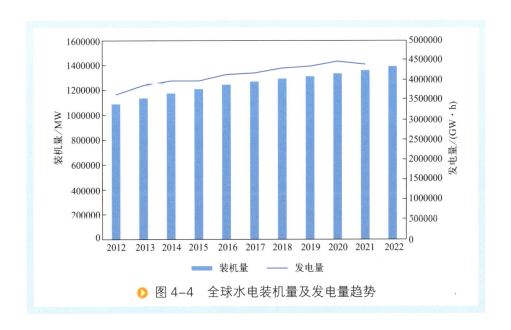

图 4-4　全球水电装机量及发电量趋势

从国家发展情况来看，如图 4-5 所示，2022 年中国的水电总装机量以 367710MW 仍处于世界领先地位，其次是巴西、美国、加拿大、俄罗斯等国家。和 2021 年相比，前十位国家排名保持稳定。

2021 年，全球水电发电量规模中（不含抽水蓄能），如图 4-6 所示，中国以 1300000GW·h 位居首位，其次是加拿大、巴西、美国等国家。和 2021 年装机量前十位的国家相比，土耳其和法国的发电量未能位列全球前十位。

4.4.2　国内现状

十余年来，我国水电装机量及发电量呈现稳步缓慢发展态势

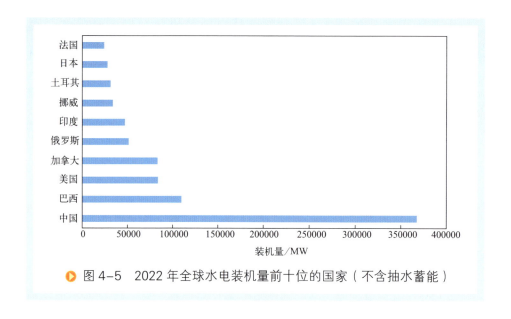

图 4-5 2022 年全球水电装机量前十位的国家（不含抽水蓄能）

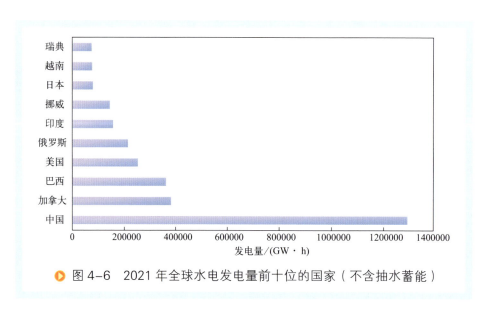

图 4-6 2021 年全球水电发电量前十位的国家（不含抽水蓄能）

（图 4-7、图 4-8）。如图 4-7 所示，2011—2022 年期间，水电装机量虽然年提升值不大，但是保持着每年平稳增长。根据"十三五"水电发展规划，我国已在西南地区以四川、云南和西藏为重心积极推进大型水电基地开发，不断推进金沙江、雅砻江和大渡河等水电基地建设工作。与此同时，在中共中央关于制定"十四五"规划和2035年远景目标的建议中提出要实施雅鲁藏布江下游水电开发重大工程。全国新核准抽水蓄能项目48个，装机6890万千瓦，已超过"十三五"时期全部核准规模，全年新投产880万千瓦，创历史新高。

▶ 图 4-7　我国水电装机及新增装机趋势

▶ 图 4-8　我国水电发电量趋势

2022年，我国水电投资完成863亿元，占电源工程建设投资的12%；新增水电装机2250万千瓦，装机量突破4亿千瓦，占总装机量的16.1%，全年水电发电量为13550亿千瓦时，占总发电量的15.6%，和2021年相比略低。在我国各区域装机中，如图4-9所示，和2021年相比西南地区提升幅度较大，南网、西南、华中地区继续位居前三位，分别达到14144.17万千瓦、11195.89万千瓦、6491.89万千瓦，占全国装机量的70%以上。

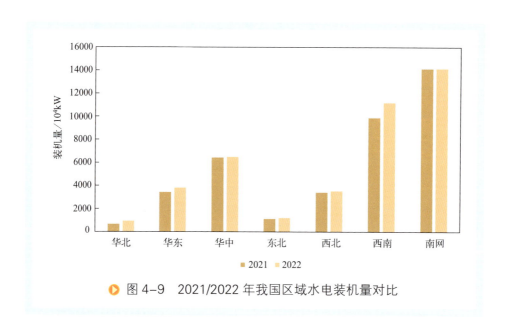

图4-9　2021/2022年我国区域水电装机量对比

4.4.3　技术现状

现阶段，我国已实现自主研发并制造了世界最大单机容量100万千瓦水轮发电机组，水电装备制造、筑坝等关键技术和建设能力已达到世界领先水平。筑坝技术领域，我国从引进吸收，到自主创新，实现了从跟跑、并跑到全面领跑。大型机组制造领域，通过引进和自主创新，经联合设计制造，掌握了大型水电机组设计制造核心技术。此外，在水电工程建设中，数字化智能化技术也扩大了应用范围，成为提升工程建造水平的重要技术之一。

截至2021年12月底，白鹤滩水电站已有8台机组投产发电，两河口水电站5台机组投产发电。在2021年发展基础之上，2022年，我国白鹤滩水电站、苏洼龙水电站、两河口水电站均有投产机组。8月25日苏洼龙水电站3号机组正式投产发电，雅砻江两河口水电站于3月18日实现全部机组投产发电。12月20日，白鹤滩水电站最后一台百万千瓦机组投产发电意味着白鹤滩水电站16台机组已全部投产发电，标志着世界最大清洁能源走廊全面建成。

作为国家"西电东送"的重大工程，白鹤滩水电站（图4-10）全部机组投产，将极大助力中国"双碳"目标的实现。据统计，白鹤滩水电站年均发电量可达624亿千瓦时，一天的发电量可以满足一座50万人口城市一年的生活用电。与此同时，白鹤滩水电站还与长江干流上的乌东德、溪洛渡、向家坝、三峡、葛洲坝5座巨型梯级水电站"连珠成串"，成为世界最大"清洁能源走廊"。这条走廊跨越1800公里，6座水电站总装机容量7169.5万千瓦，相当于3个三峡电站装机容量，年均生产清洁电能约3000亿千瓦时，可满足3.6亿人一年的用电需求。

图4-10　白鹤滩水电站

2022年12月29日,世界最大、海拔最高的混合式抽水蓄能项目——雅砻江两河口混合式抽水蓄能电站(图4-11)正式开工建设。两河口混蓄项目位于四川省甘孜州雅江县,建设场址海拔高达3000米,依托四川省内最大的水库两河口水电站水库为上库,下游衔接梯级水电站牙根一级水电站水库为下库,扩建可逆式机组,形成两河口混合式抽水蓄能电站。电站安装120万千瓦可逆式机组,加上已建成的300万千瓦的水电常规机组,总装机规模达到420万千瓦。两河口混蓄电站作为国家抽水蓄能中长期发展规划的重点项目,通过水、风、光、蓄能源一体化开发,建成后它将成为全球最大的混蓄"充电宝",可消纳700万千瓦左右的风、光新能源。

图4-11　雅砻江两河口水电站下游

4.4.4　产业现状

　　十八大以来,水电开发强度和进度前所未有,通过一批大型抽水蓄能电站建设实践，我国水电产业体系更加完备。随着世界规模最大的抽水蓄能电站丰宁电站投产发电，白鹤滩水电站机组正式投产发电，拉西瓦水电站4号机组正式投产发电等一大批标志性工程相继建设投产，我国抽水蓄能电站工程技术水平显著提升。如图4-12所示，我国已基本形成涵盖标准制定、规划设计、工程建设、装备制造、运营维护的全产业链发展体系和专业化发展模式。

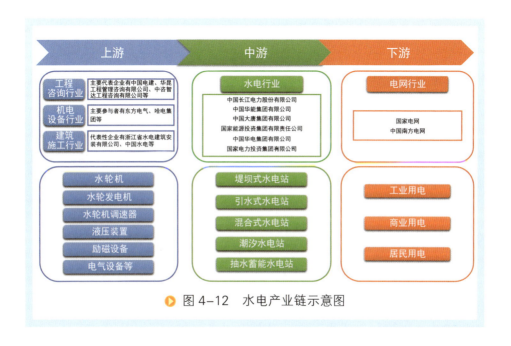

图4-12 水电产业链示意图

上游水电站的建设工作包括前期的工程咨询规划、水电站各类设备的采购以及最终进行建筑施工；中游以及下游的行业构成较为单一，结构稳定。我国水电行业上游的工程咨询行业主要代表企业有中国电建、华昆工程管理咨询有限公司、中咨智达工程咨询有限公司等。机电设备行业主要参与者有东方电气、哈电集团等。水电建筑施工行业代表性企业有浙江省水电建筑安装有限公司、中国水电等。中游的水力发电行业主要是长江电力以及五大发电集团。下游的电网行业主要参与者是国家电网以及中国南方电网。

4.5 技术清单

4.5.1 抽水蓄能和可调节性水电技术内涵

抽水蓄能是以一定的水量作为能量载体，通过势能和电能之间的能量转换，向电力系统提供电能的一种特殊形式的水力发电系统。抽水蓄能电站配备有上、下游两个水库，在负荷低谷时段，抽水蓄能电站工作在电动机状态，将下游水库里的水抽到上游水库保存。在负荷高峰时，抽水蓄能电站工作在发电机状态，上游水库中储存的水经过水轮机流到下游水库，并推动水轮机发电。

此外，常规梯级水电站群通过联合调度，可以发挥其比抽水蓄能库容大、调节能力强的优势，在不同时间尺度上实现发电＋储能的灵活性调节作用。

4.5.2 未来发展方向和趋势

我国水电理论蕴含量约为 6.8 亿千瓦，主要集中在西南和长江上游可再生能源富集地区。目前，我国水能已开发容量约 3.56 亿千瓦，利用常规梯级水电站与各大电网互联的便利条件，其调节能力也将为电力系统的灵活性调节提供有力支撑。

4.5.3 拟解决的关键科技问题

抽水蓄能需要进一步研究 40 万千瓦级、700 米级超高水头超大容量抽水蓄能机组；海水抽蓄作为淡水抽蓄的补充，需要进一步解决设备与设施的海水兼容性、环保，以及选址与降本等问题。

可调节水电需要研究流域梯级水库联合优化调度运行技术，以及 50 万千瓦级、100 米以上超高水头大型冲击式水轮发电机组等水力发电设备自主化设计、制造关键技术，预计 10 年内可实现应用并发挥出灵活性资源效应。

4.6 技术发展路线图

我国水电装机处于世界领先地位，已形成了规划、设计、施工、装备制造、运行维护等全产业链高水平整合能力。然而，我国水电可开发潜力有限，主要集中在西南地区，且综合开发成本较高、工程难度较大。未来，超高水头超大容量高海拔地区抽水蓄能机组研究开发、海水抽蓄防腐蚀防渗透等关键技术、流域梯级水库联合优化调度运行技术、风光水混合系统设计及优化分析等技术都是重点研究内容。图 4-13 为水电技术路线图。

图 4-13 水电技术路线图

第5章

生物质能

5.1 资源概况

目前我国主要生物质资源年产生量约为 34.94 亿吨，生物质资源作为能源利用的开发潜力为 4.6 亿吨标准煤。如图 5-1，截至 2020 年，我国秸秆理论资源量约为 8.29 亿吨，可收集资源量约为 6.94 亿吨，其中，秸秆燃料化利用量 8821.5 万吨；我国畜禽粪便总量达到 18.68 亿吨（不含清洗废水），沼气利用粪便总量达到 2.11 亿吨；我国可利用的林业剩余物总量 3.5 亿吨，能源化利用量为 960.4 万吨；我国生活垃圾清运量为 3.1 亿吨，其中垃圾焚烧量为 1.43 亿吨；废弃油脂年产生量约为 1055.1 万吨，能源化利用量约 52.76 万吨；污水污泥年产生量干重 1447 万吨，能源化利用量约 114.69 万吨。

5.1.1 资源分布

图 5-2 为我国生物质能技术开发量地区分布情况。我国秸秆资源主

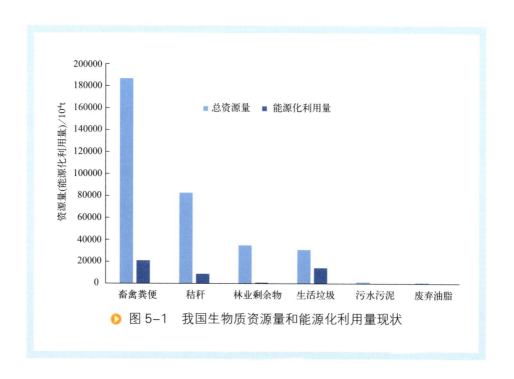

图 5-1 我国生物质资源量和能源化利用量现状

图 5-2 我国生物质能技术可开发量地区分布情况

第5章 生物质能

要分布在黑龙江、河南、四川等产粮大省，资源总量前五分别是黑龙江、河南、吉林、四川、湖南，占全国总量的59.9%。畜禽粪便资源集中在重点养殖区域，资源总量前五分别是山东、河南、四川、河北、江苏，占全国总量的37.7%。林业剩余物资源集中在我国南方山区，资源总量前五分别是广西、云南、福建、广东、湖南，占全国总量的39.9%。生活垃圾资源集中在东部人口稠密地区，资源总量前五分别是广东、山东、江苏、浙江、河南，占全国总量的36.5%。污水污泥资源集中在城市化程度较高区域，资源总量前五分别是北京、广东、浙江、江苏、山东，占全国总量的44.3%。

5.1.2　技术开发量

根据2016年12月国家能源局发布的《生物质能发展"十三五"规划》，我国可作为能源利用的农作物秸秆及农产品加工剩余物、林业剩余物和能源作物、生活垃圾与有机废弃物等生物质资源总量每年约4.6亿吨标准煤。截至2015年，生物质能利用量约3500万吨标准煤，其中商品化的生物质能利用量约1800万吨标准煤。生物质发电和液体燃料产业已形成一定规模，生物质成型燃料、生物天然气等产业已起步，呈现良好发展势头。

根据2020年10月中投产业研究院发布的《2020—2024年中国生物质能利用产业深度分析及发展规划咨询建议报告》，每年可作为能源利用的生物质资源总量约等于4.6亿吨标准煤。其中农业废弃物资源量约4亿吨，折算成约2亿吨标准煤；林业废弃物资源量约3.5亿吨，折算成约2亿吨标准煤；其余相关有机废弃物约为6000万吨标准煤。图5-3与图5-4分别为生物质能总量构成图和生物质能已开发利用量结构图。

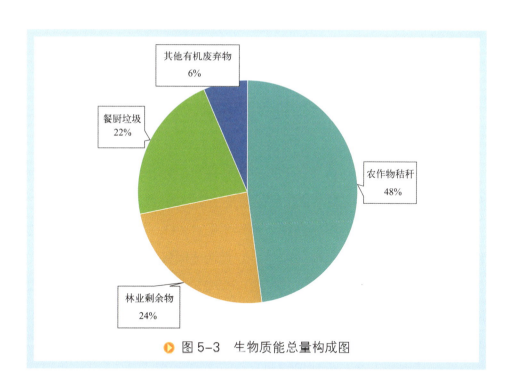

图 5-3 生物质能总量构成图

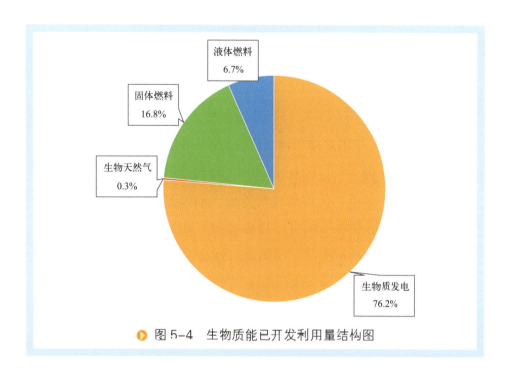

图 5-4 生物质能已开发利用量结构图

第 5 章 生物质能

5.2 基础理论

5.2.1 生物质

生物质是指通过光合作用而形成的各种有机体，包括所有的动植物和微生物。人类历史上最早使用的能源是生物质能。

生物质能，就是太阳能通过光合作用贮存 CO_2，转化为生物质中的化学能，即以生物质为载体的能量。它直接或间接地来源于绿色植物的光合作用，可转化为常规的固态、液态和气态燃料，是一种可再生能源，同时也是唯一一种可再生的碳源。据计算，生物质储存的能量比目前世界能源消费总量大 2 倍。

生物质能属于多元化利用能源品类，既能生成固、液、气，也可转换为热、电、冷，可适应多种应用场景。依据来源的不同，可以将适合于能源利用的生物质分为林业资源、农业资源、生活污水和工业有机废水、城市固体废物和畜禽粪便五大类。

5.2.2 生物质发电

生物质发电，是指利用生物质所具有的生物质能进行发电，是可再生能源发电的一种，包括农林废弃物直接燃烧发电、农林废弃物气化发电、垃圾焚烧发电、垃圾填埋气发电、沼气发电。世界生物质发电起源于 20 世纪 70 年代，当时，世界性的石油危机爆发后，丹麦开始积极开发清洁的可再生能源，大力推行秸秆等生物质发电。自 1990 年以来，生物质发电在欧美许多国家大力发展。生物质发电形式如表 5-1 所列。

表5-1 生物质发电形式

形式	内容
直接燃烧发电	直接燃烧发电是将生物质在锅炉中直接燃烧，生产蒸汽带动蒸汽轮机及发电机发电。生物质直接燃烧发电的关键技术包括生物质原料预处理、锅炉防腐、锅炉的原料适用性及燃料效率优化、蒸汽轮机效率提升等技术
混合发电	生物质还可以与煤混合作为燃料发电，称为生物质混合燃烧发电技术。混合燃烧方式主要有两种。一种是生物质直接与煤混合后投入燃烧，该方式对于燃料处理和燃烧设备要求较高，不是所有燃煤发电厂都能采用；一种是生物质气化产生的燃气与煤混合燃烧，产生的蒸汽被送入汽轮机发电机组进行发电
气化发电	生物质气化发电技术是指生物质在气化炉中转化为气体燃料，经净化后直接进入燃气机中燃烧发电或者直接进入燃料电池发电。气化发电的关键技术之一是燃气净化，气化出来的燃气都含有一定的杂质，包括灰分、焦炭和焦油等，需经过净化系统把杂质除去，以保证发电设备的正常运行
沼气发电	沼气发电是随着沼气综合利用技术的不断发展而出现的一项沼气利用技术，其主要原理是利用工农业或城镇生活中的大量有机废弃物经厌氧发酵处理产生的沼气驱动发电机组发电。用于沼气发电的设备主要为内燃机，一般由柴油机组或者天然气机组改造而成
垃圾发电	垃圾发电包括垃圾焚烧发电和垃圾气化发电，其不仅可以解决垃圾处理的问题，同时还可以回收利用垃圾中的能量，节约资源，垃圾焚烧发电是利用垃圾在焚烧锅炉中燃烧放出的热量将水加热获得过热蒸汽，推动汽轮机带动发电机发电。垃圾焚烧技术主要有层状燃烧技术、流化床燃烧技术、旋转燃烧技术等。发展起来的气化熔融焚烧技术，包括垃圾在450～640℃下的气化和含碳灰渣在1300℃以上的熔融燃烧两个过程，垃圾处理彻底，过程洁净，并可以回收部分资源，被认为是最具有前景的垃圾发电技术

5.3　主要特征

可再生性：生物质能源由于通过植物的光合作用可以再生，与风能、太阳能等同属可再生能源，资源丰富，可保证能源的永续利用。

低污染性、低碳排放性：与煤炭等化石能源相比，生物质的硫含量、氮含量低，燃烧过程中生成的 SO_x、NO_x 较少；生物质作为燃料时，由于它在生长时需要的二氧化碳相当于它排放的二氧化碳的量，因而对大气的二氧化碳净排放量近似于零，可有效地减轻温室效应，因此也被称为"零碳"能源。

广泛的分布性：生物质资源来源广泛，包括农业废弃物、林木薪柴、加工业废弃物、城镇生活垃圾；以农林废弃物资源为例，我国的华东、华中、东北、华北、西南、西北、华南等农村地区均拥有丰富的秸秆资源。

储量丰富性：生物质能源是世界第四大能源，仅次于煤炭、石油和天然气。

5.4 发展现状

5.4.1 国际现状

全球生物质资源储量非常丰富。美国农业部和欧盟专业委员会报告显示，全球农林剩余物总量以能量密度折算，基本和全球燃料油的消耗相当。目前全球每年生产的生物质资源约数十亿吨，但其中只有相对很小的一部分进行了开发利用，其余大部分被燃烧或自然降解。随着农林业的发展，特别是炭薪林的推广，生物质资源还将越来越多。据国际能源机构预计，到2035年，生物质能源将占世界能源供应量的10%；预计到2050年，全球27%的运输燃料将由生物质及其衍生能源提供。图5-5为全球生物质发电装机量及发电量趋势。

生物质发电：在过去五年中，受上网电价等国家支持政策的刺激，全球生物质发电产能增长平稳。2022年全球生物质发电装机量主要国家情况如图5-6所示，中国、巴西、美国位于前列。2021年，生物能源发电量达到了614017GW·h，中国、美国、巴西居前三位（图5-7）。预计到2030年，全球生物质发电量将达到1407TW·h。

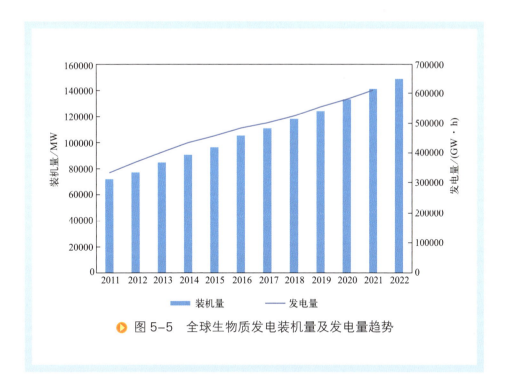

图 5-5 全球生物质发电装机量及发电量趋势

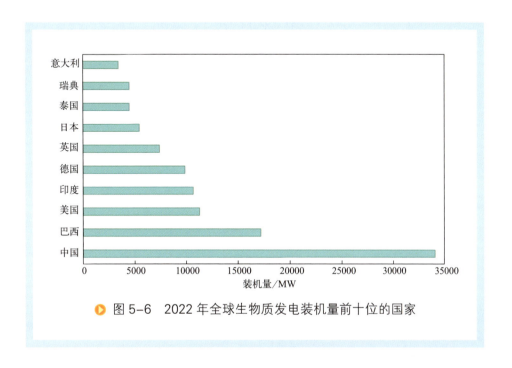

图 5-6 2022 年全球生物质发电装机量前十位的国家

第 5 章 生物质能

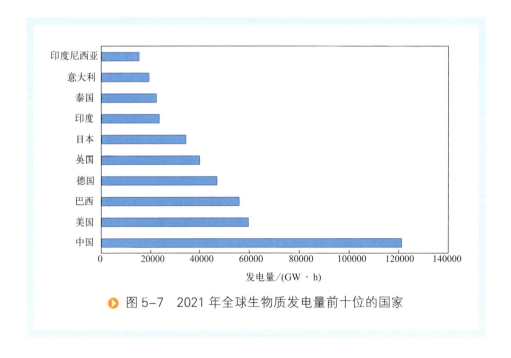

图 5-7 2021 年全球生物质发电量前十位的国家

生物质燃料：2020 年生物燃料需求量出现历史性下降，但在 2021 年出现明显回升。据国际能源署预计，到 2026 年，全球对生物燃料的年需求将比 2021 年增长 28%，达到 1860 亿升。并预计，亚洲将占全球生物质燃料新增产量的近 30%，到 2026 年超过欧洲生物质燃料的产量，印度的乙醇政策和印度尼西亚与马来西亚的生物柴油混合目标是亚洲生物质燃料增长的主要原因。

5.4.2 国内现状

如图 5-8 所示，2022 年，我国生物质发电装机量达到 4132 万千瓦，占总装机量比例约 1.61%，同比增长 8.97%，其中新增装机为 334 万千瓦。根据统计分析，预测到 2030 年我国生物质发电总装机量达到 5200 万千瓦，提供的清洁电力超过 3300 亿千瓦时，碳减排量超过 2.3 亿吨。到 2060 年，我国生物质发电总装机量达到 10000 万千瓦，提供的清洁电力超过 6600 亿千瓦时，碳减排量超过 4.6 亿吨。

图 5-8　2015—2022 年中国生物质发电装机量及发电量

根据国家电网及国家能源局公开数据,生物质发电装机主要分布在南方电网的广东省,华东、华北及华中地区的山东省、江苏省、浙江省、河南省等地区。图 5-9 为 2022 年我国部分省(区、市)生物质装机量概况。在 2021 年基础上,2022 年各地区均略有增量。

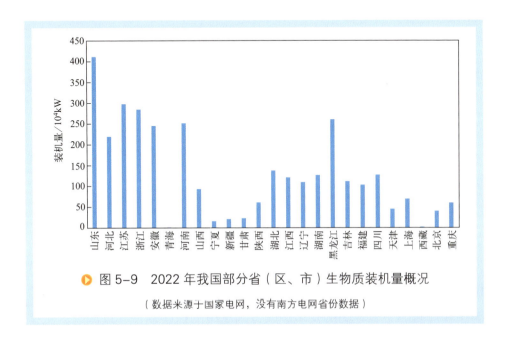

图 5-9　2022 年我国部分省(区、市)生物质装机量概况

(数据来源于国家电网,没有南方电网省份数据)

第 5 章　生物质能

5.4.3 技术现状

生物质能作为最具潜力的可再生能源之一，其发电技术的推广应用将是实现"双碳"目标的有效技术途径，对于推动我国生物质资源规模化和高效清洁利用具有重大的作用。

5.4.3.1 生物质发电锅炉

生物质发电锅炉国产技术成熟，效率不断提高。生物质发电主流工艺采用的锅炉主要分水冷振动炉排炉、链条往复式炉排炉、联合炉排炉、循环流化床锅炉等，其中水冷振动炉排炉和循环流化床锅炉性能优越，其市场占有率逐步提高。与国外同类型设备相比，国产生物质锅炉在多品种秸秆混烧方面优势明显，燃料适应性强，有利于生物质电厂拓宽燃料来源，提高经济性。生物质锅炉参数不断提升，从中温中压提升到高温超高压，锅炉热效率不断提升。新增生物质项目多采用热电联产方式，选用抽凝式发电机组，进汽参数达到高温高压，并向高温次高压和高温超高压方向发展，效率不断提高。

5.4.3.2 生物天然气

生物天然气关键技术加速升级，生产效率逐步提高。生物天然气技术主要分为发酵和提纯两个主要工艺环节。国内厌氧发酵罐多采用顶搅拌模式，罐体高径比较大，容积略小；国外技术已从针对农业废弃物的湿发酵技术，拓展到利用餐厨垃圾、生活垃圾等高温干式厌氧发酵技术，采用卧式推流厌氧发酵罐，达到连续稳定运行。规模化、工业化生产是生物天然气技术的发展方向，厌氧发酵技术从最初的池容积产气率 0.8 逐步提升至 1.0 以上，并进一步向 1.2 以上提升，生产效率持续提高。

提纯技术方面，国产高压水洗技术适合日产气规模在 $10 \times 10^4 m^3$ 以上的项目，具有较高经济性。膜分离法和变压吸附法则有利于日产气规模在 $5 \times 10^4 m^3$ 以内的项目，适合分布式的发展特点。变压吸附法对工艺阀件和控制能力有较高的要求；膜分离法中的核心器件"过滤膜"主要由国外少数企业掌握，提纯工艺核心装备依赖进口，技术本地化需进一步加快突破。

5.4.3.3 生物质供热锅炉

生物质供热锅炉适用范围进一步拓展。根据热负荷需求不同，生物质供热锅炉规模有 7.5～150kW 的小型家用锅炉，29～116MW 的大型集中供热锅炉，应用范围进一步扩大。生物质锅炉适用燃料从成型燃料拓展到散料，锅炉热效率进一步提升。质量更优、热值更高、清洁度更好的成型燃料技术将成为生物质供热用燃料的发展重点。

5.4.3.4 生物质高温腐蚀研究

2021 年 12 月，扬州大学针对水蒸气含量对镍铝涂层生物质高温腐蚀性能的影响进行的系统研究，取得了关键性新突破。关于生物质高温腐蚀的研究大都针对具有腐蚀性的沉积盐，但生物质发电厂的实际工作环境中水蒸气对锅炉过热器管道的腐蚀也不容忽视。

该校吴多利博士研究团队针对水蒸气含量对镍铝涂层生物质高温腐蚀性能的影响进行系统的研究，深入阐述了不同水蒸气含量下的涂层高温腐蚀机理。该团队研究结果表明，在不含水蒸气的条件下，涂层展现出优异的抗腐蚀性能，在表面形成了以 Al_2O_3（氧化铝）相为主的保护层。在局部区域发生氯化物腐蚀，造成轻微的表面和晶间腐蚀。而在含水蒸气的条件下，除氯化物腐蚀外，水蒸气渗透到腐蚀层/涂层界面，并产生活性氯，进一步加速腐蚀进程。水蒸气含量的增加会在涂层表面形成大量铝酸钾，从而抑制氯的产生并减少涂层中氧化物形成元素的消耗。水蒸气含量为 15% 时，涂层晶间腐蚀最严重；水蒸气含量为 30% 时，涂层表面腐蚀最严重。

吴多利认为，在生物质发电厂实际运行中，可以通过生物质燃料中水蒸气的调控，实现对涂层高温腐蚀行为更高的预期，助推生物质发电的大规模推广。该项研究具有非常广阔的发展前景，可以有效提高生物质发电的效率，降低碳排放，助力我国"双碳"目标的实现。

5.4.4 产业现状

目前中国生物质发电主要以直燃发电和垃圾发电为主，这两种发电形式在所有生物质发电形式中的占比超过 90%，而沼气发电、气化发电及混合燃烧发电三种发电形式的占比不足 10%。从中国实际需求来看，直燃发电和垃圾发电的燃料较易获得，项目实施性较强且可直接改善农村与城市的环境污染问题；气化发电规模较小的原因在于现有的内燃机的装机容量小，发电转化效率低，无法满足规模化应用的需求；沼气发电产生的沼渣还未实现有效利用，沼气发电机组规模普遍较小；混合燃料发电则对燃料处理和燃烧设备要求较高，利用与推广较少。

现阶段，中国生物质能发电行业仍存在发电成本较高、垃圾处理技术不完善、产业缺乏统筹规划等问题，还需进一步改善产业布局，降低发电成本，提高发电效率，以形成可与传统化石能源竞争的优势。

中国生物质能发电行业产业链（图 5-10）从上至下可依次分为上游燃料资源；中游生物质能发电，参与主体为生物质能发电企业；下游电能输送，参与主体为国营电网企业。

图 5-10 中国生物质能发电行业产业链

5.5 技术清单

5.5.1 航油技术

5.5.1.1 技术内涵

生物航油主要利用微藻、木质纤维素以及动植物油脂等生物质广泛制备。其制备技术是以制备生物柴油为基础的，虽然方法路线各有差异，但最终都是以合成符合航空燃料标准的煤油为目标。对于航空业来说，以生物质为原料，制备生物航油替代部分传统航油，不仅会大大减少化石燃料的消耗，还可以实现减排 CO_2 55%～92%，具有很强的环保优势。

5.5.1.2 发展方向和趋势

生物航油的研究发展不仅可以降低航空业温室气体的排放量和减轻对化石能源的需求，还可以提升经济效益。在市场需求和环境保护问题的推动下，中国政府、企业和研发机构也跟上国外的步伐正在整合资源、多方协作积极推进生物航油的研发与应用。

目前，如何提高生物航油范围内的烃类在催化剂上的产率还有待进一步研究。基于镍基的催化剂虽然选择性高，但总体产率不到50%，为提高生物质的利用率，还需探索新型催化剂结构和生物质预处理方式来提高产率。此外，生物航油的制备成本高，是普通传统航空煤油的2～3倍，如何降低生物航油制备的成本及难度，提高经济性，让生物航油成为普适性的燃料仍是重点发展方向。

5.5.1.3 拟解决的关键科技问题

拟解决的关键科技问题有高效生物航油催化剂技术与高效生物质预处理技术。

5.5.2 生物柴油技术

5.5.2.1 技术内涵

生物柴油是典型的绿色可再生能源,是由天然油脂,包括植物油、动物脂肪和微生物油脂等生产的一种新型柴油燃料。其优点是:十六烷值高,燃烧性能好;低温下,发动机启动性能良好;不含硫和芳烃,氧含量在10%左右,能促进发动机充分燃烧,明显减少尾气中有害物质的排放;润滑性能好;闪点高,挥发性低,储运和使用安全性好;同时具有良好的可调和性与可再生性等。

5.5.2.2 发展方向和趋势

原料短缺和面临亏损的局面近期难以扭转。生物柴油产业目前的重心在于开拓原料。根据原料的不同,我国生物柴油产业可分成三个发展阶段:近期阶段,主要以废弃油脂为主,民营以及外资企业居多,生产规模小、数目多,经营风险相应较大;中期阶段,大规模种植木本油料作物为原料,实行生产企业和原料种植者结合的模式,规模为年产10万吨以上的大型工厂,以国有企业为主;远期阶段,在沿海和内地水域大规模种植产油藻类,规模为年产50万吨乃至百万吨以上的大型和特大型工程。

5.5.2.3 拟解决的关键科技问题

包括改善生物柴油性能技术、生物柴油应用性技术、微生物和微藻等前沿生物柴油技术,改善生物柴油腐蚀性能技术。

5.5.3 生物燃料乙醇技术

5.5.3.1 技术内涵

燃料乙醇生产技术主要有第一代和第二代两种。第一代燃料乙醇技术是以糖质和淀粉质作物为原料生产乙醇。其工艺流程一般分为五个阶段,即液化、糖化、发酵、蒸馏、脱水。第二代燃料乙醇技术是以木质纤维素为原料生产乙醇。与第一代技术相比，第二代燃料乙醇技术首先要进行预处理，即脱去木质素，增加原料的疏松性以增加各种酶与纤维素的接触，提高酶效率。待原料分解为可发酵糖类后，再进入发酵、蒸馏和脱水阶段。

5.5.3.2 发展方向和趋势

燃料乙醇的发展获得了国家的长期政策支持。目前，我国燃料乙醇的主要原料是陈化粮和木薯、甜高粱等淀粉质或糖质等非粮作物，未来研发的重点主要集中在以木质纤维素为原料的第二代燃料乙醇技术。国家发展改革委已核准了广西的木薯燃料乙醇、内蒙古的甜高粱燃料乙醇和山东的木糖渣燃料乙醇等非粮试点项目，以农林废弃物等木质纤维素原料制取乙醇燃料技术也已进入年产万吨级规模的中试阶段。国家发展改革委、农业农村部和财政部提出推进秸秆纤维乙醇产业化的方案。

5.5.3.3 拟解决的关键科技问题

包括非粮生物乙醇技术研发、规模化纤维素乙醇制备技术、微藻燃料乙醇技术。

5.5.4 厌氧发酵制备生物燃气技术

5.5.4.1 技术内涵

厌氧发酵技术是生物质废弃物实现资源化利用的有效途径之一。生物质厌氧发酵是在厌氧细菌的同化作用下，有效地把生物质中的有机质转化，最后生成具有经济价值的甲烷及部分二氧化碳，可用于燃烧及发电，且沼渣可以作为动物饲料或土地肥料，沼液还可以作为农作物的营养液。

5.5.4.2 发展方向和趋势

我国厌氧发酵制备生物燃气工程理论研究已经进行多年，但实际工程应用还处于起步阶段。目前，厌氧技术工程本身及其配套的收储运环节尚不成熟，相应的补贴和引导政策尚不完善。我国幅员辽阔、秸秆种类多样，各地又有其特殊性，如何发展出匹配的收运和贮存方式、降低预处理成本以及解决秸秆厌氧发酵难点等都是我国秸秆沼气工程发展的主要方向。

5.5.4.3 拟解决的关键科技问题

包括高效预处理技术、厌氧发酵条件调节碳氮比技术、高效降解技术、高效反应器技术、秸秆输送管道设计技术。

5.5.5 热化学气化技术

5.5.5.1 技术内涵

生物质热化学气化基本原理是将物质原料加热，伴随着温度的升高，析出挥发物，并在高温下裂解（热解）；热解后的气体在气化炉的氧化区与供入的气化介质（空气、氧气、水蒸气等）发生氧化反应并燃烧；燃烧放出的热量用于维持干燥、热解和还原反应，最终生成了含有一定量CO，H_2，CH_4，C_nH_m的混合气体，除焦油、杂质后即可燃用或者发电。

5.5.5.2 发展方向和趋势

我国生物质能资源极为丰富，每年秸秆产量约7亿吨，相当于4亿吨标准煤。随着农村整体经济实力增强，对高效能的洁净气化能源的需求增大，生物质能必将与太阳能、风能、地热、沼气等一起被列为农村能源开发与利用的重点。

但同时也应考虑到生物质原料的分散性与不易收集的特点，发展中小规模的生物质高效气化系统，努力降低焦油含量。其次考虑到生物质原料的季节波动性，气化技术应该适应多种原料，特别是劣质原料。对于生物质资源比较丰富、相对集中且电力比较紧张的地区，优先发展供气与发电联产模式。对于经济发达农村，可发展生物质气化集中供气与生物质燃气空调联合模式。

5.5.5.3　拟解决的关键科技问题

包括生物质复杂大分子可控解聚及催化技术，生物质热解与化学气化技术，生物质大分子间化学键作用及其高效、清洁分离技术，高效生物质气化炉技术。

5.5.6　生物质直燃发电技术

5.5.6.1　技术内涵

直接燃烧发电是将生物质在锅炉中直接燃烧，生产蒸汽带动蒸汽轮机及发电机发电。

5.5.6.2　发展方向和趋势

目前，生物质能技术的研究与开发已成为世界重大热门课题之一，受到世界各国政府与科学家的关注。许多国家都制定了相应的开发研究计划，如日本的阳光计划、印度的绿色能源工程、美国的能源农场和巴西的酒精能源计划等，其中生物质能源的开发利用占有相当大的比重。而且国外的生物质能技术和装置多已达到商业化应用程度，实现了规模化产业经营，以美国、瑞典和丹麦三国为例，生物质转化为高品位能源利用已具有相当可观的规模，分别占该国一次能源消耗量的4%、16%和24%。而在我国，生物质直燃发电尚处于起步阶段，在我国对可再生能源制定的政策引导下，生物质直燃发电技术一定会得到积极的推广，生物质发电产业也一定会蓬勃地发展和壮大，为实现工业反哺农业，解决"三农"问题，建设社会主义新农村，建设生态文明做出更大贡献。

5.5.6.3　拟解决的关键科技问题

包括生物质原料预处理技术、锅炉防腐技术、锅炉的原料适用性及燃料高效利用技术、高效蒸汽轮机技术。

5.5.7 生物质混燃发电技术

5.5.7.1 技术内涵

生物质还可以与煤混合作为燃料发电，称为生物质混合燃烧发电技术。混合燃烧方式主要有两种。一种是生物质直接与煤混合后投入燃烧，该方式对于燃料处理和燃烧设备要求较高，不是所有燃煤发电厂都能采用；另一种是生物质气化产生的燃气与煤混合燃烧，这种混合燃烧系统中产生的蒸汽被送入汽轮机发电机组。

5.5.7.2 发展方向和趋势

目前，国外生物质混燃技术应用较为广泛，在美国，生物质与煤混合燃烧发电装机容量达到了 6000MW，其次是丹麦和奥地利。我国生物质与煤混燃发电技术与欧洲国家相比起步较晚，主要存在着缺乏核心技术和设备，生物质原料供应困难、发电成本偏高等问题，一直制约着该技术在我国的规模化应用。生物质混煤燃烧发电技术非常适合我国的基本国情，近年来专家学者对其也进行了较为深入的研究，未来将成为我国生物质利用的重要组成部分。

5.5.7.3 拟解决的关键科技问题

包括长距离粉末气力输送技术、高性能燃烧器技术、锅炉结渣和腐蚀防护技术、长寿命催化剂技术。

5.5.8 生物质气化发电技术

5.5.8.1 技术内涵

生物质气化发电技术是指生物质在气化炉中转化为气体燃料，经净化后直接进入燃气轮机中燃烧发电或者直接进入燃料电池发电。生物质气化发电技术得到了越来越多的研究和应用，并日趋完善。

5.5.8.2 发展方向和趋势

有专家认为，生物质能源将成为未来可持续能源的重要组成部分。目前，世界各国在调整本国能源发展战略中，已把高效利用生物质能摆在技术开发的一个重要地位，作为能源利用的重要课题。我国是一个农业大国，生物质资源非常丰富，大力发展生物质气化发电技术是解决我国能源短缺的有效办法，符合我国国情，应该积极倡导。可以预期，未来几十年内，生物质气化发电将成为我国发展最快的新型产业之一，具有广泛的发展前景。

5.5.8.3 拟解决的关键科技问题

包括高功率低热值燃气内燃机发电技术、适于生物质发电燃气轮机技术、高效燃气蒸汽循环联合发电技术、燃气的高效净化技术。

5.5.9 生物质成型燃料

5.5.9.1 技术内涵

"生物质成型燃料"是以农林剩余物为主要原料，经切片—粉碎—除杂—精粉—筛选—混合—软化—调质—挤压—烘干—冷却—质检—包装等工艺，最后制成的成型环保燃料。其热值高、燃烧充分，是一种洁净低碳的可再生能源。作为锅炉燃料，它的燃烧时间长，强化燃烧炉膛温度高，而且经济实惠，同时对环境无污染，是替代常规化石能源的优质环保燃料。

5.5.9.2 发展方向和趋势

我国作为秸秆生产大国，在对生物质固体成型燃料研究上，需要不断地学习新的技术和先进经验，补充自身不足，促进行业产业的全面发展。

5.5.9.3 拟解决的关键科技问题

包括长寿命、高稳定性成型燃料设备技术，中低温条件下成型燃料燃烧技术，灵活原料热压成型技术。

5.5.10 生物基化学品

5.5.10.1 技术内涵

生物基化学品是指利用可再生的生物质为原料生产的大宗化学品和精细化学品等产品。

5.5.10.2 发展方向和趋势

从长远来看，预计到2050年，生物基化学品产量可达到1.13亿吨，约占有机化学品市场的38%；据保守估计，到2050年生物基化学品产量可达到2600万吨。在聚合物中，市场增长最快的将是聚羟基脂肪酸酯（PHA）、聚乳酸（PLA）和生物乙烯等用于生产生物塑料的化学品。

5.5.10.3 拟解决的关键科技问题

包括关键生物质二元醇技术、呋喃类生物质材料技术、生物乙烯关键技术、生物基可降解材料技术。

5.6 技术发展路线图

我国生物质从初始的原料状态到最终产品的生产全流程涉及原料预处理技术、转化技术、提纯净化技术及环保排放技术等。从生物质能利用的各类技术来看，生物质发电、供热、厌氧发酵以及成型燃料加工等关键技术体系已初步建立。

生物质热电联产建立了以直燃发电为主的相对完整的技术产业链；规模化厌氧发酵技术逐步成熟，并形成了沼气热电联供、并网民用等模式；生物质成型燃料加工技术日趋成熟。生物质液体燃料技术不断发展，其中燃料乙醇技术工艺成熟稳定，以秸秆及农林废弃物为原料的第二代先进生物燃料已具备产业化示范条件，以纤维素为原料的生物航空煤油技术取得突破，实现了半纤维素和纤维素共转化合成生物航空煤油的技术突破。

未来，在技术创新方面，尤其是生物质直燃发电关键核心技术、生物质液体燃料及化学品方面我国还有很大的发展空间，技术的更新迭代及创新还有待进一步提升，各项技术还有待进一步推广应用。图5-11为生物质技术发展路线图。

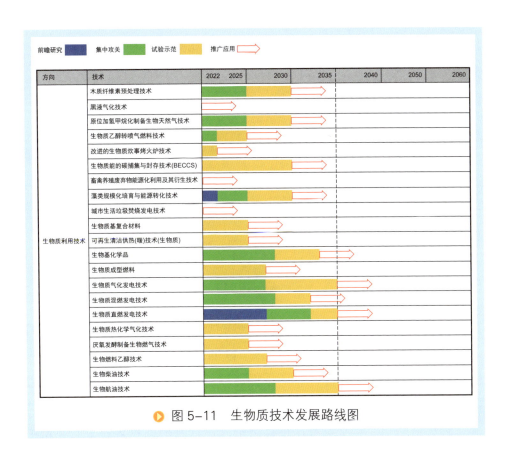

图5-11 生物质技术发展路线图

第6章

地热能

6.1 资源概况

地热资源包括浅层、中深层和深层3种资源类型。我国地热能资源相当于全世界总量的六分之一。根据对336个大城市的评价，我国浅层地热能年可开采资源量折合7亿吨标准煤，中深层地热能年可开采资源量折合18.65亿吨标准煤。

6.1.1 资源分布

中国地热资源分布广泛。浅层地热资源主要分布在北京、天津、河北、山东、江苏、湖南、安徽、上海、陕西等省（区、市）。中深层地热资源以中低温为主，高温为辅。中低温型地热资源主要分布在华北、松辽、苏北、江汉、鄂尔多斯、四川等平原（高原、盆地），以及东南沿海、胶东半岛和辽东半岛等山地丘陵地区。高温型地热资源主要分布于西藏自治区南部、云南省西部、四川省西部和台湾省。

除深层地热资源外，中国地热资源年可采资源量折合标准煤 25.65 亿吨，年开采资源量 2500 万吨，开发利用量不足 1%。中国地热资源年利用量仅占国内能源年消耗总量的 0.6%，拥有巨大的开发潜力。在全国能源消费结构中，地热能利用占比每提高 1 个百分点，相当于替代标准煤 3750 万吨，减排二氧化碳 9400 万吨、二氧化硫 90 万吨、氮氧化物 26 万吨，生态环境效益显著。

6.1.2 技术开发量

据《中国地热能发展报告（2018）》，中国地质调查局"十二五"期间组织完成了中国地热资源调查评价工作，评价显示中国大陆 336 个主要城市浅层地热能资源丰富，中深层地热能中水热型地热能年可采资源量折合 18.65 亿吨标准煤（回灌情景下）。地下 3000～10000 米干热岩型地热能基础资源量约为 2.5×10^{25} 焦耳（折合 856 万亿吨标准煤），其中埋深在 5500 米以浅的基础资源量约为 3.1×10^{24} 焦耳（折合 106 万亿吨标准煤）。

此外，地热能的开采方式具体如表 6-1 地热能源与开采方式所示，浅层地热能、中深层地热能、深层地热能分别通过地源热泵技术、单井换热或多井采灌、人工造储+流体循环进行开采。

表6-1 地热能源与开采方式

类型	分布深度	赋存介质	开采方式
浅层地热能	<200m	土体或水体中	地源热泵技术
中深层地热能	200～4000m	岩石或水中	单井换热或多井采灌
深层地热能	>4000m	以岩石中为主	人工造储+流体循环

6.2 基础理论

6.2.1 地热能

地热能是由地壳抽取的天然热能,这种能量来自地球内部的熔岩,并以热力形式存在,是引致火山爆发及地震的能量。地热能是一种新的洁净能源,在当今人们的环保意识日渐增强和能源日趋紧缺的情况下,对地热资源的合理开发利用已愈来愈受到人们的青睐。其中距地表2000米内储藏的地热能为2500亿吨标准煤。全国地热可开采资源量为每年68亿立方米,所含地热量为$973×10^{15}$焦耳。在地热利用规模上,我国近些年来一直位居世界首位,并以每年近10%的速度稳步增长。

6.2.2 地热发电

地热发电是地热利用的最重要方式。地热发电和火力发电的原理是一样的,都是利用蒸汽的热能在汽轮机中转变为机械能,然后带动发电机发电。所不同的是,地热发电不像火力发电那样要装备庞大的锅炉,也不需要消耗燃料,它所用的能源就是地热能。地热发电技术是将地热能流体的热量转化为机械能,以驱动发电机产生电能的技术。该技术既能满足电力供应的需求,又可减少化石燃料的燃烧、降低碳排放,减缓全球变暖趋势。根据地热利用形式不同,可将地热发电分为地热蒸汽发电、地热水发电、干热岩发电和岩浆发电四种主要方式。具体介绍见技术清单章节。

6.2.3 地热供热

地热供热是将地热能直接用于采暖、供热和供热水等方面,是仅次于地热发电的地热利用方式。在地热能供热技术领域,依照其所利用地热资源的不同分为浅层地源热泵技术、水热型供热技术与中深层地埋管供热技术三类。

① 浅层地源热泵技术以浅层岩土体、地下水或地表水作为低位热源，通过付出少量的电能代价将无法直接利用的低品位热能转化为高品位热能，从而为建筑提供所需的冷、热负荷。根据地热能交换系统形式及所利用的低位热源的不同，将浅层地源热泵系统分为土壤源热泵、地下水源热泵及地表水源热泵。近年还出现了以城市污水为热源的污水源热泵，原则上也可划分至广义浅层地源热泵范围内。

② 水热型供热技术抽取中深层地下水并直接用于建筑供热，主要使用低温型水热资源。地下热水是水热型地热资源的主要赋存形式，按流体介质温度可分为3类，见表6-2。

表6-2　水热型地热资源按温度分级

分类	温度/℃	流体形式	主要用途
低温型	25~40	温水	农业养殖、温室、洗浴
	40~60	温热水	建筑采暖、养殖、温室、康养
	60~90	热水	建筑采暖、洗浴
中温型	90~150	热水或水蒸气	烘干、发电、工业
高温型	≥150	水蒸气	发电

③ 中深层地埋管供热技术，也称中深层地源热泵技术、中深层无干扰地热供热技术，是指布置深至地下2~3km的中深层地埋管换热器，通过换热器套管内部流动介质的闭式循环抽取深部岩土内赋存的热量，并进一步通过热泵提升能量品位为建筑供热的新型地热供热技术。

6.3 主要特征

① 资源量巨大，资源连续稳定，不受气候影响。我国浅层地热能

源遍布全国，中低温地热能源分布于沉积盆地和隆起山区，高温地热能源分布于喜马拉雅地热带和台湾。我国水热型地热资源每年可开采量折合标准煤19亿吨，相当于我国2015年煤炭消耗的50%，全国336个地级以上城市浅层地热资源每年可开采量折合标准煤7亿吨，相当于我国2015年煤炭消耗的19%，埋深在3～10km的干热岩资源量折合标准煤856万亿吨。

② CO_2减排优势明显。高温地热发电CO_2排放量约为120g/(kW·h)；与燃煤锅炉相比，利用热泵供暖其CO_2排放量至少可减少50%；若热泵所需电力来自非碳基能源，则CO_2减排达100%。

③ 高温资源少。我国高温地热能源主要分布于西南边缘地区，可供开发的地热能源约为500万千瓦，东部高温资源少。

④ 热储好。我国隐伏碳酸盐岩面积达250万平方公里以上。初步估算，0～4000m深度区间的热能量相当于5000～50000亿吨标准煤量级。

6.4 发展现状

6.4.1 国际现状

在地热发电方面，欧美等发达国家通过政府引导开展了关键技术研发和大量工程实践，目前已形成较完备的干热岩开发技术体系。地热直接利用方面，我国在梯级用能、集成优化技术及规范领域处于国际先进水平。地热发电技术在系统化、高精度制造、系统集成以及设备寿命周期考核方面存在一定差距。

根据2023年世界地热大会发布的《世界地热发电进展》报告显示，目前，世界上已有31个国家有地热发电厂在运行。根据国际可再生能源署历年公布的数据，和2021年相比，2022年全球地热能发电装机量缓慢提升，同比增长214MW。非洲、亚洲等地区略有增长，欧洲、欧盟、大洋洲较上一年保持不变。图6-1为全球地热能装机量及发电量趋势，图6-2为全球地热直接利用装机量及年利用量趋势。

图6-1 全球地热能装机量及发电量趋势

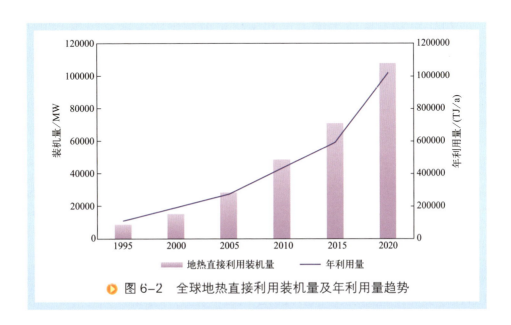

图6-2 全球地热直接利用装机量及年利用量趋势

和 2021 年相比，2022 年美国、印度尼西亚、菲律宾和土耳其仍保持地热发电利用前四位，全球地热发电装机容量前十位国家保持不变，如图 6-3 所示，美国以超过 2500MW 的装机量位于世界首位，其次是印度尼西亚、菲律宾、土耳其等国家。

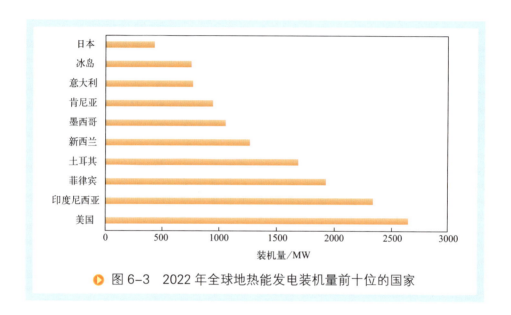

图 6-3　2022 年全球地热能发电装机量前十位的国家

2021 年发电量前十位国家和装机量前十位国家保持同步。2021 年，全球地热能发电量达到 95251GW·h，如图 6-4 所示，其中美国以 19076GW·h 居全球首位，其次是印度尼西亚、土耳其、菲律宾等国家。

根据 2023 年世界地热大会发布的《世界地热供暖制冷进展》报告显示，截至 2022 年底，全球供热和制冷热能装机容量相当于 1.73 亿千瓦时，比 2020 年增加了 60%，建筑物的供暖和制冷是占比最大的应用领域，约 79%，其次是健康娱乐和旅游、农业和食品加工。其中，中国的增长最为显著。未来，根据全球地热联盟设定的目标：到 2030 年地热发电装机容量比 2014 年增长 5 倍，同期地热利用率增长 2 倍。

作为地热能优势发展国家，2022 年初，美国能源部地热技术办公室（GTO）发布了地热发展规划（2022—2026 年），以帮助其实现推动地热部署的战略目标，该规划阐述了GTO的愿景和使命，并提出了一个高水平的技术计划，以加快未来五年的地热技术的发展。通过开发基于干热岩的增强型地热系统（EGS）和传统水热型地热系统，将地热装机规模增加到60GW，助力美国2035年的零碳电力目标；到2050年，完成17500个地热区域供暖能源站的建设以及全国2800万个家庭地源热泵的安装，以零碳方式为住宅和公共建筑供暖与制冷。通过增加对地热技术创新的投入，实现经济、环境和社会的协同进步。

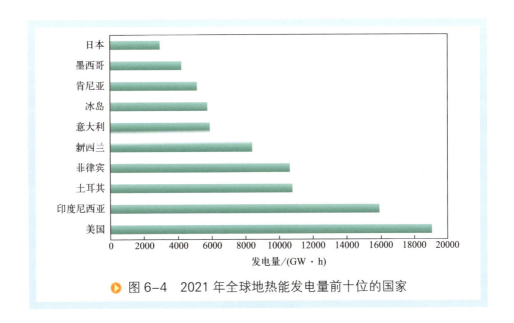

▶ 图6-4　2021年全球地热能发电量前十位的国家

6.4.2　国内现状

我国地热资源丰富，开发利用潜力巨大，如图6-5所示，主要涉及地热能发电和直接利用两个方向。我国地热能直接利用发展水平居全球首位，地热产业体系初具雏形。其中，浅层地热能开发利用日趋完善；中深层地热供暖规模不断扩大，地热供暖（制冷）建筑面积超过10亿平方米；深层干热岩地热资源勘查进入实验阶段。

图 6-5 我国地热能主要应用领域

经过多年发展，如图 6-6 所示，我国已经基本形成以西藏羊八井为代表的地热能发电、以天津和西安为代表的地热能供暖、以东南沿海为代表的地热能疗养和旅游、以华北平原为代表的地热能种植和养殖的开发利用格局。

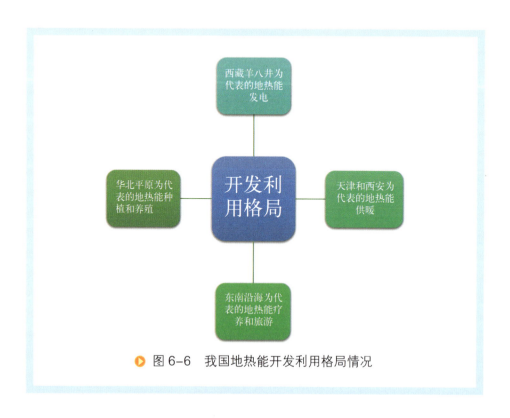

图 6-6 我国地热能开发利用格局情况

2021年（冰岛）第六届世界地热大会统计显示，在清洁供暖需求带动下，中国地热能直接利用呈加速发展趋势，装机容量为40.6GW，占全球的38%，位居世界第一。其中，地热供暖装机容量7GW，地热热泵装机容量26.5GW，分别比2015年增长138%、125%。但是，我国由于地热能资源分布、技术经济等原因，导致利用效能较高的地热能发电规模较小且进展缓慢。

20世纪70年代起，我国在西藏地区探索高温地热发电，建设了羊八井、羊易、朗久、那曲等地热电站。2022年，我国地热能发电装机较上一年没有变化，主要分布在西藏地区。此外，青海共和盆地发电干热岩，深度3705米、温度高达236℃，已实现试采发电。图6-7为我国地热能装机量趋势。

图6-7 中国地热能装机量趋势

近年来，我国地热能用于建筑供热的产业已经形成规模。北京城市副中心规划建设340万平方米地热建筑供热系统，已经实现150万平方米；南京江北新区规划建设1600万平方米地热建筑供热系统，已经实现

700万平方米；雄安新区规划建设1亿平方米地热建筑供热系统，已经实现2000万平方米。

2020年，我国浅层地源热泵供暖（制冷）建筑面积约8.58亿平方米，增长约2%，位居世界第一。从北到南区域分布来看，以土壤源热泵为主逐步过渡到地表水源热泵居多，主要分布在北京、天津、河北、辽宁、山东、重庆、湖北、江苏、上海等省（直辖市）的城区，北京市、天津市、河北省开发利用规模较大。截至2020年底，中国北方地区中深层地热供暖面积累计约1.52亿平方米。其中，河南等地增长较快，形成较大开发利用规模，在散煤替代和实现区域清洁取暖方面发挥了较大作用。

2016—2020年中国中深层、浅层地热开发利用规模变化趋势如图6-8所示。

图6-8 2016—2020年中国中深层、浅层地热开发利用规模变化趋势

油田地热方面，国内各大油田进一步加大地热能开发力度。其中，冀东油田地热总供暖面积306万平方米，相当于每年替代标准煤9.5万吨，实现通过地热能开发助力油田降本增效；辽河油田废弃油井实施地热开发井网全面改造，应用地热能进行原油生产伴热，为北方地区油田

低温生产节能提供新方向；胜利油田已经完成地热供暖规划。

6.4.3　技术发展

目前，地热能的开发利用正在从浅层、中深层向深层、干热岩推进。我国浅层地热能和中深层水热型地热能的开发利用已形成了比较完备的技术体系，技术水平位于国际前列，有力支撑了我国地热能直接利用规模居于世界首位。当前全国地热能调查精度持续提高，地热结构逐渐明晰。160 万平方千米国土达到 1∶25 万精度，2 万平方千米达到 1∶5 万精度。近 5 年新增大地热流数据在前 40 年总量基础上增长了 21%，基本覆盖陆域全部一、二级构造单元。

浅层地热能领域，我国已完成 336 个地级以上城市浅层地热资源调查。据统计，"十三五"期间，我国浅层地热能利用年增长率为 10%。京津冀开发利用规模最大，其他主要分布在辽宁、山东、湖北、江苏、上海等省（直辖市）城区。全国 336 个地级以上城市浅层地热能年可开采资源量折合标准煤 7 亿吨，可实现制冷面积 320 亿平方米。

中深层水热型地热能领域，较完善的热储描述技术实现了热储的精细刻画。应用电成像测井技术和低成本碳酸盐岩非均质性识别评价技术，可以判断裂缝密度、强度、方位等，建立不同层段的裂缝模型。现阶段，华北地区地热能调查正全面推进，雄安新区首次完成全区整装勘查。我国 4000 米以浅的中深层地热资源量折合标准煤 12500 亿吨，年可开采资源量折合标准煤 18.7 亿吨。到 2020 年底，我国水热型地热供暖面积累计约 5.82 亿平方米，超额完成"十三五"规划目标。

干热岩勘探与开发领域，数十年来一直是发达国家领跑行业。干热岩型地热资源在我国分布广泛，现有技术经济条件下，青藏高原、东南沿海、松辽平原和华北平原被视为潜力区。我国埋深在 3 千米到 10 千米范围内干热岩资源量折合标准煤 856 万亿吨，其中，埋深 5.5 千米以浅的约 106 万亿吨。我国干热岩资源勘探开发现处于探索阶段，在青海省共和盆地，初步形成了干热岩高温测井、耐高温钻完井、高温花岗岩热储缝网压裂与裂缝监测等关键技术。随着理论与技术的进步，未来将打造形成深层地热，尤其是干热岩资源的规模化经济开发技术体系，支撑我国地热产业高质量可持续发展。

在地热能直接利用方面，进入 21 世纪后我国地源热泵技术已成熟，产业体系也日渐完备。首先，在中深层水热型地热高效利用、管理技术体系和标准方面已得到国际同行认可，雄县地热供暖面积已经达到 450 万平方米，覆盖率超过 95%。其次，水热型地热发电方面，近十年诸多科研机构致力于相关技术的研发，制造企业也在推进企业标准建设，但制造装备领域的差距使国产设备还需进一步提升制造水平。再次，增强型地热发电投入主要资助开展学术交流、探索研究，青海共和盆地示范基地建设标志着国家层面中深层地热能研发基地的建立，但并未形成国家层面的装备条件。

6.4.3.1 地热能开发利用的关键核心技术

地热能开发利用的关键核心技术不断取得进展和突破。一方面，耐 240℃高温的水基钻井液、超高温测温仪、涡轮钻具等研制成功，一批智能化、电驱动的升级换代地热专用钻机陆续推出，为地热资源走向深部勘探奠定了基础。水平定向钻进、非开挖铺管等技术的日益完善，进一步提高了利用效率，降低了开采成本。另一方面，高效换热、中高温热泵技术突破和装备研发制造的进步，有效降低了地热供暖制冷成本。

6.4.3.2 "地热资源勘查评价理论技术创新与应用"项目

"地热资源勘查评价理论技术创新与应用"项目创新发展了地热资源探测评价技术，基本摸清中国地热资源家底，支撑近年来地热勘查评价实践与产业化快速发展；"地热资源探测理论技术突破与清洁供暖产业化应用"项目形成热储聚热理论，实现地热勘查技术突破。

6.4.3.3 "浅层地热能高效可持续开发关键技术及应用"项目

"浅层地热能高效可持续开发关键技术及应用"项目创新了理论、装备与评估方法,突破中国城市建筑密集的浅层地热开发制约,实现浅层地热资源规模化、高效可持续开发;"夏热冬冷环境浅层地热能开发关键技术与应用"项目聚焦"成热规律、资源评价、热能交换、高效开发"与夏热冬冷气候环境耦合的关键科学问题,形成夏热冬冷环境浅层地热能资源基础数据与开发应用技术。

6.4.3.4 井下换热技术研发取得新进展

"超长重力热管取热试验"在唐山海港经济开发区取得关键技术突破。该新型地热资源开采技术高效、稳定、运行成本低,将有效推进中深层地热能的创新发展。陕西省发布中深层井下换热地方工程建设标准《中深层地热地埋管供热系统应用技术规程》(DBJ 61/T 166—2020),规范和指导井下换热工程应用。

6.4.4 产业现状

根据2023年世界地热大会的统计数据,2020年中国地热能直接利用装机容量达40.6GW,连续多年居全球首位。其中,水热型地热能供暖装机容量为7.0GW,比2015年增长138%;浅层地热能供暖(制冷)装机容量为26.5GW,比2015年增长125%。2020年中国地热能发电装机容量仅49.1MW,与地热能供暖(制冷)产业相比发展较慢。

6.4.4.1 水热型地热能

2020年京津冀鲁豫水热型地热能供暖面积快速增长,由2015年的35%提高到74%,成为北方地区清洁供暖的重要绿色替代能源。

① 河北省水热型地热能供暖面积稳居首位。2020年河北省地热能供暖面积占全国水热型地热能供暖面积的41%,占河北省城镇集中供暖的

15%（总面积 $10.5 \times 10^8 m^2$），主要分布在燕山以南、太行山以东的广大平原地区，为打赢"蓝天保卫战"作出重要贡献。

② 河南省水热型地热能供暖增速迅猛。"十三五"期间，河南省政府对地热能推动力度大，频出利好政策，地热能发展环境得到较大改善，地热能供暖面积占比由 2015 年的 7.4% 提高至 2020 年的 23%。

③ 天津市继续引领中国城市地热发展。2020 年天津市水热型地热能供暖面积为 $4000 \times 10^4 m^2$，是中国利用水热型地热能供暖规模最大的城市，成为当之无愧的"地热之都"。天津市地热能开发验证了分布式能源规模化应用在建筑密集的大城市的可行性，为大中型城市地热能开发积累了经验。

④ 山东省砂岩地热开发促进新旧动能转换。2020 年山东省水热型地热能供暖面积达到 $6100 \times 10^4 m^2$。山东省坚持长期开展砂岩热储技术攻关和项目建设，形成了以砂岩地热能供暖为特色的地热能开发方式，分布在鲁北、鲁西的东营、德州、济南、菏泽等市。

⑤ 山西省省会城市引领全省地热能开发。地热能规模化开发由省会太原市率先开始，而后逐渐向临汾、运城等地扩展，水热型地热能已成为山西省能源转型的重要助力。

6.4.4.2 浅层地热能

中国浅层地热能应用区域重点分布在有清洁取暖需要的华北地区和有供暖（制冷）需求的长江中下游冬冷夏热地区，其中环渤海地区发展最好，其邻近省市次之。"十三五"期间，中国建设了一批重大的地热能开发利用项目，浅层地热能技术的成熟性和可靠性得到验证和认可。北京世界园艺博览会采用深层地热+浅层地热+水蓄能+锅炉调峰方式，体现绿色园艺的主题，为 $29 \times 10^4 m^2$ 的建筑提供供暖（制冷）服务；北京城市副中心办公区利用地源热泵+深层地热+水蓄能+辅助冷热源，通过热泵技术，率先创建"近零碳排放区"示范工程，为 $237 \times 10^4 m^2$ 建筑群提供夏季制冷、冬季供暖以及生活热水；北京大兴国际机场地源热泵系统作为"绿色机场"的重要组成部分，向大兴机场 $257\times10^4m^2$ 的末端用户提供冷、热能源；江苏南京江北新区利用长江水源和热泵技术，实现供暖制冷面积 $1400\times10^4m^2$。这些项目在重大工程中的示范应用进一步促进了浅层地热能开发和利用，展示了浅层地热能作为绿色清洁能源的广泛应用前景。

6.4.4.3 地热能其他产业

地热能利用的其他产业，包括温泉利用、温室种植、水产养殖等在市场需求的驱动下，自发地快速发展，形成了一定规模。

① 2020 年中国温泉游泳开发利用地热能装机容量为 5.7GW，是水热型地热能直接利用方式中仅次于集中供暖的方式，比 2015 年增长 129%。温泉旅游疗养几乎遍及中国各省（区、市），尤其近些年来，开发商将重点放在温泉养生、温泉文化、温泉度假村及建设温泉小镇等项目上，受到消费者的青睐。

② 2020 年中国温室种植开发利用地热能装机容量为 346MW，比 2015 年增长 125%，这主要得益于人民生活水平的提高，对高端花卉、反季节蔬果、特色农产品需求的增长。但温室种植仅占中国地热能直接利用总装机容量的 0.4%，未来发展空间依然很大。

③ 2020 年中国水产养殖开发利用地热能装机容量为 482MW，比 2015 年增长 122%。中国地热能水产养殖已遍布 20 多个省的 47 个地热田，建有养殖场约 300 处，养殖池面积 $550\times10^4m^2$。

6.4.4.4 地热能发电

"十三五"期间，中国在西藏羊易完成建设 16MW 地热能电站，这是继羊八井电站后又一具有里程碑意义的事件，其余多为 1MW 左右的实验性发电项目。地热能发电完成情况与"十三五"规划新增 500MW 的目标差距仍然较大，主要由资源分布与市场匹配较差以及上网电价较低等因素所致。

6.5 技术清单

6.5.1 干蒸汽地热发电技术

6.5.1.1 技术内涵

干蒸汽发电技术是直接将干蒸汽从井引出，经分离器除去固体杂质后直接传输到汽轮发电机组进行发电。其发电系统如图6-9所示。干蒸汽地热发电技术对地热资源参数要求较高，地热温度必须达到250℃以上，同时要保证有足够的地压，使得地下的蒸汽可以顺利地喷出，因此该技术适合高温地热田。该技术主要分为背压式汽轮机发电技术和凝汽式汽轮机发电技术。

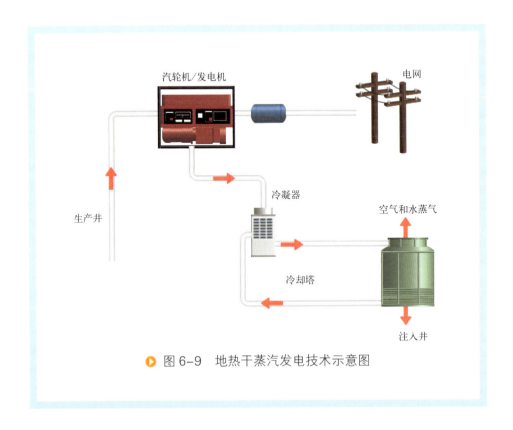

图6-9 地热干蒸汽发电技术示意图

干蒸汽发电技术的循环效率可以达到 20% 以上，是一种性能良好的地热发电技术。另外，该工艺简单，技术成熟，安全可靠，是高温地热田发电的主要形式。

6.5.1.2 未来发展方向和趋势

由于我国干蒸汽地热资源有限，且多存于较深的地层，开采技术难度大。

6.5.1.3 拟解决的关键科技问题

由于干蒸汽发电所需的蒸汽温度较高，地热埋藏深度较深，且干蒸汽地热资源十分有限，开采难度较大，优化开采技术是未来干蒸汽发电技术需解决的关键问题。另外，为避免底层压力下降甚至地下水枯竭，补充生产过程中采出的流体也是干蒸汽发电需要解决的重要问题之一。

6.5.2 闪蒸地热发电技术

6.5.2.1 技术内涵

闪蒸地热发电技术（图 6-10），亦称扩容式发电技术，通过利用不同压力下水的沸点不同的原理将低压下地热水由液态转变为气态。闪蒸地热发电与干蒸汽地热发电类似，只是蒸汽是通过"闪蒸"过程获得，包括一级扩容和二级扩容两种方式。首先井下带有一定压力的汽水混合物或热水被引至地面后，进入一级扩容器，地热水中携带的蒸汽及少部分由第一级减压产生的蒸汽直接进入高压汽轮机做功，其余的地热水进入二级扩容器。在二级扩容器中，由于减压作用，扩容器内的压力小于此时地热水温度所对应的饱和压力，部分地热水将汽化形成蒸汽，再引入低压汽轮机做功。这种利用减压方法产生蒸汽来发电的技术称为扩容式蒸汽发电技术。与干蒸汽发电技术相比，闪蒸蒸汽发电技术效率较低，一般通过多级减压而获取新的蒸汽。

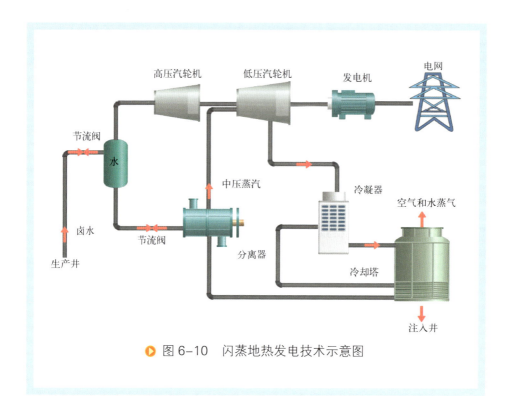

图 6-10 闪蒸地热发电技术示意图

6.5.2.2 未来发展方向和趋势

目前,世界上地热能发电技术主要面向水热型地热资源,闪蒸发电系统是地热发电常用的发电系统之一。但是,此项技术的钻井深度通常小于 2000 米且钻井范围仅限于靠近地壳构造板块的边界的地区,因此具有一定局限性。为了避免限制并进一步提升地热能转换效率,闪蒸地热发电技术从加强回灌管理、抗腐蚀与结构等方面提高发电效率。

6.5.2.3 拟解决的关键科技问题

闪蒸地热发电技术的设备尺寸大,容易腐蚀结构;并且直接以地下热水蒸气为换热工质,对地下热水的温度、矿化度以及不凝气体含量等有较高的要求。因此,优化设备尺寸,提高设备材料的抗腐蚀能力,以及对地下热水的预处理等是需要解决的关键技术问题。

6.5.3 有机朗肯循环技术

6.5.3.1 技术内涵

双工质发电技术亦称有机朗肯循环技术（图6-11），采用低沸点有机物（如丁烷、氟利昂等）作为中间介质，与地热水发生热交换作用而汽化，进而进入汽轮机做功发电，后经冷却系统降温为液态，再次作为中间介质循环进入发电系统。通常情况下，双工质电厂适用于100～170℃的地热资源。

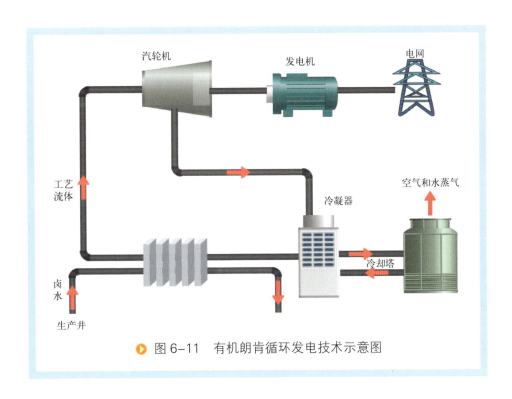

▶ 图6-11 有机朗肯循环发电技术示意图

6.5.3.2 未来发展方向和趋势

单一的有机朗肯循环发电技术的循环效率较低，尾水排放温度较高，地热能利用不够充分。在未来的地热发电技术中，采用联合循环的方式，即在地热水的高温阶段，采用闪蒸地热发电系统；在地热水温度不能满足要求时，采用有机朗肯循环技术，最大限度地提高地热发电循环的效率。

6.5.3.3 拟解决的关键科技问题

有机朗肯循环技术需定期补充中间工质，存在介质易燃易爆、管道泄漏、威胁当地生态环境等安全隐患。因此，提高热效率以及换热工质的密封等问题是需要解决的关键技术问题。

6.5.4 卡琳娜循环技术

6.5.4.1 技术内涵

卡琳娜循环技术（图6-12）是区别于常规朗肯循环的一种热力循环。卡琳娜循环技术采用无固定沸点工质进行循环发电，换热温差减小；工质热容量不受温度的影响，循环效率大大提高，地热水能量得到充分利用。可以根据热源参数情况相应调整氨与水的比例，使得混合物温度与热源温度相近，降低两者之间的温差，从而提高系统发电效率。

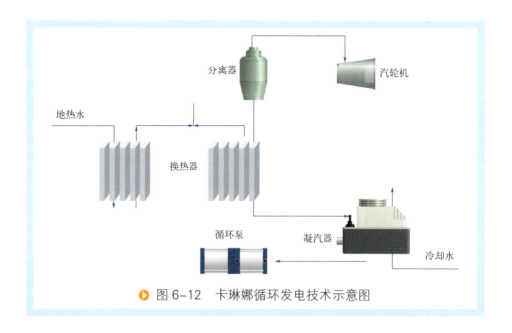

▶ 图6-12 卡琳娜循环发电技术示意图

6.5.4.2 未来发展方向和趋势

我国已探明的地热资源中，存在大量的低温地热资源，卡琳娜循环技术在低温地热资源应用领域中有其独特的优越性。未来卡琳娜循环技术主要应用在低温地热资源发电方面。

6.5.4.3 拟解决的关键科技问题

卡琳娜循环技术与有机朗肯循环技术类似，需定期补充氨水，需解决存在的氨水溶液易燃易爆、管道泄漏、威胁当地生态环境等问题。

6.5.5 增强型地热系统

6.5.5.1 技术内涵

增强型地热系统（enhanced geothermal systems，EGS）是在高温但无水或无渗透的热岩体中，通过水力压裂等方法制造出一个人工热储，将地面冷水注入地下深部获取热能，通过在地表建立高温发电站来实现深部地热能的有效利用。增强型地热系统与增强型地热发电技术分别如图 6-13、图 6-14 所示。

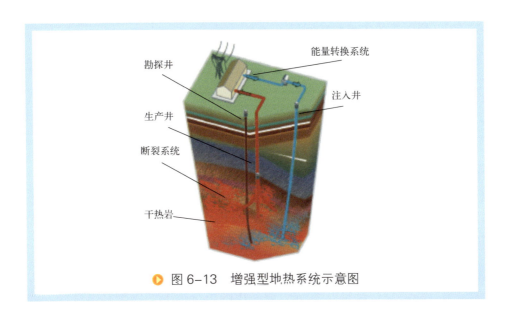

图 6-13 增强型地热系统示意图

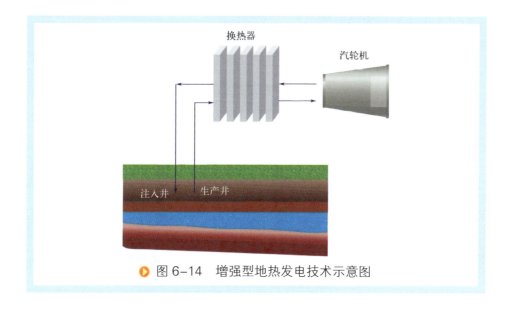

▶ 图 6-14 增强型地热发电技术示意图

6.5.5.2 未来发展方向和趋势

深层地热能（包括干热岩），尤其是增强型地热能利用技术，在国际上已经实现小规模稳定发电。我国已在西部建成开发利用试验基地，勘探技术不断完善，并且向更大的深度空间发展。

6.5.5.3 拟解决的关键科技问题

包括深层地热资源评价与钻探靶区优选、钻井工艺技术、干热岩压裂及地下水-岩高效换热等关键技术研究；用于评价深部岩体连通性及其换热面积的新型示踪剂研发；储层裂隙网络中多场耦合的能量传递与转换机理研究等。

6.5.6 地源热泵技术

6.5.6.1 技术内涵

地源热泵系统是以岩土体、地下水和地表水为低温热源，由水源热泵机组、浅层地热能换热系统、建筑物内系统组成的供暖制冷系统。地源热泵技术能够实现对建筑物三联供系统的能源供给，是目前浅层地热能最主要的开发利用方式，主要分为地埋管热泵、地下水热泵和地表水热泵。

6.5.6.2　未来发展方向和趋势

地源热泵技术在中深层地热能利用方面，包括中深层地埋管群的传热分析、机器长期运行条件下地埋管间距对换热量的影响等科技关键问题，以及岩土体勘查及其热物性测定方面，是未来需要深入研究的方向。

6.5.6.3　拟解决的关键科技问题

重点解决地热能资源开发利用中，尤其是中深层地热能系统应用中的主要技术问题；提高岩土体尤其是中深岩土层地质结构、大地热流、地下水渗流以及热物性的勘查与测试水平等技术问题。

6.5.7　中深层水热型地热能取暖技术

6.5.7.1　技术内涵

水热型地热能源一般指深度在 3000 米，由地下水作为载体的地热能源，可以通过抽取热水或者水汽混合物提取热量。水热型地热取暖技术通过开采抽取地热水，经换热站将热量传递给供热管网中的循环水，输送给用户，温度降低后的地热尾水通过回灌井注入地下。

6.5.7.2　未来发展方向和趋势

水热型供热技术主要受制于当地自然资源禀赋，未来将着力于其回灌安全性研究和高效回灌技术方法探讨。研究同井回灌、异井回灌、多井回灌等回灌技术的适用性和可行性，准确评估取水作业对于地下水储层、流场以及微生物生态环境的影响，从而确保水热型供热技术的推广使用不会对环境造成破坏。

6.5.7.3 拟解决的关键科技问题

我国水热型地热资源主要集中在西北、华北等地，多出现于拥有沉积盆地或板块断裂等地质特征的区域。水热型供热技术的相关技术问题主要集中在水热型地热资源分布和形成机理的勘查与分析等方面。

6.6 技术发展路线图

在地热能直接利用方面，我国创立了浅层地热能地质学、地质勘查评价理论体系；在中深层水热直接利用技术方面，我国应用技术体系日趋成熟。在水热型发电设备方面，发展相对较缓，仍需加快步伐。干热岩地热示范工程建设逐渐实现从跟跑迈入并跑序列。图 6-15 为地热能技术发展路线图。

图 6-15 地热能技术发展路线图

第 7 章

海洋能

7.1 资源概况

中国作为海洋大国，海域辽阔，拥有18000多公里的海岸线和11000多个海岛，海洋生物资源丰富，具有明显的地缘及资源优势。

7.1.1 资源分布

我国海洋能资源总量丰富，潮差能和潮流能富集区域主要分布于浙江、福建、山东近海；波浪能富集区域主要分布于广东、海南、福建近海；温差能富集区域主要位于我国南海海域；盐差能主要位于各河流入海口。

7.1.2 技术开发量

海洋可再生能源资源量可用蕴藏量和技术可开发量两种形式表示。根据文献调研显示（具体数据请参见表7-1、表7-2），除台湾省外，我国近海海洋可再生能源总蕴藏量约为 15.8×10^8 kW，理论年发电量约为 13.84×10^{12} kW·h；总技术可开发装机容量为 6.47×10^8 kW，年发电量约为 3.94×10^{12} kW·h。

表7-1　我国海洋能蕴藏量

能源	理论装机容量/10^4kW	理论年发电量/(10^8kW·h)
潮差能	19286	16887
潮流能	833	730
波浪能	1600	1401
温差能	36713	32161
盐差能	11309	9907
海洋风能	88300	77351
合计	158041	138437

表7-2　我国海洋能技术可开发量

能源	装机容量/10^4kW	年发电量/(10^8kW·h)
潮差能	2283	626
潮流能	166	146
波浪能	1471	1288
温差能	2570	2251
盐差能	1131	991
海洋风能	57034	34126
合计	64655	39428

7.2　基础理论

海洋能是指依附在海水中的可再生能源，海洋通过各种物理过程接收、储存和散发能量，这些能量以潮汐、波浪、温度差、盐度梯度、海流等形式存在于海洋之中。海洋能同时也涉及一个更广的范畴，包括海面上空的风能、海水表面的太阳能和海里的生物质能。海洋能分类如表 7-3 所列。

表7-3 海洋能分类

分类	内容
机械能	主要形式有潮汐能、潮流能（海流能）、波浪能等。潮汐的能量与潮差大小和潮量成正比。波浪的能量与波高和波动水域面积成正比
热能	海水温差能是一种热能。低纬度的海面水温较高，与深层水形成温度差，可产生热交换。其能量与温差的大小和热交换水量成正比
化学能	海水盐差能，入海径流的淡水与海洋盐水间有盐度差，如果使用半透膜，使淡水向海水一侧渗透，可产生渗透压力，其能量与压力差和渗透能量成正比

7.2.1 潮汐能

潮汐能是指潮水受月球和太阳对地球产生的引潮力的作用而周期性涨落所储存的势能。潮汐能发电技术一般是通过建筑拦潮坝，利用潮水涨落形成的水位差，使具有一定水头的潮水流过安装在坝体内的水轮机，通过水轮机转动带动发电机发电的技术，其原理与水力发电相似。潮汐能开发方式主要包括单库双向、单库单向、双库单向、双库双向等。作为最成熟的海洋能发电技术，传统拦坝式潮汐能技术早在数十年前就已实现商业化运行。韩国于 2011 年建成的始华湖潮汐电站，装机容量达 254 兆瓦。

7.2.2 潮流能

潮流能是指月球和太阳的引潮力使海水产生周期性的往复水平运动而形成的动能，与潮汐能相比，潮流能是从潮汐中获取能量的另一种方法。潮流能主要集中在群岛地区的海峡、水道及海湾的狭窄入口处，由于海岸形态和海底地形等因素的影响，流速较大，伴随的能量也巨大。

潮流能的发电原理和风力发电类似，即将水流的动能转化为机械能进而再将机械能转化为电能。潮流能发电技术按照水轮机组分类主要包括垂直轴潮流能发电技术和水平轴潮流能发电技术，其他潮流能发电技术还包括振动水翼式潮流能发电技术、链式潮流能发电技术等，但目前应用较少。

7.2.3 海流能

海流能是指由于海水温度、盐度分布的不均匀而产生的海水密度和压力梯度，或由于海面上风的作用等产生的海水大规模的方向基本稳定地流动产生的动能。海流能发电的原理和风力发电相似，但由于海水的密度约为空气的 1000 倍，且必须放置于水下，故海流发电存在着一系列的关键技术问题，包括安装维护、电力输送、防腐、海洋环境中的载荷与安全性能等。

7.2.4 波浪能

波浪能是由风能转化形成的一种能量，风吹过海洋，通过海-气相互作用把能量传递给海水，形成波浪，将能量储存为势能和动能。波浪能发电是利用物体在波浪作用下的纵向和横向运动、波浪压力的变化及波浪在海岸的爬升等所具有的机械能进行发电，其结构形式、工作原理多种多样。发电装置按能量传递方式可分为振荡水柱式、摆式、筏式、点吸收式、越浪式等形式；按安装位置可分为岸式和离岸式；按固定方式可分为固定式和漂浮式。

7.2.5 温差能

温差能是指以表、深层海水的温差的形式储存的海洋热能，其能量的主要来源是蕴藏在海洋中的太阳辐射能。海洋温差能储量巨大，占地球表面积 71% 的海洋是地球上最大的太阳能存储装置。海洋温差能转换技术的基本原理，是利用海洋表面的温海水加热某些低沸点工质并使之汽化，或通过降压使海水汽化以驱动透平发电，同时利用从深层提取的冷海水将做功后的气体冷凝，使之重新变为液体，形成系统循环。除了发电外，海洋温差能还在制造淡水、空调制冷、海洋水产养殖以及制氢等方面有着广泛的前景。

7.2.6 盐差能

盐差能是海洋能中能量密度最大的一种可再生能源，主要存在于河海交接处，是指海水和淡水之间或两种含盐浓度不同的海水之间的化学电位差能，以化学能的形态存在。与其他海洋能源相比，盐差能受气候条件影响较少，但也是海洋能源中最少被开发利用的一种可再生能源。盐差能发电技术主要包括缓压渗透法、反电渗析法、蒸汽压汔及电容混合法等。目前，国际盐差能技术研究主要处于实验室和中试规模研究阶段。

7.3 主要特征

① 能量蕴藏大且具有再生性。地球上海水波浪能的蕴藏量约 700 亿千瓦，可开发利用的约 30 亿千瓦；温差能的理论蕴藏量约 500 亿千瓦，可开发利用的约 20 亿千瓦；潮汐能的理论蕴藏量约 30 亿千瓦；海流能（潮流能）的理论蕴藏量约 50 亿千瓦，其中可开发利用的约 0.5 亿千瓦。

② 稳定性较其他自然能源更高。海水温差能和海流能比较稳定，潮汐能与潮流能的变化有规律可循。

③ 能量密度低，开发难度大，成本高，对材料和设备的技术要求高。虽然海洋能总量极其丰富，但它分散储存于全球大洋的水体之中，单位面积或单位长度、单位体积内的能源储量（密度）不大，难以有效利用。海水温差能是低热头的，较大温差为 20～25℃；潮汐能是低水头的，较大潮差为 7～10m；海流能和潮流能是低速度的，最大流速一般仅 2m/s 左右；波浪能，即使是浪高 3m 的海面，其能量密度也比常规煤电低。

7.4　发展现状

7.4.1　国际现状

根据国际可再生能源署（IRENA）的数据，所有海洋能源技术的发电潜力总和为 45000～130000 太瓦时。十多年来，如图 7-1 所示，海洋能虽然没有风光等可再生能源发展迅速，但依旧保持较为平稳的状态发展，其装机量和发电量呈现逐年小幅波动发展。2022 年，全球海洋能发电装机量超过 520 兆瓦，较上一年保持稳定不变。正在建设的潮汐流和波浪项目可能在未来 5 年内再增加 3 吉瓦的装机量，其中大部分分布于欧洲（55%）、亚太地区（28%）以及中东和非洲（13%）。

和 2021 年相比，2022 年全球海洋能发电装机量前十位的国家保持不变，如图 7-2 所示，2022 年韩国、法国装机量均超过 200MW 稳居全球前两位。《2022 年海洋能产业发展趋势和统计数据》报告显示，随着可再生能源的快速发展，欧洲以外的国家（中国、美国等）和地区正在加快开发海洋可再生能源。

2021 年，全球海洋能发电总量达到 970GW·h，如图 7-3 所示，其中法国、韩国发电量均超过 450GW·h，远超世界其他国家，位居世界前列。和 2021 年装机量前十位国家和地区相比，法国、韩国、西班牙、中国、英国、俄罗斯、意大利、挪威在发电量方面也保持着全球前十席位。

图 7-1 全球海洋能装机量及发电量趋势

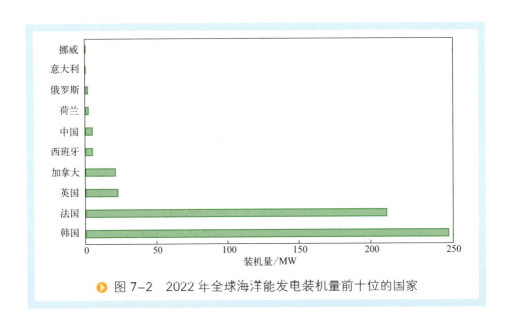

图 7-2 2022 年全球海洋能发电装机量前十位的国家

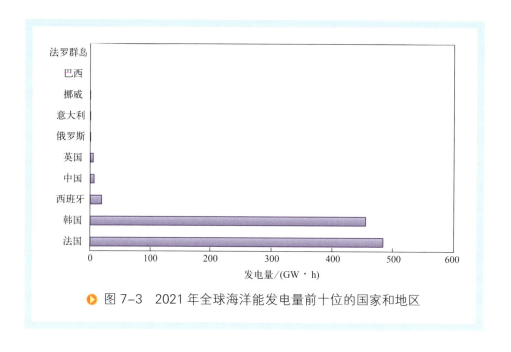

图 7-3　2021 年全球海洋能发电量前十位的国家和地区

2021 年，欧洲是全球波浪能发展最快的地区，加拿大、中国和美国是欧洲以外的主要海洋能源市场。2022 年，全球潮流能、波浪能新增装机容量分别为 1.7 兆瓦和 165 千瓦，欧洲潮流能新增装机容量仅为 67 千瓦，波浪能新增装机容量仅为 46 千瓦，二者均为 2010 年以来最低值，这表明欧洲以外的国家和地区正在加快开发海洋可再生能源。潮汐能方面，欧盟目标实施缓慢限制了潮汐能的部署。潮汐能在 2022 年发电量达到 80.6GW·h 的历史最高点，主要来自苏格兰及荷兰项目。波浪能方面，2022 年发展滞缓，潮汐能和波浪能的发展主要由中国和以色列推动。

在未来规划方面，欧盟委员会在新的《海上可再生能源战略》中设定了宏伟的海洋能发展目标，分别是 2025 年 100 兆瓦、2030 年 1000 兆瓦和 2050 年 40000 兆瓦。

此外，全球主要海洋能发展国家中，中国将继续向大型项目提供国家资金支持。英国和加拿大均提出一系列市场激励政策助推海洋能发展。美国每年在海洋能方面投入资金约 1.1 亿美元，并正在建设世界上最大的波浪能试验场；同时，美国能源部水动力技术办公室宣布投入 2500 万美元资金支持波浪能技术研发及示范，该项资金将用于 8 个海洋能创新项目在位于俄勒冈州 PacWave 南部试验场开展首轮测试，此举将加速波浪能技术大规模部署及产业化发展，同时有助于实现 2050 年净零碳排放的目标。

此外，国际能源署预测，在海洋氢能领域，全球电解水制氢装机规模到 2030 年前有可能增长到 1 亿千瓦以上，发展潜力十分可观。我国也把海上风电制氢技术及海上建设能源岛纳入了能源规划。

（1）波浪能

波浪能正处于示范阶段向多机组预商业化转变的关键阶段，仍需要广泛测试以验证性能及可靠性。近年来，英国、美国、澳大利亚、丹麦和西班牙等国的波浪能开发技术和应用规模居世界领先地位，建设了多个大型示范站并实现运行。自 2010 年以来，欧洲安装了 12.7MW 的波浪能装置，其中，1.4MW 正在运行，11.3MW 在测试项目成功完成后已退役。如 2006 年丹麦进行了 Wave Star 阵列式波浪发电站模型海试。2008 年苏格兰完成 2.25MW 的波浪能示范场建设，实现了 3 台单机功率 750kW 的波浪能装置阵列化布置。2011 年以来西班牙 Mutriku 振荡水柱式波浪能电站实现长期稳定运行。英国 Aquamarine Power 公司已开展装机功率 800kW 的 Oyster 波浪能装置实海况试验。2019 年芬兰 AW-Energy 公司在葡萄牙佩尼切海域布放了首台 350kW 波浪能装置 WaveRoller 并实现了并网测试。2020 年丹麦 Crestwing 公司的 Tordenskiold 装置在丹麦希尔斯霍姆岛附近完成了第二阶段海试。2021 年澳大利亚 Wave Swell Energy（WSE）公司在塔斯马尼亚州金岛成功布放了振荡水柱式波浪能发电装置 UniWave200。美国海洋能源公司制造的 500kW OE 浮标即将在夏威夷的美国海军波浪能试验场（WETS）开展长期测试。2021 年丹麦 Wavepiston 公司的全比例波浪能示范装置开始在西班牙 PLOCAN 测试场开展测试等。

2022 年 10 月，瑞典 CorPower 公司在葡萄牙北部海岸为 HiWave-5 项目铺设了一条长 6.2 公里，重 100 吨的海底电缆（图 7-4），并与 Aguçadoura 的陆上变电站连接，为离岸 5.5 公里的波浪能发电场提供电力和数据连接服务。海底电缆的铺设是 HiWave-5 项目的重要里程碑，目前该波浪能发电场并网工程已建设完毕。

图 7-4　瑞典 CorPower 公司为 HiWave-5 项目铺设海底电缆

2022 年 10 月，爱尔兰 Ocean Energy（OE）公司宣布，将在苏格兰测试 OE35 波浪能发电装置（图 7-5），这是国际联合项目——WEDUSEA 项目的一部分，目前该装置在美国进行建造。

图 7-5　爱尔兰 OE 公司波浪能装置将在欧洲海洋能源中心（EMEC）进行测试

（2）潮汐能

潮汐能发电技术原理相对简单，且已经过多年验证，成熟度较高，发电技术已处于商业化运行阶段。目前，全球运行、在建、设计及研究的潮汐电站多达100余座。各国代表性潮汐电站如建成于1966年的法国朗斯电站（总装机240MW）和1984年的加拿大安纳波利斯电站（总装机19MW），具体如表7-4所列。2011年8月，韩国始华湖潮汐电站（总装机254MW）建成投产，年发电量5.5亿千瓦时，年可节约86万桶原油，减少二氧化碳排放31.5万吨。英国、印度等国家对规模达十万或百万千瓦的潮汐电站建设方案做了不同深度的研发。预计到2030年，世界潮汐电站的年发电能力将达600亿千瓦时。

表7-4 世界各国代表性潮汐电站统计

电站名称	位置	装机容量/kW	机组台数	平均潮差/m	运行方式
江厦潮汐电站	中国浙江省温岭市江厦港	4100	6	5.08	双向发电
始华湖潮汐电站	韩国京畿道安山市始华湖	254000	10	5.60	单向发电
朗斯潮汐电站	法国圣马诺湾朗斯河口	240000	24	10.58	双向发电
安纳波利斯潮汐电站	加拿大东海岸芬地湾	19000	1	6.40	单向发电
基斯洛潮汐电站	俄罗斯白海沿岸	800	2	2.30	双向发电

（3）潮流能

近年来英国、荷兰、法国等均实现了兆瓦级机组并网运行，全球建成的潮流能发电阵列中欧洲占比80%，技术已处于商业化运行早期阶段。进入21世纪以来，潮流能技术发展迅猛，无论是技术上还是装机规模上都取得了较大突破，涌现出了结构多样、各具特色的发电装置，多个欧美国家都先后开展了对潮流能装置的开发与测试。例如，2003年英国海洋涡轮机公司在德文郡外海布放了首台300kW的SeanFlow型潮流能发电机组；2008年北爱尔兰1.2MW的SeaGen潮流能发电机组；2015年底荷兰Tocardo公司1.2MW潮流能发电阵列并网发电；2016年英国MeyGen潮流能发电场一期工程并网运行；2019年西班牙在EMEC的Fall of Warness的潮流能实现并网，并第一次向英国国家电网供电；2020年美国Verdant Power公司研发的第五代潮流能机组在EMEC进行了性能测试，并将在纽约市东河推行商业化示范。

2022年9月，英国亚特兰蒂斯公司MeyGen项目一期工程的第三台潮流能机组（图7-6）完成维护，重新下水发电。第四台机组正在改装湿式连接系统，改装后该系统的运行和维护成本能够降低50%以上。同时，MeyGen项目二期工程也在同步进行。

▶ 图7-6 英国亚特兰蒂斯公司MeyGen项目一期工程的第三台潮流能机组

2022年10月，瑞典Minesto在法罗群岛开发的世界上第一个潮流能阵列正在按计划高效进行，该阵列装机容量为30兆瓦，由24台装机容量1.2兆瓦的潮流能机组组成。目前项目已完成环境评估研究、内场电缆布线和电网连接工程工作，下一步将重点完成构成首个5兆瓦阶段的前四台潮流能机组的安装工作。

2022年9月，英国SM公司推出新一代石锚安装系统AROV2（图7-7），它是一种能够为潮流能、浮式风能等可再生能源提供快速、低成本的锚泊装置。目前，该装置正在进行验收测试，后续将为ORPC公司在缅因州部署的TidGen发电装置提供服务。AROV2装置由控制舱和恒张力脐带缆绞车组成，150千瓦的HPU（液压单元）能够在水下200米处进行操作，缆绳最长可延伸至1000米，能够安装承载能力超过1000吨的锚。

图7-7 英国SM公司推出新型锚泊装置

2022年9月，爱尔兰GKinetic Energy公司在斯特兰福德湾完成了装机容量为12千瓦的潮流能机组示范（图7-8），装置重仅2吨，兼具移动性和灵活性，能够实现快速交付和部署；新的混合叶片节距控制设计能够使设备自启动，提高了发电效率。

图7-8　爱尔兰GKinetic公司完成潮流能机组示范

2022年9月，位于法国曼切海峡的Paimpol Bréhat潮流能试验场开展了环境监测工作（图7-9），用来优化潮流能机组布放环境。

（4）温差能

在世界温差能研究领域，美国、日本、法国等技术较为先进，曾先后研建了多个示范性温差能电站，已处于示范验证阶段。近些年，多个国家建成了海洋温差能发电及综合利用示范电站。2013年，日本在冲绳久米岛建设了100kW混合式温差能电站投入示范运行；2015年，美国在夏威夷建设了100kW温差能发电机组并网发电，成为世界上在运营的最大海洋温差能电厂。

（5）盐差能

整体来看，世界上盐差能技术普遍处于关键技术突破期。如美国、

◐ 图 7-9　法国潮流能试验场开展环境监测

日本、瑞典等积极开展盐差能发电技术的研究和开发利用工作，处于研发突破阶段。经过近 80 年的研究，高效率、低成本的渗透膜研制等关键技术问题仍未得到较好解决，主要处于实验室验证技术阶段，需进一步推动原理样机研发。挪威 Statkraft 公司于 2009 年建成了全球首个盐差能发电示范系统，10kW 压力延缓渗透式盐差能示范装置，但由于成本过高在 2013 年 12 月底停止运行。

（6）海洋能综合利用

近年来，国外已开展了许多海洋能综合利用的研究工作。2002 年意大利建立了 Kobold 多能互补发电平台，2008 年丹麦开发了 Poseidon37（P37）风能波浪能集成发电平台，2012 年英国利用风机基座研发了风能波浪能联合发电装置 Wave Treader，2015 年瑞典将 Underwater kite 潮流能发电与海上风电系统组合成联合发电平台，美国、日本等已经建立了多个海洋能多能互补的试验场或电站。2019 年，丹麦在 P37 平台的基础上，开始建设深远海漂浮式海上风电与波浪能联合发电的 P80 商业样机。

美国等也开始研究将海洋综合能源系统用于军工领域为远海航行器充电；以德国、荷兰、比利时、挪威等为代表的欧洲国家已实施了海上风电和海水增养殖结合的试点研究；韩国也开展了海上风电与海水养殖结合的项目。

7.4.2 国内现状

我国结合海洋资源分布特点及沿海城市地域优势，因地制宜地推动海洋能开发利用进程。中国最大兆瓦级潮流能电站在浙江舟山成功发电，实现了兆瓦级潮流能电站零的突破。随着潮流能、波浪能并网发电示范工程的启动，以山东、浙江、广东、海南为代表的海洋能示范基地格局初步形成。

"十三五"期间，自然资源部（原国家海洋局）联合财政部设立可再生能源资金专项，科技部重点研发计划"可再生能源与氢能技术"重点专项设立"基于我国资源特性的海洋能高效利用创新技术研发""独立运行的微型可再生能源系统关键技术研究""兆瓦级高效高可靠波浪能发电装置关键技术研究及南海岛礁示范验证""温差能转换利用方法与技术研究"等项目，完成了波浪能及潮流能发电机组并网供电，温差能原理样机通过验证，持续推动海洋能利用技术快速进步。

"十四五"开局，如表 7-5 所示，我国多个沿海省市发布关于推进海洋能发展的相关文件。

表7-5 我国部分沿海省市关于推进海洋能发展文件一览表

省（区）市	文件名称	海洋能支持内容
福建省	《福建省"十四五"能源发展专项规划》	提出在海上风电方面，按照竞争配置规则、持续有序推进规模化集中连片海上风电开发，稳妥推进深远海风电项目，"十四五"期间增加并网装机410万千瓦，新增开发省管海域海上风电规模约1030万千瓦，力争推动深远海风电开工480万千瓦
	福建省《关于完整准确全面贯彻新发展理念做好碳达峰碳中和工作的实施意见》	规划建设深远海海上风电基地。积极探索波浪能、潮汐能等海洋新能源，推进源网荷储和多能互补，布局建设一批风光储一体化项目

续表

省（区）市	文件名称	海洋能支持内容
广东省	《广东省人民政府办公厅关于加快推进现代渔业高质量发展的意见》	提出科学布局建设深远海大型智能养殖渔场和海洋牧场，探索"深水网箱+风电""深远海养殖+休闲海钓"及海洋牧场、深远海养殖渔场与海上风电融合发展模式
广州市	《广州市海洋经济发展"十四五"规划》	提出加快培育海洋新能源产业。支持海洋潮汐能、潮流能、波浪能、温差能等海洋可再生能源利用成套设备研发。积极开展适合远海岛礁和海上设施的大型漂浮式波浪能装置研究，加快大型波浪能供电浮标研制。加速海洋科技成果转化和产业化。到2025年，打造海洋创新发展之都，成为海洋科技创新策源地、涉海资源要素配置中心、南海综合开发先行区、海洋产业集群高地和海岸带高质量发展示范区
青岛市	《青岛西海岸新区海洋经济发展"十四五"规划》	提出依托海上风电项目和海洋能源综合开发利用项目，以海上风能、波浪能、潮流能为重点，着力解决海洋能装备可靠性与可维护性差、发电出力不稳定等瓶颈问题，加快装备小型化研究，逐步实现工程化、产业化
	《青岛市激发市场活力稳定经济增长若干政策措施》	提出要充分发挥新旧动能转换基金作用，支持海上光伏和海上风电开发建设
山东省	《山东省电力发展"十四五"规划》	从5个方面绘就"十四五"电力发展蓝图，其中包括大力推动电力绿色低碳转型。该规划提出加快推动可再生能源发展，科学推动分布式光伏规模化开发示范和海上风电开发建设。到2025年，实现海上光伏1200万千瓦左右，海上风电装机力争达到800万千瓦
广西壮族自治区	《广西可再生能源发展"十四五"规划》	提出要按照规模化、集约化、可持续发展要求，坚持集中连片开发，试点先行，加快发展，实现海上风电零突破，打造若干个百万千瓦级海上风电基地。积极探索潮汐能、温差能、盐差能、波浪能等开发利用和创新应用示范
深圳市	《深圳市培育发展海洋产业集群行动计划（2022—2025年）》	提出有序推进深汕海上风电、岭澳核电绿色能源项目前期工作，加快推进海上二氧化碳封存示范工程
海南省	《海南省碳达峰实施方案》	提出建设安全高效清洁能源岛。高比例发展非化石能源。着力优化能源结构，大力发展风、光、生物质等可再生能源，高效安全、积极有序发展核电，不断提高非化石能源在能源消费中的比重。探索推进波浪能、温差能等海洋新能源开发应用，在海岛开展多类型新能源集成利用示范

我国目前主流海洋能利用方式有五种。如表 7-6 所示，潮汐能已实现商业化应用；潮流能、波浪能经过近十年的发展，分别进入商业化运行前期和工程样机实海况测试阶段，技术能力接近世界先进水平。

表7-6　我国海洋能电站一览表

海洋能电站	总装机容量/MW	累计发电量 /(10^4kW·h)	2019年电费收入/万元
潮汐能电站	4.225	23900	1710
潮流能电站	3.730	510	180
波浪能电站	0.120	20	—
合计	8.075	24430	1890

（1）波浪能

波浪能技术主要如表 7-7 主要波浪能发电技术比较所示，针对我国波浪能资源功率密度较低的特点，主要研发了小功率波浪能发电装置，目前约有 40 台装置完成了海试，最大单机功率 200kW，现有技术已初步实现了为偏远海岛供电。近年来，我国科研工作者还探索了波浪能网箱养殖供电、导航浮标供电等应用研究。

表7-7　主要波浪能发电技术比较

技术类型	优势	存在问题
振荡水柱式波能技术	起步早、应用有一定基础，可适应高波能密度环境；采用空气传递能量，避免波浪对发电系统的直接打击，系统稳定性好	空气叶轮转换效率较低；发电不稳定
振荡浮子式波能技术	建造、维护成本低；能量转换效率高；系统输出稳定	固定系统和活动部件与海水直接接触，易腐蚀；系统在高波能密度环境下工作效果不理想
摆式波能技术	能量转换效率高；易于与相位控制技术结合	成本高；机械和液压机构的维护较为困难
聚波储能式波能技术	一级转换没有活动部件，可靠性好；维护费用低，系统输出稳定	基建成本高；对地形有特殊要求，不易推广

"十三五"期间,在科技部重点研发计划和自然资源部海洋可再生能源专项资金的支持下,我国波浪能发电技术发展迅速,正在缩小与国际水平的差距。中国科学院广州能源所研建的100kW鹰式波浪能装置"万山号"在2017年实现并网为珠海万山岛供电,升级改建的260kW海上可移动能源平台于2018年实现为南海偏远岛礁持续供电,装置发电能力得到验证,目前正在开展500kW波浪能装置建设。山东大学开发完成的60kW漂浮式液压海浪发电装置在山东成山头海域进行了海上试验。中国海洋大学完成了10kW级组合型振荡浮子波能发电装置研建,并在山东省斋堂岛海域开展实海况试验。表7-8为鹰式波浪能装置与国外波浪能发电装置相关参数比较。

表7-8　鹰式波浪能装置与国外波浪能发电装置相关参数

电站	类型	第1代装机容量/kW	海试时间	第2代装机容量/kW	现状
Pelamis（英国）	筏式	750	2004	750	2009年海试
PowerBuoy（美国）	振荡浮子式	40,150	2011	500	研发中
鹰式（中国）	振荡浮子式	10	2012	100	2015年海试

（2）潮汐能

如表7-9我国早期建成的潮汐电站所示,目前,我国运行的潮汐能电站仅有江厦潮汐试验电站和海山潮汐电站,前期完成的多个万千瓦级潮汐电站预可研项目尚未进入建设阶段。

表7-9　我国早期建成的潮汐电站

序号	站名	省份	装机容量/kW	运行方式	建成时间	现状
1	江厦	浙江	4100	单库双向	1985	正常运行
2	海山	浙江	2×125	双库单向	1975	正常运行
3	白沙口	山东	6×160	单库单向	1978	停止
4	果子山	广西	1×40	单库单向	1977	拆除
5	浏河	江苏	2×75	单库双向	1976	停止

续表

序号	站名	省份	装机容量/kW	运行方式	建成时间	现状
6	岳浦	浙江	2×75	单库单向	1975	停止
7	沙山	浙江	1×40	单库单向	1959	停止
8	筹东	福建	1×40	单库单向	1959	停止

江厦潮汐试验电站自2015年完成技术改造后，总装机容量增加到4.1MW，年发电量约$700×10^4$kW·h，为潮汐能大规模商业化应用储备了成熟的水轮机型谱，并具备了丰富的潮汐机组运行经验。

1975年建成的海山潮汐电站，总装机容量250kW（2×125kW），目前电站正在进行技术升级改造，仅有1台发电机组在运行，年发电量约$15×10^4$kW·h。海山潮汐电站是我国第一座双库单向型潮汐电站，先后于1984年和1996年完成升级改造。2019年下半年，电站开始了第三次增容改造，将其中1台立式机组改造为卧式新型机组，以维持电站的持续运行及发展。

（3）潮流能

如表7-10国内潮流能发电量进展所示，与国际先进机组相比，我国潮流能技术在能量捕获、并网供电、高可靠运行、低成本运行维护技术等方面处于并跑水平，但在单机装机容量、智能化运维等方面仍有一定差距，急需开展兆瓦级潮流能机组的研制，并针对智能化、低成本、规模化方向开展攻关。如表7-11浙江大学60kW及650kW潮流能机组与英国SeaGen装置主要参数一览表所示，我国代表性潮流能机组和国际代表性机组还是有一定差距的。

表7-10　国内潮流能发电量进展

项目名称	公司/学校	年份	安装地点	发电总量
LHD模块化海洋潮流能发电机组第一代	浙江舟山联合动能新能源开发有限公司	2016	浙江舟山	17万千瓦时
LHD模块化海洋潮流能发电机组第二代		2017	浙江舟山	0.17万千瓦时

续表

项目名称	公司/学校	年份	安装地点	发电总量
"海能Ⅲ"号漂浮式潮流能电站	岱山县海洋新能源有限公司、浙江海洋大学、哈尔滨工程大学	2015	岱山县	0.688万千瓦时
300kW半直驱水平轴潮流能发电机组	浙江大学	2014	浙江舟山	2.5万千瓦时
300kW电气变桨机组	国电联合动力技术有限公司	2018	浙江舟山	>19万千瓦时
"海能Ⅲ"号漂浮式潮流能电站	—	2017	岱山县	65万千瓦时

表7-11 浙江大学60kW及650kW潮流能机组与英国SeaGen装置主要参数一览表

潮流能装置	海试时间	装机容量	启动流速/(m/s)	额定流速/(m/s)	叶片转速/(r/min)	设计获能系数	年发电量/(GW·h)	是否并网	安装方式
SeaGen潮流能装置	2008年	1.2MW	0.7	2.25	14.3	0.45	0.75	2008并网	固定式
浙大半直驱潮流能机组	2014年	60kW	0.6~0.8	2	30	0.4	0.02	否	漂浮式
浙大半直驱潮流能机组	2017年	650kW	0.7	2.5	15	0.4	0.36	2017并网	漂浮式

（4）温差能

我国温差能发电技术研究起步较晚，相关研究此前还处于实验室理论研究及陆地试验阶段。如表7-12中国温差能装置和世界典型温差能装置主要参数一览表所示，已有装置的装机容量较小，温差能利用方面研究主要集中在提高海洋温差能热力循环效率上。现阶段，我国温差能热力循环理论效率≥5.19%，氨透平理论效率为87%，整体与国外处于同一水平，并开展了"南海温差能资源调查和选址""海洋温差能开发利用技术研究与试验""30kW南海海洋温差能发电平台样机海试""温差能开发与深层海水综合利用的技术"等课题的研究。

表7-12　中国温差能装置和世界典型温差能装置主要参数一览表

电站名称	建成年份	额定功率/kW	峰值功率/kW	淡水产量/（L/s）
美国夏威夷开式循环海洋温差能电站	1992	255	103	0.4
美国夏威夷闭路循环温差能电站	1979	53	18	—
日本德岛混合循环温差能发电示范电站	1982	50		—
日本瑞鲁工程闭路循环海洋温差能电站	1981	120	31.5	
日本冲绳温差能示范电站	2013	50		
中国温差能发电装置	2012	15		

注：空白表示无数据；"—"表示无此项。

（5）盐差能

我国在盐差能利用方面进行了一定的理论研究和试验，处于前期研发阶段，需进一步推动原理样机研发。目前仅有中国海洋大学在海洋能专项支持下，开展了100W缓压渗透式盐差能发电关键技术研究，该项目于2017年通过验收。

（6）海洋能综合利用

我国在海洋综合能源系统研究方向上，取得了一些进展。一些高校和科研机构研发了风能、波浪能和潮流能联合发电的装置，并对多能互补装置的分布式发电系统进行了研究，提出了风-浪-流等综合发电系统的建设构想。"集约化、离岸化、大型化、阵列化、多功能"已成为目前海洋能综合利用的发展趋势，国外海上风电与海洋能联合发电已经进入工程实践阶段，海洋能装备与海洋仪器供电技术也已产品化，国内仍处于研究、方案论证阶段，亟需推动开展相应的示范工程项目。

7.4.3　技术现状

海洋能由于资源分布、开发难度等原因，各项子领域技术发展程度不尽相同。全球整体来讲，波浪能处于示范试验阶段，潮汐能处于商业化运行阶段，潮流能处于商业化运行早期阶段，温差能处于示范验证阶段，盐差能处于中试规模研究阶段，海洋能综合利用初具规模。目前，全球海洋能研究主要集中在原理样机验证和工程样机实海况发电试验阶段。为支持海洋能研究，美国能源部下属水能技术办公室多年来持续设立海洋能研究项目，完成多个工程样机实海况试验，并在夏威夷海军基地、俄勒冈州等建设多个海洋能测试场。欧洲多个国家持续多年进行海洋能技术研究和工程样机建设，实现了多个工程样机并网供电，并完成欧洲海洋能测试场建设。

2022年8月，1.8MW·h全钒氧化还原液流电池（VRFB）已在苏格兰奥克尼群岛的欧洲海洋能源中心（EMEC）测试场安装并通电。该储能技术将与潮汐能发电相结合，在伊代奥克尼岛的设施中持续供应绿色氢气。该站点的2MW潮汐涡轮机，是当今世界上最强大的同类潮汐涡轮机，已经开始发电，并将进入电网以及液流电池-电解槽混合项目。74米长的涡轮机由Orbital Marine Power在Dundee制造。

2022年8月，瑞典CorPower公司的C4波浪能装置完成了耐力测试（图7-10），为期一年陆上测试计划全部结束。耐力测试在最大载荷量为7.2MW的专用测试台上进行，该测试台是世界上最大的波浪能陆上测试

图7-10 瑞典CorPower公司的C4波浪能装置耐力测试

装置，能够模拟不同海况持续运行并进行全方位测试。测试过程中500个传感器收集到超过1TB的数据，验证其耐久性、抗冲击性以及稳定性等。

2022年8月，英国海洋能源技术开发公司Marine Power Systems（MPS）与苏格兰奥克尼群岛的欧洲海洋能源中心（EMEC）签约，计划于2025—2026年在EMEC的Billia Croo波浪试验场的两个泊位上首次布放商业规模的波浪能阵列，项目示范期间产生的电力均输出到英国国家电网。MPS的PelaGen波浪能转换器（WEC）设计具有独特的波浪能量捕获机制，能够在波浪起伏和浪涌期间发电。单个装置设计装机容量超过1兆瓦。PelaGen波浪能装置将安装在MPS的模块化浮动平台PelaFlex上，稳定性较高。

2022年9月，英国MPS公司与德国风机供应商Windsy签订合同，为部署兆瓦级风波混合能源平台PelaFlex做准备。Windsy公司将负责该平台2兆瓦风机的采购和施工管理工作。PelaFlex混合发电平台（图7-11）

▶ 图7-11 PelaFlex混合发电平台

由 2 兆瓦风机和 500 千瓦的 PelaGen 波浪能装置组成，其张力式平台具有零倾斜和低加速度，能够最大限度捕获能量和减少波浪能装置磨损，同时也能减少对风机控制器的调整。2023 年，该平台将在西班牙巴斯克地区的 BiMEP 试验场部署并实现并网。

2022 年 9 月，瑞典 Minesto 公司第二台 D4 潮流能机组（图 7-12）抵达丹麦法罗群岛 Vestmannasund 海峡，目前正在进行调试工作，完成后将实现并网。在第一台机组测试经验的基础上，第二台 D4 潮流能机组仅用三个月就完成了安装工作，实现快速组装和布放，操作方法具有可复制性，在海陆作业过程中表现出成本和时间优势。在性能上，第二台产品在开发过程中也进行了一定的升级。

图 7-12　瑞典 Minesto 公司布放第二台 D4 潮流能机组

我国海洋能技术整体处于并跑状态，处于中试向产业化过渡阶段，开发利用技术发展较快的主要是波浪能和潮汐能。

波浪能已在国际上首次实现远海布放并网发电，并成功应用于海洋观测、海水养殖等海上活动。中国科学院广州能源所研究团队突破了波浪能转换核心技术,"波-电"转换效率最高达37.7%,完成10kW、100kW、260kW、500kW系列化波浪能装置研建与试验,实现在南海偏远岛礁并网供电。波浪能研发进展连续10年代表中国入选国际能源署(IEA-OES)亮点成果。潮汐电站已运行40多年,但装机功率和单机功率较小。潮流能已建成示范工程,多个企业研制了百千瓦级工程样机,机组完成大型工程样机研建,实现长期稳定并网供电,其加工材料和关键设备研发已具有国产化能力。温差能已完成原理样机验证,目前正在开展30kW工程样机的研制,同时已基本掌握了海洋温差工况下的技术性能和设备研发技术,其透平、换热器、工质泵等关键设备已完全实现国产化,整体与国外处于同一水平。

2022年2月,世界最大单机容量潮流能发电机组"奋进号"在浙江舟山秀山岛成功下海(图7-13),经试运行一个月后将并入国家电网。

图7-13 潮流能发电机组"奋进号"在浙江舟山秀山岛下海

此机组总重 325 吨，是潮流能第四代单机兆瓦级机组，额定功率 1.6 兆瓦，设计年发电量 200 万千瓦时，预计可减少二氧化碳排放 1994 吨。届时该潮流能发电站装机容量将达 3.3 兆瓦，总装机容量和发电量均居世界前列。

2022 年 5 月 30 日，全球首座潮光互补电站——国家能源集团龙源电力浙江温岭潮光互补智能电站（图 7-14），实现全容量并网发电。此次并网开创了潮汐与光伏"水上水下齐发电"的新能源综合利用新模式。在江厦潮汐电站库区内建设的水面光伏系统总装机容量 100MW，与总装机 4.1MW 的潮汐电站、5MW·h 的储能设备共同组成该互补智能电站。通过控制潮汐发电的时段和功率，可以有效平抑光伏发电的波动，既能有效提升能源综合高效利用，还可确保新能源电力上网安全稳定。新建的水面光伏系统年均发电量可超 1 亿千瓦时，可满足约 3 万户城镇居民一年的家庭用电需求。

图 7-14 国家能源集团龙源电力浙江温岭潮光互补智能电站

2022年11月30日,明阳东方CZ9海上风电场示范项目在海南东方临港产业园动工,这是海南首个海洋能源立体开发示范项目动工,将建设成"海上风电+海洋牧场+海水制氢"立体化海洋能源创新开发示范项目。该项目总装机容量为1500MW,投产后预计每年可为海南提供49.5亿千瓦时绿电,供206万户普通家庭一年用电,减少二氧化碳排放约383.4万吨,有效提高绿色能源占比,推进新型电力系统建设,支撑"十四五"和中长期海洋经济开发建设。项目预计2024年建成投产。

2023年1月10日,广东电网牵头研制的世界首台兆瓦级漂浮式波浪能发电装置开展下水调试工作(图7-15),标志着兆瓦级波浪能发电技术从理论研究正式迈入了工程实践的新发展阶段。兆瓦级漂浮式波浪能发电装置整体转换效率可达22%,在满负荷的条件下,该装置每天可发电2.4万千瓦时,大约能够为3500户家庭提供绿色电力。

图7-15 世界首台兆瓦级漂浮式波浪能发电装置正式下水

7.4.4 产业现状

从全球来看,随着西门子、阿尔斯通、通用电气、三菱重工、现代重工等一批国际知名公司通过并购、投资等多种方式进军海洋能产业,国际海洋能产业已现雏形。据爱尔兰科克大学初步统计,国际海洋能产业相关机构已达2500多家;国外专门用于海洋能技术试验和测试的海上试验场已有20多个投入业务化运行,强有力地支持了海洋能技术的产业化,海洋能发电装置装机成本已呈现快速下降的趋势。

作为新兴产业,国际海洋能产业规模并不大。根据爱尔兰科克大学的统计,国际上从事海上风能、潮流能、潮汐能、波浪能产业相关的机构(包括企业、大学、科研机构、行业组织等)达2500多个。其中,英国海洋能产业从业机构最多,在1100多个海洋能从业机构中,海洋能装置研发机构约60个、海洋能发电场项目开发机构约40个、海洋能项目运营商10个,其余近90%的机构为海洋能产业链中海洋工程、专业材料、仪器设备、海上运输等跨产业海洋机构。

国际海洋能产业更多地围绕装置研发,尤其是潮流能和波浪能装置研发进行。美国MHK数据库和英国EMEC对国际上主要海洋能研发机构进行了统计。MHK数据库统计了全球241个海洋能研发机构,企业占95%以上;EMEC统计了105个潮流能研发企业以及172个波浪能研发企业。通过对418个海洋能研发机构的统计分析,按国家分类来看,美国和英国的海洋能研究机构占全球52%,其中美国有132个(占32%),英国有84个(占20%);从所处区域看,欧洲海洋能研究机构占全球的52%,北美洲占全球的36%。由此可见,目前国际海洋能产业主要在欧美发达海洋能国家进行,尤其是英国、美国等国。

我国海洋能产业已开始从起步阶段向成长阶段过渡。现阶段,已有多个潮流能及波浪能技术初步具备了产业化发展基础,基本建成的室内外测试公共服务体系将为越来越多的海洋能技术改进及定型提供支撑,初步构建的海洋能标准体系将推动我国海洋能加快向标准化、产业化发展。在自然资源部、财政部、科技部、工信部、国家自然科学基金委等相关部门联合支持下，我国已形成了一定规模的海洋能理论研究、技术研发、装备制造、海上运输、安装、运行维护、电力并网等专业队伍，具备了一定的海洋能产业发展基础。

7.4.4.1 潮汐能电站

截至 2020 年 6 月底，我国潮汐能电站总装机容量为 4.225MW，累计发电量超过 $2.39 \times 10^8 kW \cdot h$，其中，2019 年发电量约 $718 \times 10^4 kW \cdot h$，电费收入约 1710 万元。截至 2020 年 6 月底，江厦潮汐试验电站累计发电量超过 $2.27 \times 10^8 kW \cdot h$；海山潮汐电站目前总装机容量 0.125MW，累计发电量超过 $1215 \times 10^4 kW \cdot h$。2019 年，江厦潮汐试验电站发电量约为 $700 \times 10^4 kW \cdot h$，在浙江省发展改革委出台的激励政策支持下，上网电价为 2.58 元/（kW·h），2019 年电费收入约 1700 万元；海山潮汐电站发电量约为 $14.8 \times 10^4 kW \cdot h$（仅一台机组运行），上网电价为 0.46 元/（kW·h），2018 年电费收入约 6.5 万元。

7.4.4.2 潮流能电站

截至 2020 年 6 月底，我国潮流能电站总装机容量为 3.73MW，累计发电量超过 $510 \times 10^4 kW \cdot h$。其中，2019 年发电量约 $160 \times 10^4 kW \cdot h$，电费收入约 180 万元。

位于浙江舟山秀山岛的 LHD 林东大型潮流能发电站，是世界上首座海洋潮流能发电站，也是世界上连续并入电网运行时间最长的潮流能发电项目。浙江舟山联合动能新能源开发有限公司 LHD 模块化大型海洋潮流能机组于 2016 年 8 月并网发电，截至 2020 年 6 月底，累计发电量超过 $180 \times 10^4 kW \cdot h$，其中 2019 年发电量超过 $69 \times 10^4 kW \cdot h$。据浙江舟山联合动能新能源开发有限公司介绍，2019 年 6 月，该公司的 LHD 模块化大型海洋潮流能发电机组上网指导电价得到发改部门正式批复，为每千瓦时 2.58 元，这是我国海洋潮流能第一个指导电价，填补了国内该领域的政策空白。

自 2014 年起，相继有多台潮流能机组在浙江大学摘箬山岛潮流能示范电站示范运行并发电。2016 年 6 月，北峤电网开闭所建成，开始为摘箬山岛潮流能发电进行单独计量。目前，摘箬山岛潮流能示范电站总装机容量为 1.43MW。截至 2020 年 6 月底，示范电站累计发电量超过 290×10^4 kW·h，并免费并入摘箬山岛电网，其中，2019 年发电量超过 89×10^4 kW·h。

7.4.4.3 波浪能电站

截至 2020 年 6 月底，我国波浪能电站总装机容量为 0.12MW，累计发电量超过 20×10^4 kW·h。其中，2019 年发电量超过 5×10^4 kW·h，招商局工业集团、中国科学院广州能源研究所等单位联合研制的半潜式波浪能网箱养殖发电装置，总装机容量 120kW，2019 年 6 月至今，在珠海桂山岛海域开展示范运行，累计发电超过 5.3×10^4 kW·h。

7.5 技术清单

随着技术的不断成熟，海洋能的开发应用从近海逐渐走向资源更加丰富、环境更加复杂的深远海发展，研究重点也逐步由原理性验证向高效高可靠设计方向转移。根据对《海洋能技术创新方向：全球能源科技创新动态与趋势研究报告》等文献调研及项目建设的动态跟踪分析，目前我国海洋可再生能源产业的区域布局和产业链条已现雏形，正处于由科研阶段向产业推广的关键阶段，需要进一步攻克高效高可靠关键技术，提升装备的稳定性、可靠性，开展大容量、集群化应用，并拓展应用场景，探索与海上开发活动的结合。

7.5.1 波浪能高效、高稳定性和大型阵列化技术

7.5.1.1 技术内涵

根据文献显示,不同研究成熟度的波浪能装置有数百种,各种新型波浪能装置不断出现。尽管波能装置的样式繁多,但其基本原理均类似,是将波浪的动能和势能转化为机械能或者电能等能够利用的形式。提升装置发电量、提高装置实海况稳定性、加快大型波浪能装置阵列化技术研究将进一步推进我国波浪能装置规模化及波浪能场建设规范化。

7.5.1.2 未来发展方向和趋势

"十三五"期间,我国波浪能利用技术与国外逐渐缩小差距,关键设备均已实现国产化,在远海岛礁并网供电、海洋仪器原位供电等方面取得应用。首先,我国波浪能资源能量密度较弱,需要进一步提高波浪能装置的能量转换效率,提升装置的发电量。其次,我国处于台风多发海域,台风对波浪能装置的生存带来极大的挑战,亟需提高波浪装置的生存能力和免维护能力。再次,我国较为成熟的波浪能发电机组在设计和建设方面已逐步采用多浮子阵列化开发思路,但尚未立项支持波浪能装置阵列化示范应用,亟需开展大型波浪能装置阵列化并网示范应用等,服务于海岛电力系统建设。

7.5.1.3 拟解决的关键科技问题

综上,未来波浪能亟需突破高效俘获与转换、装置高可靠自治运行、大型波浪能装置阵列化应用等技术。

7.5.2 潮流能高效、低成本和大型化技术

7.5.2.1 技术内涵

通过研发及优化新材料、新工艺,提高潮流能转换效率,以及发电

装备的可靠性和海上生存能力，推动海洋能发电成本快速降低并推动规模化开发利用。

7.5.2.2 未来发展方向和趋势

"十三五"期间，我国潮流能机组完成了大型工程样机研建，实现了长期稳定并网供电，其加工材料和关键设备研发已具有国产化能力。首先，我国潮流能机组大型化将加剧叶轮载荷和输出能量波动，亟需掌握适用于兆瓦级机组复杂海况下的桨叶、变桨、变频器等关键部件研发及整机设计技术等。其次，潮流能能量随着月球运动规律存在着周期性变化，需进一步开展潮流能机组叶形及变桨控制优化研究等以实现不同工况下的高效转换。再次，随着潮流能机组的大型化、规模化发展趋势，亟需开展潮流能资源评估和环境影响评价等研究，为其规模化开发应用提供支持。

7.5.2.3 拟解决的关键科技问题

综上，未来潮流能可重点关注机组大型化关键技术、高效俘获技术、低成本规模化应用技术等方向。

7.5.3 潮流能发电机组低流速启动技术

7.5.3.1 技术内涵

潮流能发电技术在海洋仪器供电中可以就地利用海流资源提供电力供应，具有较短传输距离和较小能量损耗特性。但海洋仪器自身的用电负载相对比较小，因此其供电系统的功率等级也相应较低；海洋仪器所处的海域通常流速比较低，要求机组具有低流速下启动和发电的能力。

7.5.3.2 发展趋势和方向

国内外针对低流速潮流能发电技术和海洋仪器供电技术研究较少。

根据海洋仪器供电的海流能发电机组特性，需关注低流速发电和离网对海洋仪器稳定供电的能量管理技术等方向的研究。

7.5.3.3　拟解决的关键科技问题

由于叶轮的设计决定了机组的能量捕获能力和捕获效率，所以低流速叶轮设计及优化，增强叶片强度、提升机组密封性等技术的突破十分重要。

7.5.4　温差能发电及综合利用技术

7.5.4.1　技术内涵

我国温差能发电关键技术是热力循环技术，主要包括开式循环、闭式循环和混合式循环。温差能利用方面研究主要集中在提高海洋温差能热力循环效率的研究上，除用于发电外，在海水淡化、空调制冷、深海养殖、深海冷海水及底泥深度开发等方面也有着广泛的应用前景。

7.5.4.2　未来发展方向和趋势

目前，我国温差能热力循环理论效率 $\geq 5.19\%$，氨透平理论效率为 87%，整体与国外水平同步，相关前沿技术多处于实验阶段。海洋温差能开发利用技术主要包括冷海水管、透平发电系统、热力循环、综合利用、热交换器、载体等方面。随着温差能开发利用技术的不断发展，兆瓦级温差能发电示范建设、温差能综合利用技术、发电关键装备技术等方面都需要逐一突破。

7.5.4.3　拟解决的关键科技问题

未来，可重点关注高效节能透平、换热器技术和深海冷海水大管径高强度管道结构与保温/敷设技术等。在温差能综合利用方面，进一步推进海水淡化技术、空调供冷等技术的应用。

7.5.5 温差能发电热力循环技术

7.5.5.1 技术内涵

海洋温差能热电转换主要依靠热力循环系统完成,其基本原理是利用海洋表面的温海水加热低沸点工质并使之汽化以驱动汽轮机发电。按照循环工质和循环形式的不同主要分为3种基本形式:开式朗肯循环、闭式朗肯循环和混合式朗肯循环。其中,闭式朗肯循环结构简单、透平尺寸小(压降大)且易于实现规模化,是目前所采用的主要循环方式。

7.5.5.2 发展趋势和方向

现阶段,海洋温差发电系统的研究主要集中在理论分析和实验上,工程应用较为缺乏。优化物流、能流配置以及多能综合利用的方式均可有效提升循环效率,但往往会使得循环构架较为复杂。与此同时,受循环工质及循环形式的影响,热力系统不可逆损失较大,且物流、能流利用率较低,循环操作参数仍有待探究。

7.5.5.3 拟解决的关键科技问题

综上所述,我国温差能热力循环技术之后应在循环工质、循环形式优化、系统设备优化方面进行重点研究。

7.6 技术发展路线图

随着我国海洋能开发利用技术水平快速提升,潮流能机组实现并网供电,百千瓦级波浪能装置样机实现近海及岛屿供电。随着技术的不断发展,海洋能正处于科研向产业推广转变阶段,技术路线将是产业快速发展的驱动力。图7-16为海洋能技术路线图。

图 7-16 海洋能技术路线图

第 8 章

"碳中和、碳达峰"目标下的可再生能源发展方向

中国作为世界最大的发展中国家，一直主动承担与国情相符合的国际责任，积极推进经济绿色转型，不断自主提高应对气候变化行动力度，过去十年淘汰了约 1.2 亿千瓦煤电落后装机。作为"十四五"我国推动新能源实现高质量发展的重要抓手，截至 2023 年初，第一批大型风光基地项目已全部开工建设，项目并网工作正在积极推进，力争 2023 年底前全部建成并网投产；第二批大基地项目陆续开工；第三批大基地已基本形成项目清单，预计不晚于 2023 年上半年开工建设，2024 年底前并网。根据部分省份已下发的项目申报文件，第三批风光基地同样以沙漠、戈壁、荒漠地区为重点，部分省份延伸至石油气田、采煤沉陷区、石漠化、盐碱地等。第三批大基地开发的参与主体更为集中，前期进展更为有序，项目形式更加多元，将持续推动新能源大规模高比例发展。"十四五"以来，我国可再生能源快速向好发展。推动可再生能源行业健康快速发展，不仅是促进碳达峰、碳中和目标实现的需求，更是社会实现绿色、低碳、可持续发展的必然趋势。

8.1 电力发展

构建新型电力供应系统是加速实现"双碳"发展目标的重要举措，为应对新型电力供应系统变革带来的高比例可再生能源并网消纳，系统高效低碳运行等需求和挑战，需要在发电、储能、转化、消纳、输出等各关键环节取得一系列技术突破，打破能源类别壁垒，发展多种能源系统的耦合应用。

在电力系统灵活性调节技术方面，还需加强火电机组的凝机组低负荷运行能力，推进发展V2G等电动汽车与电网的商业互动模式，创新电转热、电转冷、电转气等多种P2X能源互补转换技术，结合压缩空气储能、钠离子电池等新型电力储能技术，以及显热、潜热等新型储热技术，进一步提升新型电力系统运行灵活性。

此外，还需重点突破基于人工智能的可再生能源功率高效预测技术，含高比例新能源、高比例电力电子装置的"双高型"电力系统的稳定机理分析和控制技术，大力发展新一代主动构网型电力电子换流器和主动构网技术，电力信息物理融合的新型透明电力系统数字化技术，加大数字化芯片研制、自主可控电力能源仿真分析软件研发等攻关，更好支撑新型电力系统的运行及高比例新能源的消纳。

根据《中华人民共和国国民经济和社会发展第十四个五年规划和2035年远景目标纲要》的要求，构建现代能源体系，推进能源革命，建设清洁低碳、安全高效的能源体系，提高能源供给保障能力需加快发展非化石能源，坚持集中式和分布式并举，大力提升风电、光伏发电规模，加快发展东中部分布式能源，有序发展海上风电，加快西南水电基地建设，安全稳妥推动沿海核电建设，建设一批多能互补的清洁能源基地，非化石能源占能源消费总量比重提高到20%左右，具体基地布局请参见表8-1。

表8-1 "十四五"大型清洁能源基地布局

基地名称	发展类型
松辽清洁能源基地	主要为"风光储一体化"基地
冀北清洁能源基地	主要为"风光储一体化"基地
黄河几字弯清洁能源基地	主要为"风光火储一体化"基地
河西走廊清洁能源基地	主要为"风光火储一体化"基地
黄河上游清洁能源基地	主要为"风光水储一体化"基地
新疆清洁能源基地	主要为"风光水火储一体化"基地
金沙江上游清洁能源基地	主要为"风光水储一体化"基地
雅砻江流域清洁能源基地	主要为"风光水储一体化"基地
金沙江下游清洁能源基地	主要为"风光水储一体化"基地
福建海上风电基地	集中式
浙江海上风电基地	集中式
江苏海上风电基地	集中式
山东海上风电基地	集中式

2021年,《国家发展改革委办公厅 国家能源局综合司关于印发第一批以沙漠、戈壁、荒漠地区为重点的大型风电光伏基地建设项目清单的通知》,布局涉及19省份,规模总计97.05GW,具体项目规划如表8-2所示。第一批基地的项目以各企业上报项目为主,仅少部分基地采取了招标的形式;地区分布除三北地区外,西南地区也有基地,并且将外送、就地消纳相结合发展。

2022年,国家发展改革委和国家能源局发布关于印发《以沙漠、戈壁、荒漠地区为重点的大型风电光伏基地规划布局方案》的通知,总规模超过400GW。如表8-3所示,第二批基地仍然集中在沙漠、戈壁地区,并与生态治理相结合,综合考虑采煤沉陷区,建设大型风电光伏基地。从地区分布来看,主要集中在三北地区,在乌兰布和、腾格里等几大沙漠开展统一规划,之后开展招标工作。同时,结合基地周边已有的煤电,利用火电的调峰能力,开展"火电+新能源"联合送出,更加关注消纳。

表8-2 第一批以沙漠、戈壁、荒漠地区为重点的大型风电光伏基地建设项目清单

所属领域	序号	项目名称	所在地区	项目类型（中试、工业示范、工业应用）	核心技术	规模指标 /10⁴kW	承诺利用率	2022年投产容量 /10⁴kW	2023年投产容量 /10⁴kW	所属地区
风光			内蒙古自治区第一批大型风电光伏基地建设项目清单							
	1	蒙西昭沂直流外送400万千瓦风光项目	阿拉善左旗、乌拉特后旗、杭锦旗	大型风电光伏基地	风光	400	95%	240	160	沙漠戈壁荒漠地区
	2	蒙西托克托外送200万千瓦风光项目	呼和浩特	大型风电光伏基地	风光	200	95%	100	100	沙漠戈壁荒漠地区
	3	蒙西库布其200万千瓦光伏治沙项目	杭锦旗	大型风电光伏基地	光伏治沙	200	95%	0	200	沙漠戈壁荒漠地区
	4	蒙中乌兰察布120万千瓦风电项目	乌兰察布市	大型风电光伏基地	风电	120	98%	60	60	其他地区
	5	蒙中锡盟特高压外送二期400万千瓦风光项目	锡林郭勒盟	大型风电光伏基地	风电	400	95%	0	400	其他地区
	6	蒙中锡盟上都外送200万千瓦风电项目	锡林郭勒盟	大型风电光伏基地	风电	200	95%	160	40	其他地区
	7	蒙东鲁固直流外送400万千瓦风电项目	兴安盟、通辽市	大型风电光伏基地	风电	400	95%	200	200	其他地区
	8	蒙东伊穆直流外送岭东100万千瓦风光项目	呼伦贝尔市	大型风电光伏基地	风光	100	95%	100	0	其他地区

续表

所属领域	序号	项目名称	所在地区	项目类型（中试、工业示范、工业应用）	核心技术	规模指标 /10⁴kW	承诺利用率	2022年投产容量 /10⁴kW	2023年投产容量 /10⁴kW	所属地区
青海省第一批大型风电光伏基地建设项目清单									
风光	1	青豫直流外送二期海南340万千瓦风光项目	共和县	大型风电光伏基地	风光	340	84%	80	260	沙漠戈壁荒漠地区
	2	青豫直流外送二期海西190万千瓦风光项目	格尔木、茫崖、大柴旦	大型风电光伏基地	风光	190	84%	60	130	沙漠戈壁荒漠地区
	3	海南300万千瓦光伏项目	共和县、兴海县	大型风电光伏基地	光伏	300	84%	80	220	沙漠戈壁荒漠地区
	4	海西160万千瓦光伏光热项目	格尔木、德令哈	大型风电光伏基地	光伏光热	160	84%	40	120	沙漠戈壁荒漠地区
	5	海西茫崖100万千瓦风电项目	茫崖	大型风电光伏基地	风电	100	84%	40	60	沙漠戈壁荒漠地区
甘肃省第一批大型风电光伏基地建设项目清单									
风光	1	河西武威张掖150万千瓦光伏治沙项目	武威市、张掖市	大型风电光伏基地	光伏治沙	150	85%	100	50	沙漠戈壁荒漠地区
	2	河西酒泉285万千瓦风光热项目	酒泉市	大型风电光伏基地	风光热	285	85%	0	285	沙漠戈壁荒漠地区
	3	河西酒泉金塔100万千瓦光伏项目	酒泉市金塔县	大型风电光伏基地	光伏	100	85%	80	20	沙漠戈壁荒漠地区
	4	河西酒钢120万千瓦风光项目	酒泉市、嘉峪关市	大型风电光伏基地	风光	120	98%	50	70	沙漠戈壁荒漠地区
	5	陇东庆阳白银200万千瓦风光项目	庆阳市、白银市	大型风电光伏基地	风光	200	不低于80%	100	100	其他地区

续表

所属领域	序号	项目名称	所在地区	项目类型（中试、工业示范、工业应用）	核心技术	规模指标 /10⁴kW	承诺利用率	2022年投产容量 /10⁴kW	2023年投产容量 /10⁴kW	所属地区
陕西省第一批大型风电光伏基地建设项目清单										
风光	1	陕北陕武直流外送一期600万千瓦风光项目	榆林市、延安市	大型风电光伏基地	风光	600	95%	400	200	沙漠戈壁荒漠地区
风光	2	陕北锦界府谷外送300万千瓦风光项目	锦界镇、府谷县	大型风电光伏基地	风光	300	95%	200	100	沙漠戈壁荒漠地区
风光	3	关中渭南350万千瓦风光项目	渭南市	大型风电光伏基地	风光	350	95%	200	150	其他地区
宁夏回族自治区第一批大型风电光伏基地建设项目清单										
风光	1	宁夏银东直流外送100万千瓦光伏项目	银川、吴忠	大型风电光伏基地	光伏	100	95%	100	0	沙漠戈壁荒漠地区
风光	2	宁夏灵绍直流外送200万千瓦光伏项目	银川、吴忠	大型风电光伏基地	光伏	200	95%	100	100	沙漠戈壁荒漠地区
新疆维吾尔自治区第一批大型风电光伏基地建设项目清单										
风光	1	北疆乌鲁木齐100万千瓦风光项目	乌鲁木齐市	大型风电光伏基地	风光	100	95%	100	0	沙漠戈壁荒漠地区
风光	2	南疆140万千瓦光储项目	喀什、克孜勒苏柯尔克孜自治州、巴音郭楞蒙古自治州、阿克苏、和田	大型风电光伏基地	光储	140	95%	140	0	沙漠戈壁荒漠地区

续表

所属领域	序号	项目名称	所在地区	项目类型（中试、工业示范、工业应用）	核心技术	规模指标 /10⁴kW	承诺利用率	2022年投产容量 /10⁴kW	2023年投产容量 /10⁴kW	所属地区
风光				辽宁省第一批大型风电光伏基地建设项目清单						
	1	辽西北阜新140万千瓦风光项目	阜新市彰武县、阜新蒙古族自治县等	大型风电光伏基地	风光	140	95%	45	95	其他地区
	2	辽西北铁岭150万千瓦风光项目	铁岭市昌图县、西丰县、清河区等	大型风电光伏基地	风光	150	95%	50	100	其他地区
	3	辽西北朝阳120万千瓦风光项目	朝阳市朝阳县、北票市等	大型风电光伏基地	风光	120	95%	40	80	其他地区
				吉林省第一批大型风电光伏基地建设项目清单						
风光	1	吉西鲁固直流外送300万千瓦风电项目	松原市、白城市	大型风电光伏基地	风电	300	95%	200	100	其他地区
	2	吉西鲁固直流外送白城140万千瓦风光风热项目	白城市	大型风电光伏基地	风光热	140	95%	0	140	其他地区
	3	吉西290万千瓦就地消纳风光项目	四平市、白城市	大型风电光伏基地	风光	290	95%	200	0	其他地区
				黑龙江省第一批大型风电光伏基地建设项目清单						
风光	1	黑龙江哈尔滨140万千瓦风电项目	哈尔滨市松北区、阿城区、尚志市、巴彦县、呼兰区、通河县、依兰区	大型风电光伏基地	风电	140	95%	0	140	其他地区
	2	黑龙江大庆140万千瓦风光项目	大庆市林甸县、大庆油田、龙凤区、大同区、让胡路区	大型风电光伏基地	风光	140	95%	0	140	其他地区

续表

所属领域	序号	项目名称	所在地区	项目类型（中试、工业示范、工业应用）	核心技术	规模指标 /10⁴kW	承诺利用率	2022年投产容量 /10⁴kW	2023年投产容量 /10⁴kW	所属地区
\multicolumn{11}{	l	}{河北省第一批大型风电光伏基地建设项目清单}
风光	1	张家口蔚县外送100万千瓦风光项目	张家口市蔚县、阳原县、宣化区、怀安县	大型风电光伏基地	风光	100	95%	100	0	其他地区
	2	张家口张北县100万千瓦风电项目	张家口市张北县	大型风电光伏基地	风电	100	95%	30	70	其他地区
	3	承德丰宁风光氢储100万千瓦风光项目	承德市丰宁满族自治县	大型风电光伏基地	风光	100	95%	0	100	其他地区
\multicolumn{11}{	l	}{山西省第一批大型风电光伏基地建设项目清单}
风光	1	山西运城100万千瓦风光项目	闻喜县、芮城县	大型风电光伏基地	风光	100	95%	75	25	其他地区
	2	山西晋中100万千瓦风光项目	昔阳县、利顺县	大型风电光伏基地	风光	100	95%	75	25	其他地区
\multicolumn{11}{	l	}{山东省第一批大型风电光伏基地建设项目清单}
风光	1	山东鲁北200万千瓦光伏项目	东营市、潍坊市	大型风电光伏基地	光伏	200	95%	0	200	其他地区
\multicolumn{11}{	l	}{四川省第一批大型风电光伏基地建设项目清单}
风光	1	川西140万千瓦风光项目	凉山彝族自治州、甘孜藏族自治州	大型风电光伏基地	风光	140	95%	80	60	其他地区

续表

所属领域	序号	项目名称	所在地区	项目类型（中试、工业示范、工业应用）	核心技术	规模指标 /10⁴kW	承诺利用率	2022年投产容量 /10⁴kW	2023年投产容量 /10⁴kW	所属地区
云南省第一批大型风电光伏基地建设项目清单											
风光	1	金沙江下游云南侧270万千瓦风光项目	昆明市、昭通市、曲靖市、楚雄彝族自治州	大型风电光伏基地	风光	270	95%	148	122	其他地区
贵州省第一批大型风电光伏基地建设项目清单											
风光	1	贵州毕节150万千瓦光伏项目	毕节市威宁彝族回族苗族自治县、赫章县	大型风电光伏基地	光伏	150	95%	80	70	其他地区
	2	贵州黔南150万千瓦光伏项目	黔南布依族苗族自治州独山县、平塘县、荔波县、福泉市	大型风电光伏基地	光伏	150	95%	80	70	其他地区
广西壮族自治区第一批大型风电光伏基地建设项目清单											
风光	1	广西红水河140万千瓦光伏项目	百色市、贵港市、来宾市、南宁市	大型风电光伏基地	光伏	140	95%	100	40	其他地区
	2	广西南宁横州260万千瓦风光项目	南宁市横州市	大型风电光伏基地	风光	260	95%	221	39	其他地区
	3	广西崇左200万千瓦风光项目	崇左市江州区、宁明县、扶绥县、大新县、龙州县	大型风电光伏基地	风光	200	95%	77	123	其他地区

续表

所属领域	序号	项目名称	所在地区	项目类型（中试、工业示范、工业应用）	核心技术	规模指标 /10⁴kW	承诺利用率	2022年投产容量 /10⁴kW	2023年投产容量 /10⁴kW	所属地区
安徽省第一批大型风电光伏基地建设项目清单										
风光	1	安徽阜阳南部120万千瓦风光项目	阜阳市颍上县、阜南县	大型风电光伏基地	风光	120	95%	40	80	其他地区
湖南省第一批大型风电光伏基地建设项目清单										
风光	1	湖南娄底生态治理100万千瓦光伏项目	娄底市冷水江市、涟源市、新化县	大型风电光伏基地	光伏	100	95%	50	50	其他地区
新疆生产建设兵团第一批大型风电光伏基地建设项目清单										
风光	1	兵团南疆200万千瓦风光项目	兵团第一、二、三、十四师	大型风电光伏基地	风光	200	95%	100	100	沙漠戈壁荒漠地区
	2	兵团北疆石河子100万千瓦光伏项目	兵团第八师	大型风电光伏基地	光伏	100	95%	50	50	沙漠戈壁荒漠地区

表8-3 第二批以沙漠、戈壁、荒漠地区为重点的大型风电光伏基地建设项目清单

序号	沙漠基地名称	项目名称	配套电源方案			消纳市场	输电通道
			新能源	支撑电源			
				煤电扩建	煤电改造		
"十四五"时期库布齐沙漠基地项目清单							
合计			3900	800	660		
1	库布齐	鄂尔多斯新能源项目	400		660	华北	存量蒙西至天津南外送通道
2		鄂尔多斯中北部新能源项目	1000	400		华北	新建蒙西至京津冀外送通道
3		鄂尔多斯南部新能源项目	1000	400		中东部	新建蒙西外送通道
4		鄂尔多斯中北部新能源项目	500			本地	新建省内通道
5		鄂尔多斯中北部新能源项目	500			本地	新建省内通道
6		鄂尔多斯南部新能源项目	500			本地	新建省内通道
"十四五"时期乌兰布和沙漠基地项目清单							
合计			2100	400	200		
1	乌兰布和	阿拉善新能源项目	1000	400		华北	新建蒙西外送通道
2		阿拉善新能源项目	500			本地	新建省内通道
3		阿拉善新能源项目	600		200	本地	新建省内通道
"十四五"时期腾格里沙漠基地项目清单							
合计			4500	1000	532		
1	腾格里	腾格里沙漠基地东南部新能源项目	1100		332	华中	新建宁夏至湖南外送通道
2		腾格里沙漠基地东南部新能源项目	1100	400		中东部	新建贺兰山至中东部外送通道
3		腾格里沙漠基地河西新能源项目	1100	400		华东	新建河西至浙江外送通道
4		腾格里沙漠基地东南部新能源项目	600	200		本地	新建省内通道
5		腾格里沙漠基地河西新能源项目	600		200	本地	新建省内通道

续表

序号	沙漠基地名称	项目名称	配套电源方案			消纳市场	输电通道
			新能源	支撑电源			
				煤电扩建	煤电改造		
"十四五"时期巴丹吉林沙漠基地项目清单							
合计			2300	400	200		
1	巴丹吉林	酒泉西部新能源项目	1100	400		中东部	新建酒泉至中东部外送通道
2		阿拉善新能源项目	600			本地	新建省内通道
3		河西嘉酒新能源项目	600		200	本地	新建省内通道
"十四五"时期采煤沉陷区基地项目清单							
合计			3700	200	2620		
1	采煤沉陷区	陕北采煤沉陷区新能源项目	600		400	华中	存量陕北至湖北外送通道
2		宁夏采煤沉陷区新能源项目	600		396	华东	存量宁夏至浙江外送通道
3		蒙西鄂尔多斯采煤沉陷区新能源项目	400		800	华北	存量上海庙至山东外送通道
4		陕北采煤沉陷区新能源项目	300		624	华北	存量府谷、锦界电厂点对网外送通道
5		陕北采煤沉陷区新能源项目	500		200	华东	新建陕北至安徽外送通道
6		陕北采煤沉陷区新能源项目	500		200	华中	新建陕西至河南外送通道
7		晋北采煤沉陷区新能源项目	800	200		华北	新建大同—怀来—天津北—天津南外送通道

8.2 热力发展

从全行业来看，供热制冷能源消费约占全球终端能源消费总量的50%。而储热储冷技术具有规模大、成本低、寿命长等优点，在电力、建筑、工业等领域得到广泛应用。国际能源署表示，为保证2050年的净零碳排放，热泵、区域低碳供暖及可再生能源供热的市场份额需在2030年达到80%以上。

我国对可再生能源供热发展高度重视，出台了多个层面的支持政策，并取得了阶段性发展成果。但是，在发展过程中仍面临政策保障、投资运营模式、项目运行和管理等诸多挑战。截至2022年底，我国北方地区供热总面积238亿平方米（城镇供热面积167亿平方米，农村供热面积71亿平方米）。其中，清洁供热面积达到179亿平方米，清洁供热率已经超过75%。

从发展的重要性来看，我国北方城镇建筑有约140亿平方米冬季需要供暖，随着城镇化进一步发展和居民对建筑环境的需求的不断提高，未来北方城镇冬季供暖面积将达到200亿平方米。北方城镇采暖建筑的冬季平均耗热量为 $0.3GJ/m^2$，每年需要 $42×10^8GJ$ 的热量来满足供暖需求。其中，约有40%是由各种规模的燃煤燃气锅炉提供，50%则由热电联产电厂提供，其余10%主要是通过不同的电动热泵从空气、污水、地下水及地下土壤等各种低品位热源提取热量来满足供热需求。目前，燃煤、燃气锅炉每年造成约10亿吨二氧化碳的排放。因此，利用可再生能源供热是我国调整能源结构、实现节能减排、合理控制能源消费总量的迫切需要，是完成非化石能源利用目标、建设清洁低碳社会、实现能源可持续发展的重要路径之一。

从发展的必要性来看，2015年以来，相关部门已经意识到供热引起的环境污染问题，开始不断推进清洁能源供热。尤其在北京城区及京津冀地区，大力推广天然气、电力替代燃煤供热，成为目前污染物减排的主要途径之一。自我国提出清洁供热至今，全国各层面各区域省市已有300余部政策出台。

从国家政策支持来看，国家从源头减排规划、因地制宜发展、试点建设支持、智慧发展转型、成本计费管理、中央财政奖补等方面都出台了对应政策予以指导和支持。2022年主要政策参见表8-4。

表8-4　2022年我国清洁供暖领域政策支持情况

（不完全统计）

序号	文件名称	支持内容
1	《2022年能源工作指导意见》	要充分发挥可再生能源供暖作用，持续推进北方地区清洁取暖，做好清洁取暖专项监管
2	《"十四五"现代能源体系规划》	提升终端用能低碳化电气化水平。因地制宜推广空气源热泵、水源热泵、蓄热电锅炉等新型电采暖设备。坚持因地制宜推进北方地区农村冬季清洁取暖，加大电、气、生物质锅炉等清洁供暖方式推广应用力度，在分散供暖的农村地区，就地取材推广户用生物成型燃料炉具供暖
3	《"十四五"节能减排综合工作方案》	因地制宜推动北方地区清洁取暖，加快工业余热、可再生能源等在城镇供热中的规模化应用。灵活性改造"三改联动"，到2025年，城镇清洁取暖比例大幅提升
4	《"十四五"可再生能源发展规划》	大力推动可再生能源发电，开发利用，积极扩大可再生能源非电利用规模，2025年，地热能供暖、生物质供热、生物质燃料、太阳能热利用等非电利用规模达到6000万吨标准煤以上。要扩大乡村可再生能源综合利用。积极发展生物质能清洁供暖。积极推进中深层地热能供暖制冷。全面推进浅层地热能开发。有序推动地热能发电发展
5	《"十四五"全国城市基础设施建设规划》	大力发展热电联产，因地制宜推进工业余热、天然气、电力和可再生能源供暖，实施小散燃煤热源替代，推进燃煤热源清洁化改造，支撑城镇供热低碳转型。积极推进实现北方地区冬季清洁取暖规划目标，开展清洁取暖绩效评价，加强城市清洁取暖试点经验推广
6	《关于进一步推进电能替代的指导意见》	加快推进建筑领域电气化。持续推进清洁取暖，在现有集中供热管网难以覆盖的区域，推广电驱动热泵、蓄热式电锅炉、分散式电暖器等电采暖。在市政供热管网末端试点电补热。鼓励有条件的地区推广冷热联供技术，采用电气化方式取暖和制冷
7	《关于加快建设全国统一电力市场体系的指导意见》	鼓励清洁取暖用户通过参与电力市场降低采暖成本。推动市场主体通过市场交易方式在各层次市场形成分时段电量电价，更好拉大峰谷价差，引导用户削峰填谷
8	《关于2021年中央和地方预算执行情况与2022年中央和地方预算草案的报告》	2022年中央财政大气污染防治资金安排300亿元、增加25亿元，进一步增加北方地区冬季清洁取暖补助支持城市。新增20个北方地区冬季清洁取暖补助支持城市
9	《财政支持做好碳达峰碳中和工作的意见》	支持重点行业领域绿色低碳转型。扩大北方地区冬季清洁取暖支持范围，鼓励因地制宜采用清洁能源供暖供热
10	《支持绿色发展税费优惠政策指引》	供热企业向居民个人取得的采暖费收入免征增值税；为居民供热的供热企业使用的厂房免征房产税；为居民供热的供热企业使用的土地免征城镇土地使用税

续表

序号	文件名称	支持内容
11	《减污降碳协同增效实施方案》	将清洁取暖财政政策支持范围扩大到整个北方地区，有序推进散煤替代和既有建筑节能改造工作
12	《城市燃气管道等老化更新改造实施方案（2022—2025年）》	城市燃气、供水、供热管道老化更新改造投资、维修以及安全生产费用等，根据政府制定价格成本监审办法有关规定核定，相关成本费用计入定价成本。在成本监审基础上，综合考虑当地经济发展水平和用户承受能力等因素，按照相关规定适时适当调整供气、供水、供热价格；对应调未调产生的收入差额，可分摊到未来监管周期进行补偿
13	《城乡建设领域碳达峰实施方案》	大力推进北方地区农村清洁取暖。在北方地区冬季清洁取暖项目中积极推进农房节能改造，提高常住房间舒适性，改造后实现整体能效提升30%以上
14	《科技支撑碳达峰碳中和实施方案（2022—2030年）》	要求在可再生能源非电利用、节能技术、建筑高效电气化等方面大力发展技术创新及应用

从社会就业来看，在2022年"第三届中国清洁供热产业峰会"上发布的《中国清洁供热产业发展报告（2022）》数据显示，全国涉及清洁供热企业8250家，产业总产值9100亿元，从业人员达120万人，中国清洁供热产业已然成为实现碳达峰碳中和目标的关键领域和重要抓手。

从技术应用来看，目前包括太阳能供暖、风电供暖、地热能供暖、生物质能供暖等。未来，根据国家文件指导可再生能源供热利用应从以下方面进行大力推进：

① 积极推广地热能开发利用，重点推进中深层地热能供暖。在条件适宜的地区加大"井下换热"技术推广应用力度。积极开发浅层地热能供暖，经济高效替代散煤供暖，在有条件的地区发展地表水源、土壤源、地下水源供暖制冷等。

② 合理发展生物质能供暖。有序发展生物质热电联产，因地制宜加快生物质发电向热电联产转型升级，为具备资源条件的县城、人口集中的农村提供民用供暖等。

③ 继续推进太阳能、风电供暖。鼓励大中型城市有供暖需求的民用建筑优先使用太阳能供暖系统等。构建政府、电网企业、发电企业、用

户侧共同参与的风电供暖协作机制，通过热力站点蓄热锅炉与风电场联合调度运行实现风电清洁供暖，提高风电供暖项目整体运营效率和经济性。

④ 继续推动试点示范工作、重大项目建设。在具备条件的地区开展试点示范工作和重大项目建设，探索可再生能源供暖项目运行和管理经验。坚持试点先行，鼓励开展以清洁能源为主体的局域电网和微电网建设，支持将风电、光伏、储能和微电网方式用于北方地区取暖。

⑤ 做好可再生能源供暖支持政策保障。综合考虑可再生能源与常规能源供暖成本、居民承受能力等因素，合理制定供暖价格，探索建立符合市场化原则的可再生能源供暖投资运营模式。

第9章

政策分析

9.1 政策概述

自可再生能源领域 2005 年立法、2006 年实施以来，我国可再生能源产业逐步发展起来，随着法规政策体系逐渐充实完善，可再生能源产业迎来了重要的发展机遇。目前，我国已初步构建以市场化为导向，规范、公平、完善的高效能源政策体系，为可再生能源行业持续健康发展提供坚强保障。在法规政策的保障和引领下，可再生能源在能源和电力消费中的比例稳步提升，占比提前一年实现"十三五"规划目标。

能源革命战略行动计划指引能源变革发展方向。2014 年 6 月，中央财经委员会领导小组第六次会议正式提出，把推动"能源生产和消费革命"作为我国的一项长期战略。2017 年，国家发展改革委和国家能源局联合印发的《能源生产和消费革命战略（2016—2030）》被认为是能源革命的具体路线图。党的十九大报告指出要"推进能源生产和消费革命，构建清洁低碳、安全高效的能源体系"。这不仅表明"能源生产和消费革命"在党中央工作中具有重要地位,同时也为我国推进能源系统转型构建清洁低碳和安全高效的能源体系指明了方向。

此外,我国先后发布《能源发展战略行动计划(2014—2020年)》《能源技术革命创新行动计划(2016—2030年)》《能源体制革命行动计划》等一系列能源革命战略纲领性文件,为中长期能源变革指引发展方向。

2016年至今我国发布了《可再生能源发展"十三五"规划》,水电、风电、太阳能、生物质能的"十三五"专项规划及分省(自治区、直辖市)规划,《关于促进非水可再生能源发电健康发展的若干意见》《关于做好可再生能源发展"十四五"规划编制工作有关事项的通知》《中华人民共和国能源法(征求意见稿)》《中华人民共和国国民经济和社会发展第十四个五年规划和2035年远景目标纲要》等一系列法规、规划及通知文件,构建了完善法治型和系统性、综合性和专业性、全局性和地区性相结合的立体式、多层次规划体系。

在保障消纳方面,发布《可再生能源发电全额保障性收购管理办法》,提出火电灵活性改造等措施,有效提升系统调峰能力,建立可再生能源绿色证书交易制度,健全可再生能源电力消纳保障机制;在电价政策方面,启动光伏"领跑者"基地建设,推动光伏发电项目建设成本和上网电价快速下降,陆续出台和完善陆上风电、光伏发电、垃圾焚烧发电、海上风电电价政策;在推进平价上网方面,推动风电、光伏发电项目竞争性配置,进一步完善新能源补贴价格机制,积极开展辅助服务市场、发电权交易、增量现货交易等,促进可再生能源消纳。

"十四五"开局,我国提出并明确了"1+N"政策体系。《中共中央 国务院关于完整准确全面贯彻新发展理念做好碳达峰碳中和工作的意见》(以下简称《双碳意见》)发布,对碳达峰碳中和工作作出系统谋划,明确了总体要求、主要目标和重大举措,是指导做好碳达峰碳中和这项重大工作的纲领性文件。2021年10月24日《国务院关于印发2030年前碳达峰行动方案的通知》(以下简称《2030方案》)发布，《双碳意见》与《2030方案》共同构成贯穿碳达峰、碳中和两个阶段的顶层设计，为各领域出台指导性方案明确了方向。《双碳意见》是"1+N"政策体系中的"1"，是推动碳达峰碳中和工作的总纲领、总蓝图；《2030方案》是"N"中为首的政策文件，是未来十年推动碳达峰工作的基本依据。

根据《双碳意见》与《2030方案》，国家部委及地方为深入落实国家指导文件，相继出台了《关于做好全国碳排放权交易市场数据质量监督管理相关工作的通知》《国家发展改革委 国家能源局关于推进电力源网荷储一体化和多能互补发展的指导意见》《人民银行推出碳减排支持工具》《贯彻落实碳达峰碳中和目标要求 推动数据中心和5G等新型基础设施绿色高质量发展实施方案》，以及各省国民经济和社会发展第十四个五年规划和2035年远景目标纲要、能源发展"十四五"规划等各类政策指导文本。

2022年11月，国家能源局召开10月份全国可再生能源开发建设形势分析视频会指出，在全行业共同努力下，我国可再生能源发展持续保持平稳快速增长。今年前三季度，全国可再生能源新增装机9036万千瓦，占全国新增发电装机的78.8%；全国可再生能源发电量1.94万亿千瓦时，占全国发电量的31.1%；全国可再生能源发电在建项目储备充足；全国主要流域水能利用率98.6%、风电平均利用率96.5%、光伏发电平均利用率98.2%。

会议强调，要切实抓好大型风光基地建设工作。进一步推动第一批、第二批大型风电光伏基地项目，"十四五"规划102项重大工程中的可再生能源项目，以及国民经济和社会发展"十四五"规划纲要明确的可再生能源项目建设。要重点抓好年底前可再生能源并网消纳。年底前可再生能源项目并网需求大，各电网、发电企业要加大并网力度，做到"应并尽并""能并早并"。要进一步采取措施，保障可再生能源消纳利用，充分发挥可再生能源在"迎峰度冬"中的作用，坚决避免"保供缺口"与"大规模弃风弃光弃水"并存的问题。要高度重视推进可再生能源绿证工作。针对新的形势要求，尽快完善有关制度，为开展绿证工作提供政策依据；认真做好可再生能源项目"建档立卡"，为绿证核发奠定基础。

会议要求，要全面梳理"并网等电网""电网等审批"和"电网等电源"等问题清单，持续推动解决按月调度各单位反馈问题，为可再生能源发展营造良好环境。

2023年能源工作路线图指出，要着力深化重点领域改革，加强能源法治建设，加快《能源法》立法进程，推动《核电管理条例》立法，做好《可再生能源法》《煤炭法》《电力法》《石油储备条例》制修订工作。加强电力安全监管：实施水电站大坝、海上风电、电力二次系统等专项监管。

在国家政策支持的同时，作为国家政策制定基础的法律也明确在清洁能源发展方面给予法治支撑。2023年2月17日，最高人民法院召开新闻发布会，发布《最高人民法院关于完整准确全面贯彻新发展理念 为积极稳妥推进碳达峰碳中和提供司法服务的意见》，多处涉及清洁能源以及企业的碳排放配额清缴内容。

9.2 政策梳理

据不完全统计，2022年我国相关部委及省区陆续出台了系列文件，从顶层设计、项目建设、电力市场等方面给予支撑。具体如表9-1所示。

从各省规划来看，如表9-2所示，工商业光伏、户用光伏、光伏建筑一体化、光伏+等作为推动能源结构调整的重要举措，在31省能源规划当中被频频提及，成为各省、市、区"十四五"期间的工作重心。

表9-1 2022年我国各部委出台可再生能源政策文件

序号	文件名称	发文机构	主要内容
1	关于印发能源领域深化"放管服"改革优化营商环境实施意见的通知	国家能源局	简化新能源项目核准（备案）手续，对于依法依规已履行行政许可手续的项目，不得针对项目开工建设、并网运行及竣工验收等环节增加或变相增加办理环节完成一些基础性评价、审批等工作，力具目打好前期基础，为新能源项目先行完成一些基础性评价、审批等工作，力具目打好前期基础，为新能源项目开工提效率。对接入电网就地消纳的新能源发电项目，电网企业要做好接网服务。对接入电网及发电网互联服务、分布式能源、新型储能、微电网和增量配电网等项目直接入电网及发电网开展投入系统设计提供必要的信息。明确变更开发容量等信息查询流程反办理时限
2	关于印发《并网调度协议示范文本》《新能源并网调度协议示范文本》《电化学储能电站并网调度协议示范文本（试行）》《购售电合同示范文本》的通知	国家能源局 国家市场监督管理总局	新修订的示范文本主要在以下几方面进行修订完善。一是进一步明确了适用范围。二是进一步健全完善并网运行技术标准。三是加强与电力市场化建设和发展的衔接
3	关于印发《加快农村能源转型发展助力乡村振兴的实施意见》的通知	国家能源局 农业农村部 国家乡村振兴局	农村地区能源绿色转型发展，是构建现代能源体系的重要组成部分，具体实施要求以低碳为原则，惠民利民为宗旨。到2025年，建成一批农村能源绿色低碳试点，风电、太阳能、生物质能、地热能等占农村能源的比重持续提升。推动千村万户电力自发自用，积极培育绿色低碳新模式新业态，推动农村生物质资源利用，鼓励发展绿色低碳新业态+产业，大力发展乡村能源+产业，推动农村生产生活电气化，继续实施农村供暖清洁替代，引导农村居民绿色出行
4	关于印发《智能光伏产业创新发展行动计划（2021—2025年）》的通知	工业和信息化部 住房和城乡建设部 交通运输部 农业农村部 国家能源局	明确将对重点煤电气电规划建设、天然气发电合同履约保障，煤层气（煤矿瓦斯）开发利用重点任务推进、大型风电光伏基地建设情况、新能源安全建设等内容进行专项监管

续表

序号	文件名称	发文机构	主要内容
5	关于印发"十四五"重点流域水环境综合治理规划的通知	国家发展改革委	确定生态优先、绿色发展，系统治理、协同推进，试点先行，稳步推进的基本原则。明确到2025年，基本形成较为完善的城镇水污染防治体系，城市生活污水集中收集率力争达到70%以上，基本消除城市黑臭水体。污染治理水功能区水质达标率持续提高，重点流域水质持续改善，污染严重水体基本消除，地表水劣Ⅴ类水体基本消除。长三角一体化发展、长江经济带发展、粤港澳大湾区重大战略区建设，有效支撑京津冀协同发展、黄河流域生态保护和高质量发展等区域重大战略实施。集中式生活饮用水水源安全保障水平持续提升。主要水污染物排放总量持续减少，城市集中式饮用水水源达到或优于Ⅲ类比例不低于93%
6	关于印发《2022年能源监管工作要点》的通知	国家能源局	以推动能源治理体系和治理能力现代化为目标，以提升监管效能为主线，以加强监管队伍建设为支撑，深化能源体制改革和市场建设，督促能源重大战略、规划、政策落地实施
7	关于印发《2022年能源监管重点任务清单》的通知	国家能源局	到2025年，光伏行业智能化水平显著提升。产业技术创新取得突破，新型高效太阳能电池量产化转换效率显著提升，形成完善的硅片、装备、材料、器件等配套能力。智能光伏产业生态体系建设基本完成，与新一代信息技术融合水平逐步深化。智能制造、绿色制造、智能光伏产品供应能力增强
8	关于印发"十四五"节能减排综合工作方案的通知	国务院	部署十大重点工程，包括重点行业绿色升级工程，园区节能环保提升工程，城镇绿色节能改造工程，交通物流节能减排工程，农业农村节能减排工程，公共机构能效提升工程，重点区域污染物减排工程，煤炭清洁高效利用工程，挥发性有机物综合整治工程，环境基础设施水平提升工程。明确了具体目标任务。到2025年，全国单位国内生产总值能源消耗比2020年下降13.5%，能源消费总量得到合理控制，化学需氧量、氨氮、氮氧化物、挥发性有机物排放总量比2020年分别下降8%、8%、10%以上、10%以上

续表

序号	文件名称	发文机构	主要内容
9	关于完善能源绿色低碳转型体制机制和政策措施的意见	国家发展改革委 国家能源局	明确提出："十四五"时期，基本建立推进能源绿色低碳发展的制度框架，形成比较完善的政策、标准、市场和监管体系，构建以能耗"双控"和非化石能源目标制度为引领的能源绿色低碳转型推进机制。到2030年，基本建立完整的能源绿色低碳发展基本制度和政策体系，形成非化石能源既基本满足能源需求增量又规模化替代化石能源存量、能源安全保障能力得到全面增强的能源生产消费格局
10	国务院办公厅转发国家发展改革委等部门关于加快推进城镇环境基础设施建设指导意见的通知	国务院办公厅 国家发展改革委等部门	明确了加快推进城镇环境基础设施建设5方面15项重点任务。一是加快补齐能力短板，包括建全污水收集处理及资源化利用设施，逐步提升生活垃圾分类和处理能力，持续推进固体废物处置设施建设，提升危险废物医疗废物基础设施处置能力等。二是着力构建一体化城镇环境基础设施。三是主动推动智能绿色升级，包括推进数字化融合，提升绿色发展水平，强化设施协同高效衔接等。四是提升市场化运营水平，包括积极培育市场化主体，深入推行环境污染第三方治理，探索开展环境综合治理托管服务等。五是健全保障体系，包括加强科技支撑、健全价格收费制度，加大财税金融政策支持力度、完善统计制度等
11	关于进一步推进电能替代的指导意见	国家发展改革委等部门	到2025年，电能占终端能源消费比重达到30%左右。加快工业绿色微电网建设，引导企业和园区加快分布式光伏、分散式风电、多元储能、热泵、余热余压利用、智慧能源管控等一体化系统开发运行，推进多能高效互补利用
12	关于印发《2022年能源工作指导意见》的通知	国家能源局	稳步推进结构转型。煤炭消费比重稳步下降。非化石能源消费总量比重提高到17.3%左右。新增电能替代电量1800亿千瓦时左右，风电、光伏发电发电量占全社会用电量比重达到12.2%左右
13	《"十四五"新型储能发展实施方案》	国家发展改革委 国家能源局	到2025年，新型储能由商业化初期向规模化发展转变，具备大规模商业化应用条件。到2030年，新型储能全面市场化发展
14	关于印发《"十四五"现代能源体系规划》的通知	国家发展改革委 国家能源局	到2025年，国内能源综合生产能力达到46亿吨标准煤以上，原油年产量回升并稳定2亿吨水平，天然气年产量达到2300亿立方米以上，发电装机总容量达到约30亿千瓦，能源自主供给能力更加完善，重要能源输出户和应急能源保障能力明显提升

第9章 政策分析　209

续表

序号	文件名称	发文机构	主要内容
15	开展可再生能源发电补贴自查工作	国家发展改革委 国家能源局 财政部	通过企业自查、现场检查、重点督查相结合的方式，进一步摸查可再生能源发电补贴底数，严厉打击可再生能源发电骗补等行为。自查对象为可再生能源发电企业，自查内容主要从合规性、规模、电量、电价、补贴资金、环境保护（仅生物质发电）六个方面进行
16	关于推进共建"一带一路"绿色发展的意见	国家发展改革委 外交部 生态环境部 商务部	围绕推进绿色发展重点领域合作，推进境外项目绿色发展，完善绿色发展支撑保障体系3个板块，提出15项具体任务
17	《关于2022年新建风电、光伏发电项目延续平价上网政策的函》	国家发展改革委价格司	2022年，对新核准陆上风电项目、新备案集中式光伏电站和工商业分布式光伏项目，上网电价按当地燃煤发电基准价执行；新建项目可自愿通过参与市场化交易形成上网电价，以充分体现新能源的绿色电力价值。
18	中华人民共和国国家发展和改革委员会令第50号	国家发展改革委	鼓励各地出台针对性扶持政策，支持风电、光伏发电产业高质量发展。截至目前，已有超过30个地级市、县级单位出台了风电、光伏发电的支持政策 提出：沙漠、戈壁、荒漠地区的大规模风力、太阳能等可再生能源发电等项目要建立之适应的电力可靠性管理体系。加强系统备用设备的户籍性管理，防止大面积脱网，对电网稳定运行造成影响。负荷备用容量为最大发电负荷的10%左右，事故备用容量为最大发电负荷的2%~5%，不可中断用户占比高的地区，区外来电、新能源发电应当适当提高备用容量
19	关于2021年可再生能源电力消纳责任权重完成情况的通报	国家能源局	2021年下达全国最低可再生能源电力总量消纳责任权重为29.4%。2021年实际完成值为29.4%，与2020年同比增长0.6个百分点，与2021年下达的最低总量消纳责任权重29.4%持平
20	关于印发《风电场利用率监测统计管理办法》的通知	国家能源局	进一步规范完善风电场受限电量和利用率监测统计工作，促进风电消纳和风电行业高质量发展

续表

序号	文件名称	发文机构	主要内容
21	关于《抽水蓄能中长期发展规划（2021—2035年）》山西省调整项目有关事项的复函	国家能源局	同意山西省盂县上社（装机容量140万千瓦）、沁水（装机容量120万千瓦）、长子（装机容量60万千瓦）、绛县（装机容量120万千瓦）、垣曲二期（装机容量140万千瓦）5个项目纳入规划"十四五"重点实施项目；沁源县李家庄（装机容量140万千瓦）、代县黄草院（装机容量140万千瓦）、"十四五"重点实施项目（装机容量100万千瓦），西龙池二期项目调整为规划"十四五"重点实施项目；五寨（装机容量120万千瓦）3个储备项目纳入规划储备项目
22	国家能源局公告 2022年第2号	国家能源局	为持续推进能源领域首台（套）重大技术装备示范应用，加快能源重大技术装备首台（套）2021年度能源领域首台（套）重大技术装备申报及评定工作，包括水电、海上风电、太阳能热发电、太阳能电池等领域
23	《乡村建设行动实施方案》	中共中央办公厅 国务院办公厅	方案指出，实施乡村清洁能源建设工程。巩固提升农村电力保障水平，推进城乡配电网建设，提高边远地区供电保障能力。发展太阳能、风能、水能、地热能、生物质能等清洁能源，在条件适宜地区建设多能互补的分布式能源综合能源网络。按照乡村地区清洁取暖、农民可承受、发展可持续的要求，稳妥有序推进北方农村地区清洁取暖，加强散煤清洁化利用，推进散煤替代，逐步提高清洁能源在农村取暖用能中的比重。 方案强调，供水、供电、供气、环保、日信、邮改等基础设施建设运营企业应落实普遍服务要求，全面加强对所属农村公共基础设施的管护。农村生活污水处理设施使用按规定执行居民生活用电价格。 方案提出，全面清理私搭乱建、乱堆乱放、整治残垣断壁、整治农村户外广告、通信线、广播电视线"三线"，维护村容村貌工作
24	关于加强河湖水域岸线空间管控的指导意见	水利部	明确河湖水域岸线空间管控边界。严格河湖水域岸线用途管制，湖泊河湖等项目不得在行洪、湖泊河道内建。主湖河建设、水库建设、光伏、风电项目的。要科学论证，严格审查、水环境保护需求的区域。不得布设在具有防洪、和水生态、水工程建设的通畅。不得防洪行洪通畅、供水危害水库大坝和堤防等水利工程设施安全。不得影响河势稳定和航运安全。各省（自治区、直辖市）可结合实际依据对各类水域岸线利用行为作出具体规定

续表

序号	文件名称	发文机构	主要内容
25	关于促进新时代新能源高质量发展的实施方案	国家发展改革委 国家能源局	创新新能源在工业和建筑等领域应用模式，促进新能源开发利用与乡村振兴融合发展，推动适应新能源占比逐渐提高的新型电力系统，引导全社会消费新能源等绿色电力，加快构建新能源在工业和建筑等领域应用
26	关于印发《财政支持做好碳达峰碳中和工作的意见》的通知	财政部	到2025年，财政政策工具不断丰富，有利于绿色低碳发展的财税政策框架初步建立，有力支持各地区各行业加快绿色低碳转型。2030年前，财税政策体系基本形成，促进绿色低碳发展的长效机制逐步建立，推动碳达峰目标顺利实现。2060年前，财政支持绿色低碳发展政策体系成熟健全，推动碳中和目标顺利实现
27	关于印发"十四五"可再生能源发展规划的通知	国家发展改革委 国家能源局 财政部 自然资源部 生态环境部 住房和城乡建设部 农业农村部 中国气象局 国家林业和草原局	提出"十四五"时期可再生能源要实现高质量跃升发展，锚定碳达峰碳中和目标，紧紧围绕2025年非化石能源消费比重达到20%左右的要求，设置了4个方面的主要目标：一是总量目标，2025年可再生能源消费总量达到10亿吨标准煤左右。二是发电目标，"十四五"期间可再生能源发电量增量在全社会用电量增量中的占比超过50%，2025年可再生能源年发电量达到3.3万亿千瓦时左右。"十四五"期间发电量实现翻番。三是消纳目标，2025年全国可再生能源电力总量消纳责任权重分别达到33%，非水电消纳责任权重达到18%左右，利用率保持在合理水平。四是非电利用目标，2025年太阳能热利用、地热能供暖、生物质能供热、生物质燃料等非电利用规模达到6000万吨标准煤以上
28	国家能源局公告2022年第4号	国家能源局	根据《中华人民共和国标准化法》《能源标准化管理办法》，国家能源局批准发布《智能风电场行业标准化导则》等209项能源行业标准、Specification for Preparation of Feasibility Study Report for Photovoltaic Power Projects等23项能源行业标准外文版、《水电工程天然建筑材料勘察规程》等2项能源行业标准修改通知
29	关于印发工业能效提升行动计划的通知	工业和信息化部等六部门	明确：加快推进工业用能绿色化、低碳化、多元化。支持具备条件的工业企业、工业园区建设工业绿色微电网，加快分布式光伏、分散式风电、高效热泵、余热余压利用、智慧能源管控等一体化系统开发运行，就近大规模高比例利用可再生能源。推进电力市场化改购实绿色电力，创新"光伏+"模式，推动光伏发电多元化利用。鼓励优先使用可再生能源满足电能替代项目的用电需求。到2025年，电化工业终端能源消费比重达到30%左右

续表

序号	文件名称	发文机构	主要内容
30	城乡建设领域碳达峰实施方案	住房和城乡建设部 国家发展改革委	推进建筑太阳能光伏一体化建设，到2025年新建公共机构建筑、新建厂房屋顶光伏覆盖率力争达到50%。推动既有公共建筑屋顶加装太阳能光伏系统的建设。加快推广智能光伏应用。在太阳能资源较丰富地区及有稳定热水需求的建筑中，积极推广太阳能光热建筑应用。因地制宜推进地热能、生物质能等可再生能源应用，推广空气源等各类电动热泵技术。到2025年城镇建筑可再生能源替代率达到8%。引导建筑用能电气化，到2030年城镇建筑可再生能源替代率达到8%。引导建筑用电占建筑能耗比例超过65%。推动开展新建公共建筑全面电气化，炊事同电气化发展，到2030年新建公共建筑全面电气化，高效电炉灶等替代燃气炊事。推动电气化比例达到20%。推广热泵热水器、高效电炉灶等替代燃气炊事。推动乡村建设绿色低碳发展，推广太阳能、生物质能等应用。推动智能微能网应用，优先消纳可再生能源电力，"光储直柔"、蓄冷蓄热、负荷灵活调节、虚拟电厂等技术应用，在满足既有电网建筑负荷需求侧响应。探索建筑用电设备智能群控技术，实现电力负荷分钟级、小时级响应。基础设施和经济低碳化，合理调配用电负荷，综合利用电力峰谷差价。根据分布式热电联供、推动建筑能源端低碳化，因地制宜推广氢燃料电池分布式热电联供。推广根据各地实际情况应用尽用。充分利用热电联供余热、工业余热、核电余热、提高城市热电供暖能力。充分发挥城市热电供暖能力达到超低能耗建筑的建筑不再采用可再生能源在乡村供气、供暖、供冷物质耦合能力。引导寒冷地区达到超低能耗建筑的建筑不再采用可再生能源在乡村供气、供暖、供冷推进太阳能、地热能、空气能、生物质能等。院落空地、农业设施加装太阳能光伏等用电等方面的应用。大力推动改造房屋顶，院客空地，鼓励炊事、供暖、照明、交通、电气化。乡村进一步提高电气化水平，农业设施加装太阳能光伏、热水等设备电气化。充分利用太阳能光热系统提供生活热水，鼓励使用太阳能灶等设备
31	农业农村部 国家发展改革委关于印发《农业农村减排固碳实施方案》的通知	农业农村部 国家发展改革委	提出：可再生能源替代。因地制宜推广应用生物质能、太阳能、风能、地热能等绿色用能模式。增加农村地区清洁能源供应。推动农村取暖炊事、农业生产加工用能清洁化，强化可再生能源化替代。可再生能源替代行动。以清洁化替代农村散煤为重点，大力推进农村天然气利用工程。推进沼气发展农村沼气，鼓励有条件地区建设规模化生物天然气等应用，配套青储炉具利用生物质成型燃料、生物天然气车用并入燃气管网开发，太阳能灯、太阳能炊、太阳房，利用农业设施棚顶，鱼塘等发展光伏农业

第9章 政策分析 213

续表

序号	文件名称	发文机构	主要内容
32	关于印发贯彻实施《国家标准化发展纲要》行动计划的通知	国家市场监督管理总局等十六部门	提出：实施碳达峰碳中和标准化提升工程。出台建立健全碳达峰碳中和标准计量体系实施方案。强化重点领域标准化工作统筹协调，组建国家碳达峰碳中和标准化总体组。加快完善碳基础通用标准。加强重点用能产品能效强制性国家标准，完善能源核算、检测认证、审计等配套标准。制定地区、行业、企业、产品碳排放核算报告核查标准。加强新型电力系统标准建设，完善风电、光伏、储能、氢能、碳捕集利用和封存等低碳零碳负碳技术标准。研究制定生态碳汇、输配电、核电标准。开展碳达峰碳中和标准化试点。分类建立绿色公共机构建设及评价标准
33	关于政协第十三届全国委员会第五次会议第01691号（经济发展类110号）提案答复的函	国家能源局	国家能源局将配合生态环境部等部门做好绿电交易、绿证交易与碳排放权交易之间的衔接，研究将户用光伏纳入碳排放权交易市场
34	国家能源局综合司关于加快推进地热能开发利用项目信息化管理工作的通知	国家能源局综合司	发布关于加快推进地热能开发利用项目信息化管理工作的通知，地热能开发利用工作计入本地可再生能源消费总量，按照国家有关文件与新增可再生能源消费不纳入能源消费总量控制做好衔接
35	关于印发《科技支撑碳达峰碳中和实施方案（2022—2030年）》的通知	科技部等九部门	通过实施方案，到2025年实现重点行业和领域低碳关键核心技术的重大突破，支撑单位国内生产总值（GDP）二氧化碳排放比2020年下降18%，单位GDP能源消耗比2020年下降13.5%；到2030年，进一步研究突破一批碳中和前沿和颠覆性技术，形成一批具有显著影响力的低碳技术解决方案和综合示范工程，建立更加完善的绿色低碳科技创新体系，有力支撑单位GDP二氧化碳排放比2005年下降65%以上，单位能源消耗持续大幅下降
36	中国光伏行业协会发布《户用光伏（范本）合同》和《户用光伏电站合作开发合同（范本）》	国家能源局	供居民用户和光伏开发企业、户用光伏经销商等各方参考

续表

序号	文件名称	发文机构	主要内容
37	《户用光伏建设运行问百答(2022年版)》《户用光伏建设运行指南(2022年版)》	国家能源局	为更好推动户用光伏行业健康有序发展,向广大用户普及户用光伏行业知识
38	关于印发《能源碳达峰碳中和标准化提升行动计划》的通知	国家能源局	到2025年,初步建立较为完善、能源标准与技术创新、产业链碳减排、产业转型升级产业链紧密协同发展的能源标准体系,能源标准化支撑能源绿色低碳转型的作用进一步完善,能源标准与技术创新、产业链碳减排、产业升级、节能降碳、技术创新、能源标准与技术创新和产业转型紧密协同发展。到2030年,建立起结构优化、先进合理的能源标准体系,能源标准化有力支撑和保障能源领域碳达峰、碳中和
39	关于公开征求火力发电、输变电、陆上风力发电、光伏发电等四类建设工程质量监督检查大纲(征求意见稿)意见的通知	国家能源局综合司	指出,为加强电力建设工程质量监督管理工作,保证电力建设工程质量,国家能源局组织修订了《火力发电建设工程质量监督检查大纲》《输变电建设工程质量监督检查大纲》《陆上风力发电建设工程质量监督检查大纲》《光伏发电建设工程质量监督检查大纲》,现向社会公开征求意见
40	国家能源局综合司关于同意黄龙滩等5座水电站大坝安全注册登记的复函	国家能源局	同意四川胜利、云南黄角树、云南万家桥水电站大坝首次安全注册,注册等级均为乙级,同意湖北黄龙滩、云南大朝纺水电站大坝换证安全注册,注册登记等级均为甲级
41	关于建立"十四五"能源领域科技创新规划实施监测机制的通知	国家能源局综合司	按照"揭榜挂帅"、自愿申报相关的原则,任务实施依托项目及能源领域其他科技创新项目,广泛征集《规划》任务实施依托项目及能源领域科技创新项目信息报送,定期有项目、示范实施监测实施机制,确保能源监测项目库;健全实施监测项目信息报送,定期有项目、进度可追踪,动态化调整能源领域科技创新任务"攻关有主体、落地有项目、进度可追踪,动态化调整。发挥地方能源主管部门组织实施主体及能源企业、科研院所创新主体作用,推动科技与金融紧密结合,实现规划、任务、项目、资源、政策一体化融通衔接

续表

序号	文件名称	发文机构	主要内容
42	关于提前下达2023年大气污染防治资金预算的通知	财政部	用于支持开展减污降碳等方面相关工作。《通知》指出，为确保农村地区清洁取暖长效运营，有关省已明确补贴政策的，要按规定及时对将补贴拨付到位；拟出台补贴政策的，要需进一步完善的，财政承受能力和可持续发展等情况，精准施策，体现差异，并向农村困难群众倾斜。有关省清洁取暖运营补贴需求较大的，可使用因素法切块下达资金用于安排补贴支出，确保群众温暖过冬
43	关于开展第三批智能光伏试点示范活动的通知	工业和信息化部办公厅 住房和城乡建设部办公厅 交通运输部办公厅 农业农村部办公厅 国家能源局综合司	试点示范内容包括能够提供先进、成熟的智能光伏产品、服务、系统平台或整体解决方案的企业；应用智能光伏产品、信息技术，融合运用新一代信息技术，人工智能等方向为光储融合，交通应用、农业应用、信息技术、产业链提升以及先进技术产品及应用六大方向
44	关于发布《重点用能产品设备能效先进水平、节能水平和准入水平（2022年版）》的通知	国家发展改革委等部门	重点用能产品设备产种数量多，使用范围广，耗能总量大，与日常生产生活密切相关。提升重点用能产品设备能效水平，是推进节能降碳工作的重要举措，既有利于实现碳达峰碳中和，也有利于制造业提质升级
45	关于进一步做好新增可再生能源消费不纳入能源消费总量控制有关工作的通知	国家发展改革委 国家统计局 国家能源局	新增可再生能源电力消费量不纳入能源消费总量控制，对推动能源消费清洁低碳转型、用能需求具有重要意义。以绿证作为可再生能源电力消费量认定的基本凭证，完善可再生能源消费统计核算方法，科学实施考核
46	三部门联合印发《关于巩固回升向好趋势加力振作工业经济的通知》	工业和信息化部 国家发展改革委 国资委	要深挖市场潜能扩大消费需求，加快推动新能源汽车和动力电池发展，加快新材料、新能源等重点领域的壮大新动能，聚焦新一代信息技术、高端装备、新材料、新能源等重点领域的发展；推动原材料行业提质增效，提升战略性资源供应保障能力，进一步完善废钢、废旧动力电池等再生资源回收利用体系，科学制定花玻璃开发和产业发展总体方案，开展光伏压延玻璃产能预警，指导光伏压延玻璃项目合理布局。加快国内（重点）铁矿云项目建设，推进智能矿山建设

续表

序号	文件名称	发文机构	主要内容
47	关于组织开展2022年度国家绿色数据中心推荐工作的通知	工业和信息化部办公厅 国家发展改革委办公厅 商务部办公厅 国管局办公室 银保监会办公厅 国家能源局综合司	工业和信息化部、国家发展改革委、商务部、国管局、银保监会、国家能源局,六家单位共同启动2022年度国家绿色数据中心推荐工作,拟在生产制造、电信、互联网、公共机构、能源、金融、电子商务数据中心等重点应用领域,遴选一批能效水平高且绿色低碳、布局合理、管理完善、技术先进,代表性强的国家绿色数据中心。其中,落实首都功能战略定位要求、落实首都功能战略定位要求,落实首都功能发展战略、气候适宜省份等建议建设,鼓励在集约建设
48	关于积极推动新能源发电项目应并尽并、能并早并工作的通知	国家能源局综合司	按照"应并尽并、能并早并"原则,对具备并网条件的风电、光伏发电项目,切实采取有效措施,保障及时并网。允许分批并网,不得将全容量建成作为新能源项目并网必要条件。要加大统筹协调力度,加强配套电网建设,光伏发电项目建设与电网建设做好充分衔接,力争同步建成投运
49	关于加强县级地区生活垃圾焚烧处理设施建设的指导意见	国家发展改革委等部门	完善政策支撑。积极安排中央预算内投资支持县级地区生活垃圾焚烧处理等环境基础设施建设。对生活垃圾小型焚烧等引导支持,充分发挥引导带动作用。将符合条件的县级地区生活垃圾焚烧发电项目纳入地方政府专项债券支持范围。新建生活垃圾焚烧发电项目优先纳入绿电交易
50	国家能源局综合司关于同意白山等20座水电站大坝安全注册登记的复函	国家能源局	同意新疆新平冲尔水电站大坝首次安全注册,注册登记等级为乙级;同意吉林白山、红石、浙江新安江、湖南镇、黄瓦口、福建牛头山、洪口、湖北朝阳寺、湖南黑麋峰上、下库坝段上、四川明台、贵州董菁、光照、云南茅只、甘肃碧口、新疆布尔仑口等18座水电站大坝换证安全注册,注册登记等级均为甲级;同意云南阿岛田水电站大坝换证安全注册,注册登记等级为乙级
51	关于印发《光伏电站开发建设管理办法》的通知	国家能源局	指出,500千伏及以上的光伏电站配套电力送出工程,由项目所在地省(区、市)能源主管部门上报国家能源局,履行纳入规划流程;500千伏以下光伏电站配套电力送出工程由项目所在地省(区、市)能源主管部门会同电网企业审核确认后自动纳入相应电力规划。强调,除国家能源局规定的豁免情形外,光伏电站项目应当在并网投产6个月内取得电力业务许可证。国家能源局派出机构按规定公开行政许可信息。电网企业不得为允许并网后6个月内未取得电力业务许可证的光伏电站项目发电上网

第9章 政策分析 217

续表

序号	文件名称	发文机构	主要内容
52	《关于进一步完善市场导向的绿色技术创新体系实施方案（2023—2025年）》的通知	国家发展改革委、科技部	明确提出，到2025年，市场导向的绿色技术创新体系进一步完善，推进绿色技术交易市场建设，以节能降碳、清洁能源、生态保护、环境保护、资源节约集约循环利用、生态保护修复等领域为重点，适时推进适用绿色技术使用范围，明确遴选条件、核心技术工艺、主要技术参数和综合效益。规范绿色技术推选程序，遴选目录，加强目录内绿色技术交易和产业化跟踪管理，建立动态调整动态开放机制。通过绿色技术交易平台和知识产权运营中心推进、组织开展绿色技术交流等方式，加快绿色技术推广应用
53	商务部等10部门关于支持国家级经济技术开发区发挥示范作用提升更好发展的若干措施的通知	商务部等10部门	推进绿色低碳循环发展。支持国家级经济开发区内制造业企业积极创建绿色制造标杆。支持国家级生态文明建设示范区（生态工业园区）。大力发展环境友好型产业，引入绿色低碳技术。通过绿色改造推进低碳转型和节能减排，推动国家级经开区发展风电、光伏、地热等清洁能源予以支持，推动国家级经开区内企业参与绿色电力交易，持续提升新能源装机容量和可再生能源使用比例
54	国家能源局综合司关于公示拟纳入2022年度能源领域5G应用优秀案例集的通知	国家能源局	为深入贯彻党中央、国务院关于加快推动5G发展的决策部署，全面落实《能源领域5G应用实施方案》《"5G应用"扬帆"行动计划（2021—2023年）》，推动能源领域5G应用规模化落地，国家能源局综合司组织了2022年度能源领域5G应用优秀案例征集及评审工作，经组织专家评审和复核，拟将"奎屯5G的田湾核电基地智慧电厂建设"等33项案例作为优秀案例
55	国家能源局综合司关于同意刘家峡水电站27座水电站大坝安全注册登记的复函	国家能源局	同意云南腾龙桥一级水电站大坝安全注册登记等级为甲级，四川小河水电站大坝首次安全注册登记等级为乙级；同意甘肃刘家峡、北京珠峡、落坡岭二级、内蒙古青山嘴、下庄坝、安徽毛头山、福建柘溪二级、沙溪口、照口、广东新丰江、鲁基厂、云南鲁甲岩、重庆鱼鱼、古田溪一级、古田溪二级、南桠河三级、铅厂、四川俄公桥、四川俄公沟头、云南威远江、龙江等23座水电站大坝安全注册登记等级为乙级；同意四川小沟头、云南威远江水电站大坝换安全注册登记等级为乙级
56	中华人民共和国工业和信息化部公告2022年第36号	工业和信息化部	为贯彻落实《国务院关于促进光伏产业健康发展的若干意见》（国发〔2013〕24号），根据《光伏制造行业规范条件（2021年本）》及《光伏制造行业规范公告管理暂行办法》规定，经企业申报，省级工业和信息化主管部门推荐，专家复核，企业名单（第十一批）网上公示等环节，现将符合《光伏制造行业规范条件》企业名单（第十一批）、撤销光伏制造行业规范公告企业名单（第六批），光伏制造行业规范公告企业变更名单信息予以公告

表9-2 我国各省"十四五"能源规划发展目标一览表

省份	"十四五"能源规划发展目标
广东	到2025年，省内电源总装机规模达到1.8亿千瓦左右，西电东送最大送电能力达到4500万千瓦，大力发展海上风电、太阳能发电等可再生能源
江苏	到2025年，风电新增约1100万千瓦，其中海上风电新增约800万千瓦，因地制宜推进陆上风电平价示范基地建设，可再生能源新增装机约2200万千瓦
山东	到2025年，电力装机总量1.9亿千瓦，可再生能源发电装机规模达到8000万千瓦以上。煤炭消费比重下降到60%以内，非化石能源消费比重提高到13%左右，可再生能源电量占比提高到19%左右
浙江	到2025年，全省非化石能源、清洁能源占一次能源消费比重分别达到24.0%、34.6%； 到2030年，全部依靠清洁能源满足，非化石能源消费占比争取达到30%左右
四川	到2025年，全省电力总装机1.5亿千瓦左右，其中水电装机容量1.05亿千瓦左右，火电装机2300万千瓦左右，风电、光伏发电装机容量分别达到1000万千瓦、1200万千瓦。清洁能源装机占比88%左右。非化石能源消费比重42%左右，天然气消费比重19%左右
河南	到2025年，电力装机达到1.3亿千瓦，可再生能源发电装机达到5000万千瓦以上，建设一批采煤沉陷区治理、石漠化治理、矿山废弃地治理等高标准光伏综合利用基地
湖北	到2025年，清洁能源将成为湖北能源消费增量的主体，依托新型城镇化建设，全面推动基础设施绿色升级，光伏发电装机和风电装机分别达到2200万千瓦和1000万千瓦
福建	到2025年，力争全省电力总装机达8000万千瓦以上。加快海上风电装备产业升级；推进"光伏+"、微电网、风光储一体化、智慧能源；加快新能源产业创新示范区建设
湖南	到2025年，电力装机新增1020万千瓦，可再生能源装机占比57%，省外能源入湘通道不断拓宽。建成电化学储能200万千瓦，推进建设岳阳氢能示范城市
上海	到2025年煤炭消费总量控制在4300万吨左右，煤炭消费总量占一次能源消费比重下降到30%左右，天然气占一次能源消费比重提高到17%左右
安徽	坚持集中式与分布式建设并举，有力有序推进风电和光伏发展。完善抽水蓄能电站价格形成机制，发挥抽水蓄能资源优势，推进长三角千万千瓦级绿色储能基地建设
河北	到2025年，风电、光伏发电装机容量分别达到4300万千瓦、5400万千瓦，构建现代能源体系，加快新能源制氢；加快建设大容量储能等灵活调峰电源；火电改造
北京	到2025年，全市可再生能源消费比重达到14%左右，煤炭消费量控制在100万吨以内。推进北京东通州北、北京西新航城500千伏等通道建设，提升北京电网"多方向、多来源、多元化"受电能力
陕西	到2025年，电力总装机超过13600万千瓦，其中可再生能源装机6500万千瓦。积极发展风电、光电、生物质发电，加快陕北风光储氢多能融合示范基地建设；加强输气管网、储气库和电力基础设施建设，扩大电力外送规模

续表

省份	"十四五"能源规划发展目标
江西	到2025年,全口径电力装机突破4000万千瓦。积极稳妥发展光伏、风电、生物质能等新能源,力争装机达到1900万千瓦以上。力争新能源产业规模突破2500亿元,储能技术领域实现规模化发展,培育发展氢能产业
重庆	到2025年,全市单位地区生产总值能耗五年累计下降19.4%,单位地区生产总值二氧化碳排放量五年累计下降21.88%,非化石能源消费占比达到19.3%,页岩气产量累计超过310亿立方米
辽宁	到2025年,非化石能源装机占比超过50%。 到2030年,非化石能源发电量占比超过50%。风电光伏装机力争达到3000万千瓦以上,确保红沿河二期核电工程投产,新增装机224万千瓦
云南	到2025年,全省电力装机达到1.3亿千瓦左右,绿色电源装机比重达到86%以上。规划建设31个新能源基地,装机规模为1090万千瓦,新能源装机共1500万千瓦
广西	到2025年,力争新能源产业产值达到550亿元。规划海上风电场址25个,总装机容量2250万千瓦。积极打造风电产业链。适度开发陆上风电,积极推进北部湾风电场建设
山西	到2025年,电力外送能力达到5000万~6000万千瓦。全面建设智慧能源设施,建设能源大数据中心,打造能源互联网全省域示范区,构建"风光水火"多源互补、"源网荷储"协调高效的"互联网+"智慧能源系统
内蒙古	到2025年,电力装机总量2.17亿千瓦,可再生能源消纳占比35%,新能源装机规模达到1.35亿千瓦以上,其中风电8900万千瓦、光伏发电4500万千瓦
贵州	到2025年,发电装机突破1亿千瓦,发电量超过3000亿千瓦时,清洁高效电力产业产值超过2000亿元。新能源项目打造乌江、北盘江、南盘江、红水河、清水江流域水风光一体化可再生能源综合开发基地
新疆	到2025年,全区可再生能源装机规模达到8240万千瓦,疆电外送电量达到1800亿千瓦时。加快国家"三基地一通道"建设,加快煤电油气风光储一体化示范建设
天津	到2025年,电力总装机规模2600万千瓦左右,可再生能源电力装机805.5万千瓦,占比30%左右,其中风电200万千瓦、光伏发电560万千瓦
黑龙江	到2025年,全省非化石能源装机占总装机比重超过50%,非化石能源消费比重提高到15%左右。"十四五"新增风电、光伏发电、生物质发电等新能源及可再生能源装机3000万千瓦以上
吉林	到2025年,风电、光伏发电装机规模力争达到3000万千瓦。吉林"陆上三峡"工程:总投资1000亿元,建设省内消纳基地、外送基地和制氢基地等3个千万千瓦级新能源生产基地和"吉电南送"特高压电力通道
甘肃	到2025年,电力装机规模达到12680万千瓦,可再生能源发电装机占电力总装机超过65%;建成分布式光伏发电350万千瓦;水电装机达到1000万千瓦左右;全省储能装机规模达到600万千瓦
海南	到2025年,在清洁能源产业领域投入800亿元,新增可再生能源发电装机约500万千瓦,清洁能源消费比重达50%左右,清洁能源发电装机比重达82%

续表

省份	"十四五"能源规划发展目标
宁夏	到2025年，非化石能源占能源消费总量比例达到15%，可再生能源电力消纳比重达到30%以上，力争可再生能源装机量和发电量比重分别达到50%以上、25%以上，全区新能源电力装机力争达到4500万千瓦以上
青海	到2025年，光伏发电4580万千瓦、风电1650万千瓦。相比于2020年底分别新增光伏3000万千瓦、风电807万千瓦。同时到2025年，力争建成电化学等新型储能600万千瓦
西藏	水电建成和在建装机容量突破1500万千瓦，加快发展光伏太阳能、装机容量突破1000万千瓦，全力推进清洁能源基地开发建设，打造国家清洁能源接续基地

9.3 政策展望

在能源革命和"双碳"战略目标引领下，可再生能源的发展已呈现破竹之势。目前我国及各省市出台了一系列可再生能源发展规划及发展指标等文件。"十四五"是碳达峰的窗口期，也是可再生能源发展的关键期。2021年中央首次将光伏、风电等定为主体能源，我国相继出台及批复了光伏风电、地热能、抽水蓄能、生物质能等相关规划及支持政策，明确了近中期发展目标。2022年国家各部门及各省陆续出台了发展规划，为可再生能源的发展提供有力支撑。可再生能源的稳健发展需要法规政策的大力支持和引导，建议未来在以下方面继续加大支持力度：

（1）完善政策工具，保障可再生能源稳健发展

根据不同可再生能源发展情况、政策着力点的不同，制定目标规划型、公共服务型、金融支持型、价格指导型、项目建设管理、土地使用等政策工具；实现供给侧与消费侧、生态保护与经济收益、技术研发与示范应用等协同发展。在已有法律政策基础之上，针对不同混合模式出台激励相容政策，使各方参与人都能在市场经济中获得最大经济驱动力，进而促进传统能源向可持续性能源体系的过渡。

（2）推进"两个一体化"进程，鼓励综合能源基地建设

"两个一体化"建设是我国能源安全稳定供应面临的新挑战，应提高电源供给整体综合效率，强化电源侧灵活调节，优化各类电源规模配比，以确保电源基地外输的安全性及可持续性。同时，建设能源区块链及交易市场，制定"打捆"政策，优化分时电价、完善峰谷电价、强化尖峰电价、健全季节性电价等。加强优化可再生电力装机的时序和空间分布，切实提高可再生能源的并网量，降低弃风弃光弃水率，并通过创新电力调度方法，提高可再生电力的供电质量。

（3）加强因地制宜，促进可再生能源应用与地方经济融合发展

未来，随着可再生能源产业在国家能源结构中比重的上升，产业发展更趋优化，政府将更加因地制宜利用当地可再生资源，不断推进产业与当地经济融合发展，积极探索建立符合本区域的项目开发建设模式，并指导地方进一步在财政贴息、融资优先、建设用地等方面研究出台具有较强可操作性的支持政策，使产业发展和区域资源不断融合优化。

（4）加快能源智慧化建设，推动电力市场高质量发展

随着可再生能源的规模化发展，其成本将随之降低。随着风光平价上网的到来，部分可再生能源政府补贴的取消，市场将进入调整期，政府将逐渐放松监管约束。电力市场将进入数字化、智慧化、多元化监管体系的建设阶段，实现数据共享，应加大科研力度，取长补短，确立我国持续统一的可再生能源发电体系数据，为多能融合模式政策的制定提供数据基础，进而推动可再生能源行业高质量发展。

（5）合理规划可再生能源用地，提供发展基础保障

可再生能源加速发展，对土地使用的刚性需求成为发展不可避免的问题。可再生能源规划要与土地生态保护协同起来，建立土地规划协同机制，统一土地性质认定，充分论证项目用地需求，开展可再生能源项目对生态环境影响的研究评估，科学制定生态红线划定标准和办法，合理规划土地资源，可采用专项规划或规划留白的形式保障项目用地；明确复合用地政策，鼓励新能源综合开发利用，采用差别化用地政策，规

划"林光互补"等措施；在土地相对充裕的西部地区，特别是诸如青海、甘肃、新疆等有大量戈壁、荒滩资源的省份，可推进大型可再生能源项目的开发，尤其是集合了风、光、水、火、储的综合能源基地；在土地资源紧张地区，鼓励采用建筑光伏、屋顶分布式光伏等形式，统筹推进可再生能源推广应用与生态环境协调发展。从政策上应给予税收优惠及条件保障，给光伏、风电等可再生能源留足发展空间。

（6）做好可再生能源相关产业的布局，规避资源风险

可再生能源发展将使关键金属长期需求大幅上升。锂、镍、钴、锰、石墨对于电池的功效、寿命和能源强度非常重要；稀土永磁材料对于风力发电机和电动汽车至关重要；光伏、风电和电动汽车需要更多的金属；电网需要大量的铜和铝，其中铜是电力系统的基石。可再生能源行业扩张将会推动铜、锂等金属需求出现结构性增长，金属矿石资源供应垄断程度高于油气，未来能源地缘政治焦点可能由油气转移至铜、锂等关键金属上，关键金属的潜在供应风险将会凸显。我国要立足长远、谋划布局，加强国内矿产资源的勘探开发投入，鼓励废金属回收利用，提高关键金属资源的国内供应安全和保障能力。通过拓展进口渠道和增加海外直接投资的方式，维护海外金属资源的供应稳定。充分利用我国在稀土资源及加工、金属加工领域的优势，提升在国际金属资源市场的议价权。

第二篇
核 能

核能指核反应过程中原子核结合能发生变化而释放出的巨大能量，为使核能稳定输出，必须使核反应在反应堆中以可控的方式发生。铀核等重核发生裂变释放的能量称为裂变能，而氘、氚等轻核发生聚变释放的能量称为聚变能。目前正在利用的是裂变能，聚变能还在开发当中。目前核能主要的利用形式是发电，未来核能热电联产和核动力等领域将会有较大拓展空间。

核能具有安全、低碳、清洁、经济、稳定和能量密度高的特点，发展核能对于我国突破资源环境的瓶颈制约，保障能源安全，减缓CO_2及污染物排放，实现绿色低碳发展具有不可替代的作用，核能将成为未来我国能源体系的重要支柱之一。

安全始终是核能发展的生命线。公众最关注的核能问题包括核电厂的安全和放射性废物管理安全。我国核电行业与国际最高安全标准接轨，并持续改进。我国核能法律体系日臻完善，《中华人民共和国核安全法》已于2017年9月1日正式通过，《中华人民共和国原子能法》立法工作也正在积极推进。

第10章

核能技术发展现状

经过60多年的发展，核电及配套的核燃料技术成为日益成熟的产业，在世界上成为继火电及水电之外的第三大发电能源，能够规模化提供能源并实现 CO_2 及污染物减排。核电发展总趋势没有变化，核电仍然是理性、现实的选择。核电发展示意图如图10-1所示。

以压水堆为代表的热堆是目前主流商用堆型，也是2030年前我国核能规模化发展的主力堆型。快堆等第四代核能系统代表了核能的进一步发展方向，在安全性、可持续性、经济性、防核扩散方面都有更高的要求。第四代核能系统目前正处于研发阶段，预计2030年前后可能有部分成熟堆型推出。受控核聚变能源更加清洁、安全且资源丰富，是未来理想的终极能源。聚变能开发难度大，需要长期持续攻关，预计2050年前后可以建成商用示范堆，之后发展商用堆。

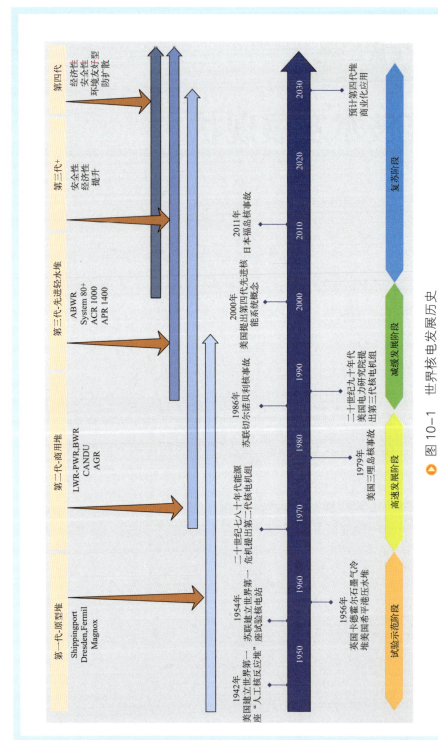

图 10-1 世界核电发展历史

10.1 国际核能现状

10.1.1 核电装机情况

截至 2022 年 12 月，全球在运机组 422 台，总装机容量 378314MWe[1]，全球在建核电机组 57 台，总装机容量 58858MWe，在运、在建核电机组分布在 33 个国家和地区。全球主要国家运行反应堆数量与装机容量见图 10-2。美国、法国、俄罗斯以及韩国是中国之外的核能大国，核电技术也处于世界先进水平。在运机组详情见图 10-3，其中有 303 台加压轻水冷却慢化反应堆（PWR），装机容量 290717MWe，49 台沸腾轻水冷却慢化反应堆（BWR），装机容量 49565MWe，47 台加压重水慢化反应堆

图 10-2 主要国家运行反应堆数量和装机容量

---

[1] 在核电中，MWe 为电功率单位，MW 为热功率单位。

（PHWR），装机容量24314MWe，8台气冷石墨慢化反应堆（GCR），装机容量4685MWe，11台轻水冷却石墨慢化反应堆（LWGR），装机容量7433MWe，3台快中子增殖反应堆（FBR），装机容量1400MWe，以及1台高温气冷堆（HTGR），装机容量200MWe。PWR占绝大多数，这种趋势将会进一步扩大。

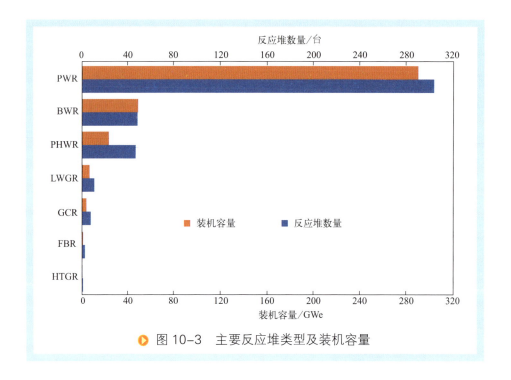

图 10-3 主要反应堆类型及装机容量

10.1.2 核电发电量

2022年，全球核能发电量为2486.83TW·h。世界主要国家2022年核电发电量与核电占比如图10-4所示。其中美国、中国、法国、俄罗斯、韩国核电发电量排名前五；核电发电量占总发电量比例较高的国家集中在欧洲地区。法国是世界上核电发电量占总发电量比例最高的国家，达到62.5%。

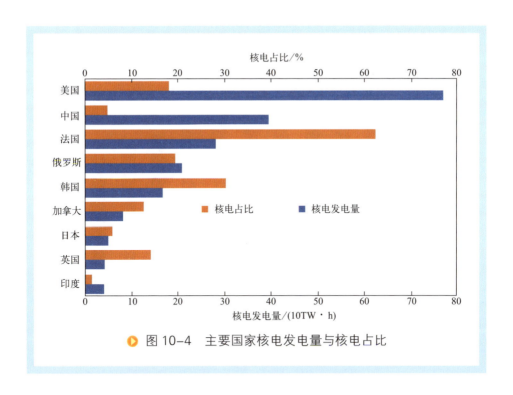

图 10-4　主要国家核电发电量与核电占比

10.1.3　美国核电发展情况

美国是世界上核电装机容量最大的国家。根据国际原子能机构（IAEA）统计，截至 2022 年 12 月底，美国在运行核电机组 92 台，装机容量 94718MWe（详见图 10-5）。在建设 2 台，装机容量为 2234MWe。永久关闭反应堆 41 台，装机容量 19976MWe。

美国 2022 年核能发电共计 772220GW·h，占全美供电量的 18.2%。从图 10-6 可以看出美国核电发电量占比基本稳定在 19%～20% 之间，说明美国的核电与其他发电同步发展。

美国由于电力需求增长强劲，核电行业在二十世纪六七十年代急剧增长。在这一时期，美国的核电装机容量增加 50GW。为了获得规模经济效益，因此在经过第一轮商业反应堆建设之后，核电机组规模迅速扩大。

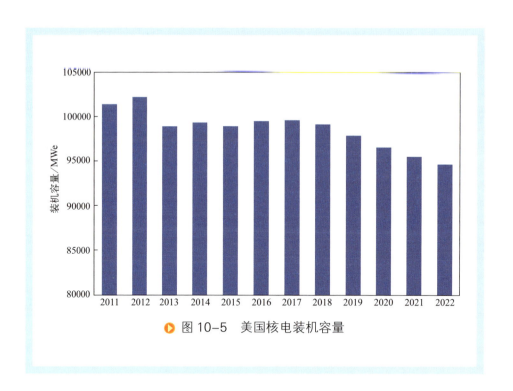

▶ 图 10-5 美国核电装机容量

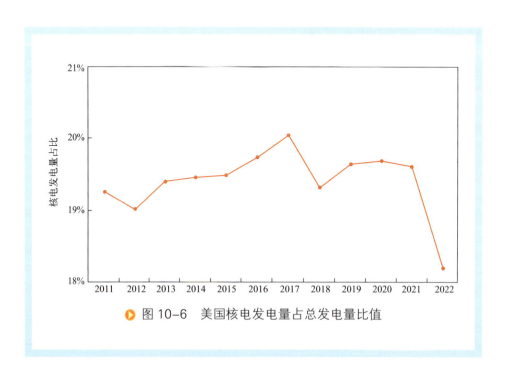

▶ 图 10-6 美国核电发电量占总发电量比值

美国打算重振在核能技术领域的全球领先地位，鼓励先进堆型的研发和示范，使世界重新聚焦美国核能技术。在《核能创新能力法案》《核能创新和现代化法》框架下，美国能源部支持和资助核能全产业链发展，并打算出口民用核技术；支持恢复国内企业铀燃料供应，并支持铀资源储备。已经审批至少4台机组延期20年的申请；为在建的两个AP1000核电站机组提供37亿美元贷款担保。美国核管理委员会（NRC）已经受理了多个小型堆和微堆审查，支持小型堆和微堆的发展。

10.1.4 俄罗斯核电发展情况

俄罗斯是世界上核电出口成绩最显著的国家。根据国际原子能机构（IAEA）统计，截至2022年12月底，俄罗斯在运行核电机组37台，装机容量27727MWe（详见图10-7）。在建设4台，装机容量为3759MWe。永久关闭反应堆10台，装机容量3957MWe。

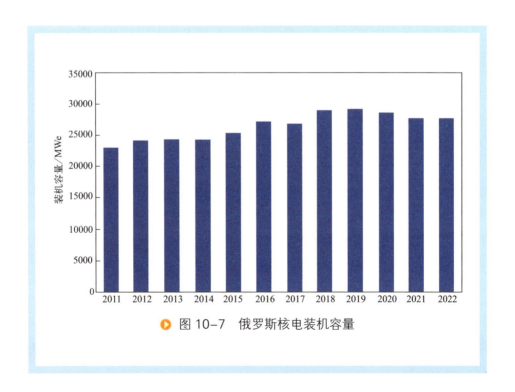

图10-7 俄罗斯核电装机容量

俄罗斯 2022 年核能发电共计 223372GW·h，占全俄罗斯供电量的 19.6%。从图 10-8 可以看出俄罗斯核电发电量占比整体呈增长趋势。

图 10-8 俄罗斯核电发电量占总发电量比值

尽管最近电力需求下降，但俄罗斯对其核电的发展计划持乐观态度，核电站发电量较过去有了很大的增长。目前有 4 台核反应堆正在建设中，俄罗斯正在中国、印度和伊朗参建新的核电站。

俄罗斯外交部负责向国外推广俄罗斯的核电技术，包括在俄罗斯大使馆设立国外代表处，在客户国家为核电建设提供大量具有竞争力的融资。海外方面，Rosatom 的"三代"堆和"三代+"堆的海外订单数量超过 30 台。小堆方面，采用 KLT-40S 反应堆的浮动核电站于 2019 年 6 月获得 10 年运行许可证，于 2020 年商运，向城市同时供热和供电。在第四代核电方面，BN-800 钠冷快堆将在 2022 年使用铀钚混合氧化物（MOX）燃料，进一步接近核燃料闭式循环。俄罗斯原子反应堆研究所的钠冷研究快堆（MBIR）已经在建，计划 2025 年试运行。2019 年，BREST-300 铅冷快堆设计获批，前期准备工作已经启动，包括燃料生产、乏燃料处理和电站建设。俄罗斯还规划建造一座熔盐研究堆，项目已经进入实施阶段。

10.1.5　法国核电发展情况

法国是世界上核电装机占本国电力装机比例最高的国家。根据国际原子能机构（IAEA）统计，截至 2022 年 12 月底，法国在运行核电机组 56 台，装机容量 61370MWe（详见图 10-9）。在建设 1 台，装机容量为 1630MWe。永久关闭反应堆 14 台，装机容量 5549MWe。

▶ 图 10-9　法国核电装机容量

法国 2022 年核能发电共计 279000GW·h，占全法国供电量的 62.5%。从图 10-10 可以看出法国核电发电量占比逐步减少，但依旧是世界上核电发电量占比最高的国家。

法国拥有少量化石燃料资源，成本较高，化石燃料的生产已降至较低水平。并且大多数水电资源逐渐开发殆尽。法国能源政策侧重通过制定能源效率措施和发电技术提高能源独立性，减轻国际化石燃料市场波动所导致的脆弱性，用以满足"巴黎气候协定"的承诺。

法国通过能源计划确定能源转型行动时间表，2035 年前关闭 14 座反应堆，将核电比重降至 50%，2022 年之后决定是否新建核电机组。

图 10-10　法国核电发电量占总发电量比值

10.1.6　日本核电发展情况

根据国际原子能机构（IAEA）统计，截至 2022 年 12 月底，日本在运行核电机组 17 台，装机容量 31679MWe（详见图 10-11）。在建设 2 台，装机容量为 2653MWe。永久关闭反应堆 27 台，装机容量 17128MWe。

日本 2022 年核能发电共计 51774GW·h，占全日本供电量的 6.1%。从图 10-12 可以看出日本核电在经历福岛核事故后基本处于关停状态，近年来逐渐恢复，但核电占比仍未能恢复到福岛核事故前的 30% 左右。

日本自身能源资源匮乏，主要依赖进口。过去，日本进口了大量廉价原油，由于石油危机导致的高油价，日本对于石油供给较少的恐惧日益增加，转而发展核电、新能源、天然气等，以便稳定日本的能源供给。随着 2011 年日本东部地震引发福岛核事故，日本随即关闭了全部核电站，2012 年，石油在能源消耗中的比例大幅度攀升，而核能仅占 0.7%。在发电领域，2016 年，由于可再生能源发电量的扩大，以及核电站重启，石油发电量出现下降。

图 10-11　日本核电装机容量

图 10-12　日本核电发电量占总发电量比值

日本在建 2 台 ABWR 机组，并重点支持先进核电堆型研究，重点发展钠冷快堆、铅冷快堆和高温气冷堆；许可修改高温实验堆的反应堆装置，重启高温气冷堆。

10.1.7 韩国核电发展情况

根据国际原子能机构（IAEA）统计，截至 2022 年 12 月底，韩国在运行核电机组 25 台，装机容量 24431MWe（详见图 10-13）。在建设 3 台，装机容量为 4020MWe。永久关闭反应堆 2 台，装机容量 1237MWe。

图 10-13　韩国核电装机容量

韩国 2022 年核能发电共计 167346GW·h，占全韩国供电量的 30.4%。从图 10-14 可以看出韩国核电占比经历了快速下降到稳定的阶段。韩国计划降低韩国对煤炭和核电的依赖，强调有必要向可再生能源转型。目标是到 2030 年，将可再生能源占比从目前的 1.1% 增至 20%。

2014 年 1 月，韩国宣布了一项长期战略，该战略确定了到 2035 年国家能源政策的具体方向。第二个能源总体规划旨在到 2035 年将最终能源消耗降低 13%，根据能源转型政策，韩国政府重点关注核电站运行安全、核设施退役和乏燃料管理问题。

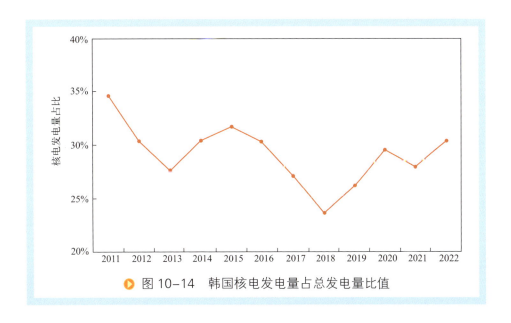

图 10-14 韩国核电发电量占总发电量比值

10.1.8 国际核能技术应用现状

核能发电领域科技发展存在的重大技术问题如图 10-15 所示，从中可以看出核电领域科技发展的态势和方向如下。

10.1.8.1 压水堆是核电开发的首要选择

压水堆有良好的安全性和经济性，是绝大多数国家核电开发的首要选择。我国核电发展确定了压水堆的技术路线，在运核电站全部是压水堆。压水堆仍将在相当长时间内占主导地位。

10.1.8.2 现役机组性能不断改善，延寿和退役需求增加

核能界在加强核安全方面持续取得稳步进展。IAEA 及其成员国继续实施福岛核事故后制订的"核安全行动计划"。许多领域的 IAEA 安全标准的审查和修订取得了显著的进展。

挖掘现役机组潜力。经过技术改造和设备性能的提高，核电机组性能在不断改善，主要表现为功率提升、负荷因子提高、机组寿命延长，

图 10-15 核电领域重大技术问题

高龄机组延寿成为趋势。

10.1.8.3 核电迎来发展热潮，第三代堆和小型模块化反应堆是近期发展重点

核电正处于自 20 世纪 80 年代以来新一轮的建设高潮。截至 2022 年 12 月，在建核电站机组 57 台，总装机容量为 58.858GWe。

第三代核电项目的建设普遍延期。全球在建核电项目绝大多数存在不同的延期情况。小型模块化反应堆（SMR）研发掀起热潮，SMR 具有固有安全性好、单堆投资少、用途灵活的特点。

10.1.8.4 核燃料循环后端比较薄弱

燃料生产能力略大于需求，乏燃料后处理能力严重不足，乏燃料贮存与废物处置压力日益增加。乏燃料中约含 1% 的超元素、4% 的裂变产物及 95% 的铀 238，后处理可以极大减少需要地质处置的高放废物体积，降低长期处置风险。迄今，已从核电站卸出 40 多万吨重金属。从商用核电堆卸出的燃料约 75% 贮存在反应堆水池或干法和湿法乏燃料离堆贮存设施。

10.1.9　国际核能发展的展望

根据世界各重要能源机构对核电发展的分析预测，全球核电将继续增长。2020 年，国际原子能机构（IAEA）分高增长和低增长两种情景对核电进行了预测，认为在高增长情景下，2030 年全球核电发电量将比 2019 年增长 20%，2050 年全球核电发电量将增长 80%，全球核电在 2050 年装机容量将达到 71500 万千瓦；在低增长情景下，2030 年核电装机容量将达到 36900 万千瓦，到 2050 年核电装机容量将达到 36300 万千瓦，略有下降。世界核协会（WNA）预计，到 2050 年世界核电装机容量将达到 10 亿千瓦，增长 163.85%。经合组织核能署（OECD-NEA）和国际能源署（IEA）联合预测，到 2050 年世界核电将达到 93000 万千瓦，增长 146.22%。国际能源署预计，到 2030 年世界核电装机容量将达到 54300 万千瓦，增长 43.76%，到 2040 年装机容量将达到 62400 万千瓦，增长 65.21%。美国能源信息署（EIA）预计，到 2040 年核电装机将达到 55700 万千瓦，增长 45.64%，具体详见图 10-16。

立足核能发展现状及科技应用的现状，国际核能技术创新应加快突破关键技术，挖掘现役机组潜力，布局未来技术，实现核能的积极安全有序发展，具体包括：

10.1.9.1　在役反应堆的安全升级和长期运营

全世界的核反应堆运营商都面临两大挑战，其中一个挑战是反应堆的安全升级。这些升级措施是在后福岛时代安全评估中确定并推荐执行

图 10-16 世界重要能源机构对全球核电装机容量的预测

的（目前大部分运营商已经开始执行这项工作）。另一个挑战是如何保证安全、经济、可靠地运营这些核反应堆，特别是要考虑核电机组平均使用寿命。这意味着运营商必须解决核反应堆长期运营方面的问题。

10.1.9.2　新型反应堆技术的开发

在未来的几十年中，预计大部分核电装机容量的增长将来自第三代反应堆的部署，包括压水堆或沸水堆，部分可能来自小型模块化反应堆或第四代反应堆。

10.1.9.3　小型模块化反应堆（SMR）

小型模块化反应堆非常适合于电网过小不足以支撑大型核电站的地区或国家，或者诸如集中供暖或海水淡化等非电力应用。但目前的经济性还有待考证。人们对小堆产生兴趣，主要是由于降低资金成本的需求及为小型或离网系统提供电力和热源的需求。

10.1.9.4　核能非电应用

核能的热电联产，特别是高温反应堆的热电联产，蕴藏巨大的潜力，并且核能可以针对电力生产以外的其他市场，提供低碳的热源，用以替代化石燃料的热生产。核电站的热电联产还能在保持核电站基荷负载运行情况下,通过汽轮机抽气向热力负荷供热,并能提高核电站的利用效率。

工艺热应用,尤其是以生产氢气为目的的工艺热应用是主要的核能非电力应用之一,而高温反应堆,特别是第四代超高温反应堆的理念非常适合应用于此。

海水淡化同样有潜力成为核能应用的一个新市场。在非高峰时段生产淡水可以让核电站在基本负荷水平的基础上提高运营的经济效益。

10.1.9.5　核燃料循环

全世界的反应堆每年大约会产生含11000t重金属(tHM)的乏燃料。由于反应堆数量的增加,每年乏燃料卸载数量还将不断增加。铀燃料当前的供应量完全能够满足到2035年及以后的需求。但是,由于矿业项目的周期都较长,因此建议对这种项目进行持续的投资并推广最佳实践范例以推动环境安全的矿业开采工作。

当前世界核燃料服务市场(天然铀供应、转换、浓缩服务、燃料制备)具有很高的安全可靠性,这对核能的进一步发展起到了重要的支撑作用。通过政府间或国际协议处理核燃料租赁和贮存问题,同样也可以提高核燃料的供应安全性。供应商将核燃料送至客户的过程中,保证最高水平的核安全是至关重要的。

10.1.9.6　延寿和退役

在未来的几十年中,核电站的延寿和退役将成为核电行业活动中越来越重要的一部分,因为在这段时间内将有数十座反应堆达到设计寿命。核电站的运行许可证延伸的论证和评估十分重要,其技术性很强。要对设备和材料延伸运行的适应性、可能的期限和裕量做出技术评估,就需要开发一系列的新技术、新监测设备;部分设备需要维修更换,则需要新的工具和手段,这是一个经济效益十分显著的领域。

10.2 国内核能产业发展现状

10.2.1 天然铀

全球铀矿资源类型以砂岩型、不整合面型、铁氧化物型为主,其次为侵入岩型、古砾岩型和热液脉型。砂岩型铀矿是中亚地区、东亚地区和尼日尔、美国等的主要铀来源,其特点是规模大、品位低、可地浸、开采成本低;不整合面型铀矿主要分布于加拿大和澳大利亚,其矿床品位高、规模大;铁氧化物型主要为分布于澳大利亚南部的奥林匹克坝铜金铀矿床,规模巨大,作为采铜的副产品回收铀,生产成本低;侵入岩型铀矿以纳米比亚的白岗岩型铀矿为代表,该类矿床品位低,但规模大,可露天开采;古砾岩型矿床主要分布于南非,铀与金伴生,为采金的副产品。截至 2019 年,全球成本低于 260 美元每千克铀的合理确定的(reasonably assured resources,以下简称"RAR")铀资源量为481.5 万吨,推断的铀资源量为 317.3 万吨。铀资源量排名前 5 的国家分别是澳大利亚、加拿大、哈萨克斯坦、纳米比亚和尼日尔,其资源量之和占全球总资源量的 65%。其中澳大利亚 RAR 铀资源量为 140 万吨,占全球资源量的 29%;加拿大 RAR 铀资源量 59.3 万吨,占全球资源量的 12.3%;哈萨克斯坦 RAR 铀资源量 43.5 万吨,占全球资源量的 9%。我国 RAR 铀资源量 13.7 万吨,占全球铀资源量的 2.8%,居世界第 11 位。2022 年,哈萨克斯坦的铀矿产量最大(占世界供应量的 43%),其次是加拿大(14.9%)和纳米比亚(11.4%),世界核电铀资源产量详见图 10-17。

我国铀矿产业起步于 20 世纪 50 年代,经历 70 余年的发展历程,建立了完整的科研技术、生产运营和人才队伍体系,为我国核能发展和国家安全做出了突出贡献,其特点如下:

(1)我国铀资源分布广泛,铀资源潜力大

我国铀矿地质勘查工作始于 1955 年,已探明 360 多个铀矿床,为我

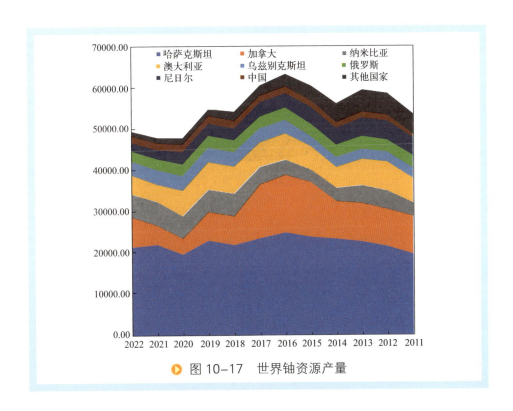

图 10-17 世界铀资源产量

国国防建设和核电发展奠定了资源基础。我国铀矿资源类型众多，其中砂岩型、花岗岩型、火山岩型和碳硅泥岩型铀矿占了全国铀矿资源总量的 92%，其他类型铀矿占 8%，详见图 10-18。已探明的 32 个大型及以上规模铀矿床的资源量约占全国已查明铀矿资源量的 59%，详见图 10-19。

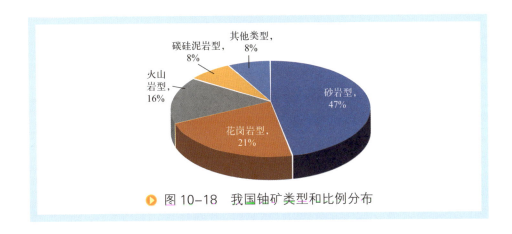

图 10-18 我国铀矿类型和比例分布

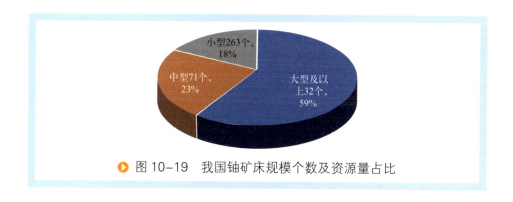

图 10-19 我国铀矿床规模个数及资源量占比

（2）建立了完整的铀矿勘查采冶技术体系，天然铀勘查开发能力不断提高

我国建立了以专业化研究院为基础、多所高校及科研机构为支撑的完整的天然铀产业科技创新科研体系，培养了一支机构健全、专业配套、人才梯队整齐的科技攻关体系。在铀成矿理论、铀矿勘查开发技术研究以及技术标准体系的建立等方面都取得了丰硕成果。

（3）勘查采冶技术逐步升级，绿色智能化勘查开发成为产业发展新指引

我国正在积极推进铀矿绿色勘查采冶，大力提升找矿和开采的绿色化、智能化水平，构建第四代铀矿勘查开发技术体系；创新类型超大铀矿找矿、复杂砂岩铀矿高效开发理论；推进建设"勘查—采冶—退役—管控"全链条大数据云平台。

10.2.2 核燃料循环产业

经过数十年的发展，我国核燃料加工产业发展水平不断提升，攻克了单线 3000t/a 铀纯化转化一体化生产线关键技术，成为世界上少数拥有商业离心浓缩铀生产能力的国家之一，产业规模不断扩大，为满足国内以及出口核电反应堆对核燃料的需求提供了供应保障。为了适应核电布局以及规模发展，我国正在推进核燃料产业园建设，目标是实现纯化转

化、铀浓缩、核燃料元件制造等核燃料生产环节一站式加工,从而进一步提升产业的竞争力。

2022年我国核燃料循环产业生产运行保持稳定,自主关键技术取得新成果,为我国核能发展和"走出去"提供了可靠的保障。

铀矿勘查采冶取得新进展。铀矿成矿理论、勘查采冶新技术、新方法取得突破。全年按计划完成钻探工作量,探明资源量进一步增加,新区、新类型、新层位找矿取得重要进展,伊犁盆地新发现每平方米铀量创国内新纪录的工业矿段;新疆伊犁大基地高效稳定运行,内蒙古通辽、鄂尔多斯千吨级大基地建设加快推进,国内天然铀保障能力得到进一步巩固。

核燃料加工生产稳定运行。铀纯化转化关键技术实现突破,先进控制技术、三废处理工艺不断提升。铀浓缩产业在保持稳定生产的基础上,加大标准化运行组织改革力度,推进数字化技术应用,生产运行工艺水平及管理水平不断提升。燃料元件系列化、型谱化发展继续推进。重水堆燃料元件生产线改造完成,改进型37M核燃料棒束下线。高温堆燃料元件成功入堆,为全球首座高温堆核电站并网提供保障。自主三代压水堆元件、环形燃料元件、耐事故燃料元件研发稳步推进。已经形成了完整可靠的核级海绵锆生产及锆合金加工体系。

核电站乏燃料及放射性废物管理得到加强。公海铁乏燃料运输体系实现试运行,后处理科研专项及示范工程建设稳步推进。广东阳江低放废物处置场开工建设。我国首座玻璃固化工程完成热试并投入试运行。

10.2.3 核电工程建设

在确保安全的基础上,我国有序推进核电建设取得显著成绩。目前,我国是世界上在建设核电机组最多的国家。在建设核电机组采用的核电技术包括二代改进型核电技术、三代核电技术和其他核电技术。我国在建设核电机组22台,总装机容量25188MWe,我国在建核电项目情况见表10-1。

表10-1 我国在建设核电项目情况

序号	机组名称	堆型	厂址	装机容量/MW	业主单位	开工日期
1	昌江3号	华龙一号	海南昌江	1200	华能集团	2021-03-31
2	昌江4号	华龙一号	海南昌江	1200	华能集团	2021-12-28
3	昌江小堆示范工程	ACP100	海南昌江	125	中核集团	2021-07-13
4	防城港3号	华龙一号	广西防城港	1180	中国广核集团	2015-12-24
5	防城港4号	华龙一号	广西防城港	1180	中国广核集团	2016-12-23
6	国核示范工程1号	CAP1400	山东荣成	1534	国电投集团	2019-04-01
7	国核示范工程2号	CAP1400	山东荣成	1534	国电投集团	2019-11-01
8	海阳3号	CAP1000	山东海阳	1250	国电投集团	2021-07-07
9	陆丰5号	华龙一号	广东陆丰	1200	中国广核集团	2022-09-08
10	三澳1号	华龙一号	浙江温州	1210	中国广核集团	2020-12-31
11	三澳2号	华龙一号	浙江温州	1210	中国广核集团	2021-12-30
12	三门3号	CAP1000	浙江三门	1250	中核集团	2022-06-28
13	太平岭1号	华龙一号	广东惠州	1202	中国广核集团	2019-12-26
14	太平岭2号	华龙一号	广东惠州	1202	中国广核集团	2020-10-15
15	田湾7号	VVER-1200	江苏连云港	1274	中核集团	2021-05-19
16	田湾8号	VVER-1200	江苏连云港	1265	中核集团	2022-02-25
17	霞浦示范快堆1号	CFR600	福建宁德	600	中核集团	2017-12-29
18	霞浦示范快堆2号	CFR600	福建宁德	600	中核集团	2020-12-27
19	徐大堡3号	VVER-1200	辽宁葫芦岛	1274	中核集团	2021-07-28
20	徐大堡4号	VVER-1200	辽宁葫芦岛	1274	中核集团	2022-05-19
21	漳州1号	华龙一号	福建漳州	1212	中核集团	2019-10-16
22	漳州2号	华龙一号	福建漳州	1212	中核集团	2020-09-04

近年来我国核电项目建设普遍采用 EPC 总承包模式。各核电工程公司以先进的信息化手段打造专业化、标准化的多项目管理体系，取得良好成效，核电工程管理自主化能力和总承包能力持续提升；核电工程建造队伍通过 30 多年的发展，全面掌握了 30 万千瓦、60 万千瓦、100 万千瓦装机容量，涉及压水堆、重水堆、高温气冷堆和快堆等各种堆型的核心建造技术，形成了核电站建造的专有技术体系。核电工程建设管理能力的不断提升为我国核电后续规模化、跨越式发展奠定了良好基础。

10.2.4 核电站运行

截至 2022 年 12 月底我国除台湾地区外商运核电机组 54 台，分布详见表 10-2，总装机容量 5580.574 万千瓦，仅次于美国、法国，位列全球第三；核准及在建核电机组 22 台，总装机约 2518.8 万千瓦，居全球第一；华龙一号、国和一号自主三代核电技术完成研发，高温气冷堆核电站示范工程取得重大进展，小型堆、第四代核能技术、聚变堆研发基本与国际水平同步。AP1000、EPR 三代核电技术全球首堆相继在我国建成投产并完成首炉燃料循环运行，自主核电品牌"华龙一号"首堆成功并网，我国在三代核电技术领域已跻身世界前列。

表10-2 中国核电分布表

序号	机组名称	堆型	厂址	装机容量/MW	业主单位	商业运行
1	昌江1号	CNP600	海南昌江	650	中核集团	2015-12-25
2	昌江2号	CNP600	海南昌江	650	中核集团	2016-08-12
3	大亚湾1号	M310	广东深圳	984	中国广核集团	1994-02-01
4	大亚湾2号	M310	广东深圳	984	中国广核集团	1994-05-06
5	方家山1号	CNP1000	浙江海盐	1089	中核集团	2014-12-15
6	方家山2号	CNP1000	浙江海盐	1089	中核集团	2015-02-12
7	防城港1号	CPR1000	广西防城港	1086	中国广核集团	2016-01-01

续表

序号	机组名称	堆型	厂址	装机容量/MW	业主单位	商业运行
8	防城港2号	CPR1000	广西防城港	1086	中国广核集团	2016-10-01
9	福清1号	CNP1000	福建福清	1089	中核集团	2014-11-19
10	福清2号	CNP1000	福建福清	1089	中核集团	2015-10-16
11	福清3号	CNP1000	福建福清	1089	中核集团	2016-10-24
12	福清4号	CNP1000	福建福清	1089	中核集团	2017-09-17
13	福清5号	华龙一号	福建福清	1161	中核集团	2021-01-29
14	福清6号	华龙一号	福建福清	1161	中核集团	2022-03-25
15	海阳1号	AP1000	山东海阳	1253	国电投集团	2018-10-22
16	海阳2号	AP1000	山东海阳	1253	国电投集团	2019-01-09
17	红沿河1号	CPR1000	辽宁瓦房店	1118.79	中国广核集团	2013-06-06
18	红沿河2号	CPR1000	辽宁瓦房店	1118.79	中国广核集团	2014-05-13
19	红沿河3号	CPR1000	辽宁瓦房店	1118.79	中国广核集团	2015-08-16
20	红沿河4号	CPR1000	辽宁瓦房店	1118.79	中国广核集团	2016-06-08
21	红沿河5号	ACPR1000	辽宁瓦房店	1118.79	中国广核集团	2021-07-31
22	红沿河6号	ACPR1000	辽宁瓦房店	1118.79	中国广核集团	2022-06-23
23	岭澳1号	M310	广东深圳	990	中国广核集团	2002-05-28
24	岭澳2号	M310	广东深圳	990	中国广核集团	2003-01-08
25	岭澳3号	CPR1000	广东深圳	1086	中国广核集团	2010-09-15
26	岭澳4号	CPR1000	广东深圳	1086	中国广核集团	2011-08-07
27	宁德1号	CPR1000	福建宁德	1089	中国广核集团	2013-04-15
28	宁德2号	CPR1000	福建宁德	1089	中国广核集团	2014-05-04
29	宁德3号	CPR1000	福建宁德	1089	中国广核集团	2015-06-10
30	宁德4号	CPR1000	福建宁德	1089	中国广核集团	2016-07-21
31	秦山二期1号	CNP600	浙江海盐	670	中核集团	2002-04-15
32	秦山二期2号	CNP600	浙江海盐	650	中核集团	2004-05-03
33	秦山二期3号	CNP600	浙江海盐	660	中核集团	2010-10-05
34	秦山二期4号	CNP600	浙江海盐	660	中核集团	2011-12-30

续表

序号	机组名称	堆型	厂址	装机容量/MW	业主单位	商业运行
35	秦山三期1号	CANDU6	浙江海盐	728	中核集团	2002-12-31
36	秦山三期2号	CANDU6	浙江海盐	728	中核集团	2003-07-24
37	秦山一期	CNP300	浙江海盐	350	中核集团	1994-04-01
38	三门1号	AP1000	浙江三门	1251	中核集团	2018-09-21
39	三门2号	AP1000	浙江三门	1251	中核集团	2018-11-05
40	石岛湾1号	HTR-PM	山东荣成	211	华能集团	
41	台山1号	EPR	广东台山	1750	中国广核集团	2018-12-13
42	台山2号	EPR	广东台山	1750	中国广核集团	2019-09-07
43	田湾1号	VVER-1000/428	江苏连云港	1060	中核集团	2007-05-17
44	田湾2号	VVER-1000/428	江苏连云港	1060	中核集团	2007-08-16
45	田湾3号	VVER-1000/428	江苏连云港	1126	中核集团	2018-02-15
46	田湾4号	VVER-1000/428	江苏连云港	1126	中核集团	2018-12-22
47	田湾5号	CNP1000	江苏连云港	1118	中核集团	2020-09-08
48	田湾6号	CNP1000	江苏连云港	1118	中核集团	2021-06-02
49	阳江1号	CPR1000	广东阳江	1086	中国广核集团	2014-03-25
50	阳江2号	CPR1000	广东阳江	1086	中国广核集团	2015-06-05
51	阳江3号	CPR1000	广东阳江	1086	中国广核集团	2016-01-01
52	阳江4号	CPR1000	广东阳江	1086	中国广核集团	2017-03-15
53	阳江5号	ACPR1000	广东阳江	1086	中国广核集团	2018-07-12
54	阳江6号	ACPR1000	广东阳江	1086	中国广核集团	2019-07-24

2022年，核能发电装机占比约2.3%，累计发电量为4177.86亿千瓦时，占比约4.98%，比2021年同期上升了2.52%；累计上网电量为3917.90亿千瓦时，比2021年同期上升了2.45%。核电设备利用时间为7547.70小时，平均能力因子为91.67%（详见图10-20～图10-23）。

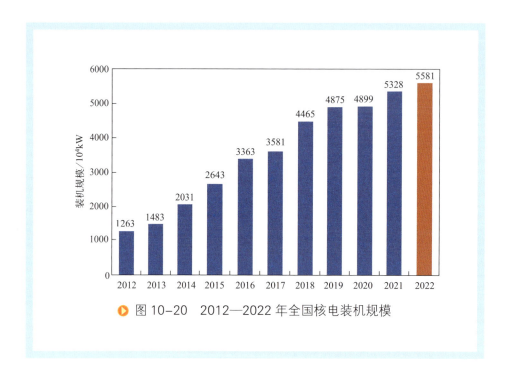

图 10-20 2012—2022 年全国核电装机规模

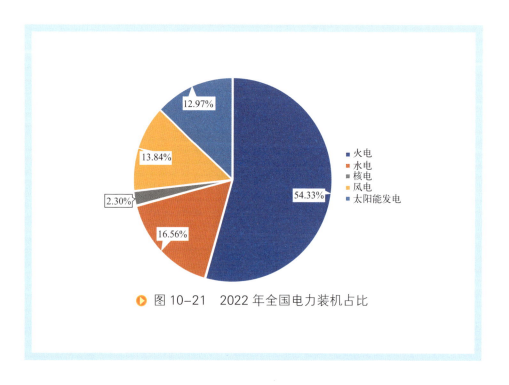

图 10-21 2022 年全国电力装机占比

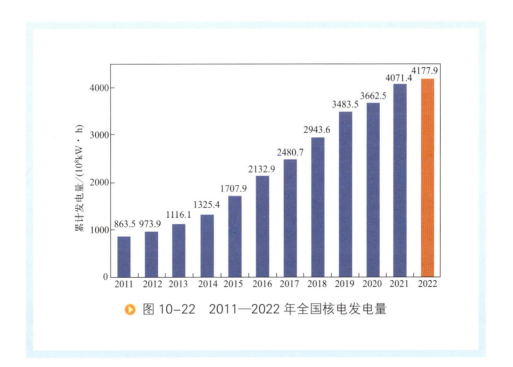

图 10-22 2011—2022 年全国核电发电量

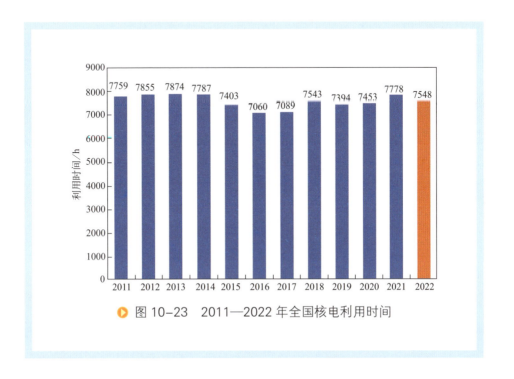

图 10-23 2011—2022 年全国核电利用时间

10.2.5 国内核能技术发展现状

1983年6月，国务院科技领导小组主持召开专家论证会，提出了我国核能发展"三步（压水堆—快堆—聚变堆）走"的战略，以及"坚持核燃料闭式循环的方针"；在国家《能源发展"十二五"规划》中，又提出了安全高效发展核电的主要任务，继续明确了"三步走"技术路线。从核电发展起步至今，核能作为我国的战略性产业，经历了不同的发展阶段，根据当时环境，核能的发展政策不断进行调整修订，以更好地保障并促进我国核能安全高效发展。我国核电发展起步较晚，但发展历程体现出涉及面广、决策层次高的特点。总体而言，我国核电发展政策大致经历了起步阶段、小批量建设阶段、规模化发展阶段和走向国际四个阶段，具体详见图10-24。能源主管部门出台的《能源技术革命创新行动计划（2016—2030年）》明确提出推动能源技术革命，抢占科技发展制高点。我国将继续深入实施创新驱动发展战略，完善核能领域科技研发体系，支持小型模块化反应堆（SMR）、高温气冷堆、钠冷快堆、核能制氢等领域的科研和示范工作，助推清洁低碳能源供应。

自主第三代压水堆核电技术落地国内示范工程，并成功走向国际，已进入大规模应用阶段，可满足当前和今后一段时期核电发展的基本需要。我国延寿和退役工作正在起步，应该做好技术储备；已具备完整的核燃料产业链，明确采取闭式循环路线，需加强技术突破和产能规模的发展。我国乏燃料干式贮存、后处理和废物处置均落后于世界水平，亟须赶上。

快堆、高温气冷堆、熔盐堆、超临界水堆等第四代核电技术方面全面开展研究工作，其中钠冷实验快堆已经实现并网发电，目前处于技术储备和前期工业示范阶段，高温气冷堆正在建造示范工程。聚变技术方面，我国成为世界上重要的聚变研究中心之一。磁约束聚变研究领域，在两个主力磁约束聚变装置EAST和HL2A上开展了大量高水平实验研究，作为核心成员参加国际热核聚变实验堆计划，正在开展中国聚变工

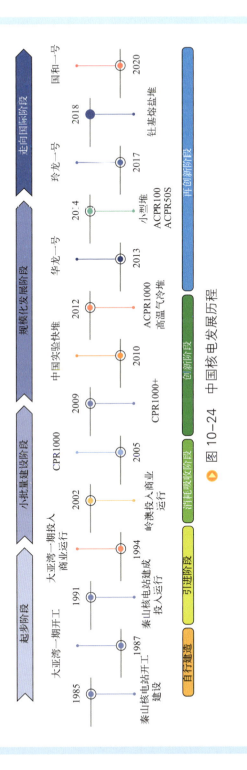

图 10-24 中国核电发展历程

程试验堆概念设计和关键部件的预研。在惯性约束领域，建成了神光Ⅲ和聚龙一号等装置，为激光惯性约束聚变和Z箍缩（Z-pinch）惯性约束聚变基础问题研究提供了重要实验平台。

我国核能科技创新继续取得新进展。"华龙一号"国内外首堆相继投入商用，标志着我国真正自主掌握了三代核电技术，核电技术水平跻身世界前列。大型先进压水堆及高温气冷堆核电重大专项持续推进，陆上模块化小堆开工建设，钠冷快堆、铅冷快堆、熔盐堆、聚变堆等先进核能系统的关键技术研发获得新突破，涉核自主软件开发和应用取得新进展。

自主三代核电"国和一号"示范工程建设进展顺利。国产焊接材料首次在示范工程核一级设备中获得应用，自主化仪控系统及堆内外核检测系统研制成功，具有自主知识产权的第三代核电技术标准体系进一步完善。

高温气冷堆核电站示范工程1号反应堆实现成功并网。"华龙一号"关键设备自主化研制取得新突破。海南昌江多用途模块化小型堆科技示范工程开工建设，海上小堆研发取得积极进展。快中子示范堆工程建设顺利推进，快堆高性能数值模拟及仿真关键技术取得重要突破。2MWt[1]液体燃料钍基熔盐实验堆工程建设顺利推进。聚变堆研发积极推进，我国东方超环（EAST）分别实现了可重复的1.2亿度101秒的长脉冲高参数等离子体运行、1.6亿度20秒等离子体运行、1056秒的长脉冲高参数等离子体运行。

10.2.6 核电企业

中国核工业集团有限公司（中核集团）、中国广核集团有限公司（中广核）、国家电力投资集团有限公司（国电投）三家企业控股运营国内核电站。除在建项目石岛核电站为华能控股外，其余项目都由中核集团、

---

[1] MWt是功率的单位，后面的t是指thermal（热能），区别于发电功率。

中广核、国电投控股,其他企业参股。

（1）中国广核集团

中国广核集团(简称"中广核",英文缩写"CGN"),原中国广东核电集团,总部位于广东省深圳市,是由国务院国有资产监督管理委员会控股的中央企业。中广核是伴随我国改革开放和核电事业发展逐步成长壮大起来的中央企业,是由核心企业中国广核集团有限公司及直属管理的26家主要成员公司组成的清洁能源大型企业集团。

中广核以"发展清洁能源,造福人类社会"为使命,经过40余年的发展,业务已覆盖核电、核燃料、新能源、金融服务、核技术应用等领域,拥有2个内地上市平台及3个香港上市平台。

（2）中核集团

中国核工业集团有限公司(简称"中核集团")是经国务院批准组建、中央直接管理的国有重要骨干企业,是国家核科技工业的主体、核能发展与核电建设的中坚、核技术应用的骨干,拥有完整的核科技工业体系,肩负着国防建设和国民经济与社会发展的双重历史使命。60多年来,我国核工业的管理体制先后经历从三机部、二机部、核工业部、核工业总公司到中核集团的历史变迁,完整的核工业体系始终保存在中核集团并不断得到新的发展,为核工业的发展壮大奠定了重要基础。

2018年1月,党中央、国务院作出中核集团和原中核建设集团合并重组的重大决策。新的中核集团建立起先进核能利用、天然铀、核燃料、核技术应用、工程建设、核环保、装备制造、金融投资等核心产业以及核产业服务、新能源、贸易、健康医疗等市场化新兴产业,形成更高水平的核工业创新链和产业链,显著提升了我国核工业的资源整合利用水平和整体国际竞争力。

（3）国电投

核电总装机809万千瓦,是我国三大核电投资建设运营商之一。拥有在运核电机组6台、在建机组4台和一批核电项目前期厂址。拥有第三代非能动核电产业链,具备研发、设计、工程建设、关键设备制造、运营和寿期服务能力。

(4) 核电企业对比

核电是我国能源供应体系的重要分支，也是新能源的重要组成部分。目前，中国核电站运行三大运营商分别为中核集团、国家电投、中广核。其中的龙头企业是中广核和中核集团。

从核电业务布局及运营现状来看，中广核较为领先；从核电业务业绩来看，中广核营收规模领先，但中核集团盈利能力提升快。据统计，2022年我国全国核电装机容量达5699.3万千瓦，占全部电力装机容量的2.2%。

中广核与中核集团在运机组、在建机组、发电量对比如图10-25～图10-27所示。

核电机组及装机量方面中广核具有一定优势。数据显示，2022年，中广核的在运机组数量达26台，在运机组装机容量达2938万千瓦；中核集团的在运机组数量为25台，在运机组装机容量达2255万千瓦。

从在建机组数量及装机容量来看，中核集团更为积极。数据显示，2022年，中广核的在建机组数量共7台，在建机组装机容量达838万千瓦；中核集团的在建机组数量为10台，在建机组装机容量达1008.6万千瓦。

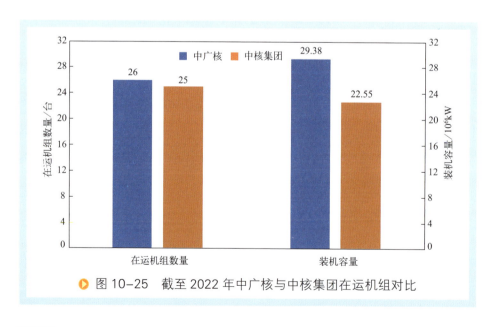

▶ 图10-25　截至2022年中广核与中核集团在运机组对比

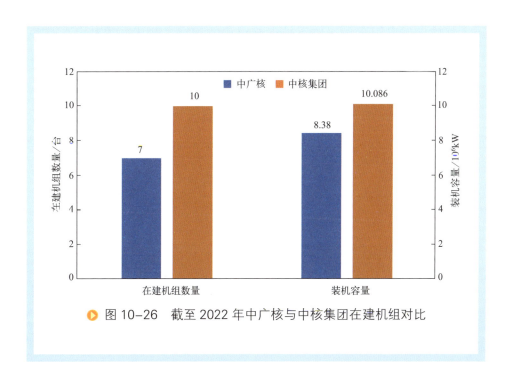

▶ 图 10-26 截至 2022 年中广核与中核集团在建机组对比

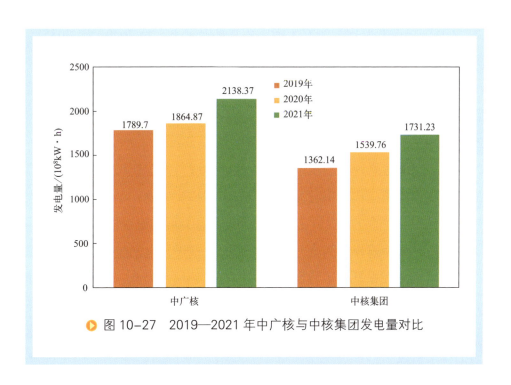

▶ 图 10-27 2019—2021 年中广核与中核集团发电量对比

第 10 章 核能技术发展现状

从核电发电量来看，由于核电装机量的差异，2019—2021年，中广核的发电量均大于中核集团。2021年，中广核的核电发电量为2138.37亿千瓦时，中核集团的发电量为1731.23亿千瓦时，中广核高出约23.5%。

在核电行业中，核电机组数量及装机量决定了核电站的发电能力，而核电业绩能反映公司的经营概况。基于前文分析结果，中广核因在核电机组及装机量、核电站运行情况方面占有优势，被认为是我国核电站运行企业中的"龙头"企业。

10.2.7 国内核能发展的展望

2030年，结合国内能源结构，预计核电运行装机容量约为1.5亿千瓦，在建容量为5000万千瓦。届时国内总电量需求为8.4万亿千瓦时，核电发电量约占10%～14%，达到规模化发展。2030—2050年，热堆和快堆闭式循环协调发展。预计到2030年，稳定每年开工6～8台机组，实现批量建设，保持核电安全、高效、稳定、持续、规模化发展。

《我国核电发展规划研究》指出，基准方案下，到2030年、2035年和2050年，我国核电机组规模达到1.3亿千瓦、1.7亿千瓦和3.4亿千瓦，占全国电力总装机的4.5%、5.1%、6.7%，发电量分别达到0.9万亿千瓦时、1.3万亿千瓦时、2.6万亿千瓦时，占全国总发电量10%、13.5%、22.1%，详见图10-28。

基于我国核能发展三步走战略，核能领域科技创新和发展的短期目标是优化自主第三代核电技术，实现核电规模化发展；中期目标是建成基于热堆和快堆的闭式燃料循环；长期目标是发展核聚变技术。

研发领域主要分为两个方面，一方面是基于核电站生命周期的研发领域，另一方面则是基于核燃料循环的研发领域。为此，需要开展核能方面的研发与示范工作。核能研发与示范的目标包括经济性、安全性及环保性。另一方面，核能的研发与示范还需要根据确定的进度，完成对应的任务目标。

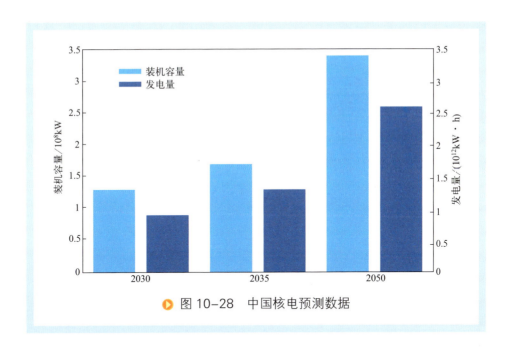

图 10-28　中国核电预测数据

核电技术创新主要从以下几方面开展：

① 完善反应堆的安全性、可靠性和性能，通过开发先进的技术方案保障提升安全性，并延长现有反应堆的寿命。

② 通过技术开发提升经济性，为先进反应堆的部署提供支持，从而实现国家能源安全和"双碳"目标。

③ 通过开发可持续的燃料循环方案，优化能源生产、废物管理。

④ 建立一套完善的国家研发与示范体系框架，保障核能未来的应用。

我国核电产业链包括前端、中端、后端等环节，核电站从建设到退役要历经百年时间，放射性废物处置则需要数万年以上时间。我国核电发展存在"重中间、轻两头"的情况，随着核电规模化发展，前端和后端能力不足的现象将更加严重。

核能领域有几项前沿或者颠覆性的技术，可能对未来能源结构产生深远影响，比如海水提铀、快堆、钍基循环、聚变能源、聚变-裂变混合能源。这几项技术理论上都可以解决全人类千年以上的能源供应问题，每一项技术又存在不同的技术路线，造成国内研究力量分散，各自为战。

我国应加强顶层设计和统筹协调；系统布局建立和完善核能科技创新体系，加强基础研究，特别是核电装备材料、耐辐照核燃料和结构材料等共性问题的研究；加强包括前端和后端核电产业链的协调配套发展。

第 11 章

核能基础理论

核能指核反应过程中原子核结合能发生变化而释放出的巨大能量，为使核能稳定输出，必须使核反应在反应堆中以可控的方式发生。铀核等重核发生裂变释放的能量称为裂变能，而氘、氚等轻核发生聚变释放的能量称为聚变能。目前正在利用的是裂变能，聚变能还在开发当中。核裂变与核聚变原理详见图 11-1。目前核能主要的利用形式是发电，未来核能热电联产和核动力等领域将会有较大拓展空间。

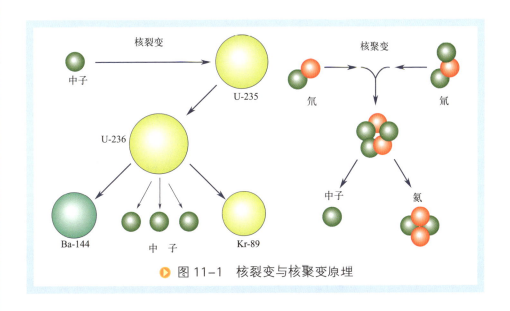

▶ 图 11-1 核裂变与核聚变原理

11.1 核工业产业链基本知识

核能的开发和利用,是核工业发展的主线。核工业产业链包括前端(含铀矿勘查、采冶、转化,铀浓缩,燃料元件生产)、中端(含反应堆建设和运营、核电设备制造)、后端(乏燃料贮存、运输、后处理,放射性废物处理和处置,核电站退役)等环节,如图 11-2 所示。

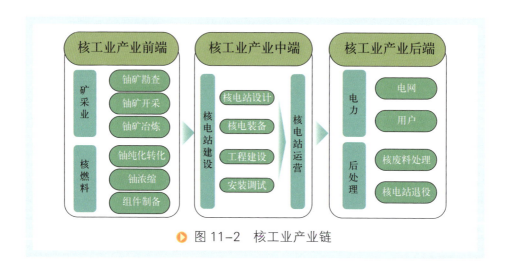

图 11-2 核工业产业链

11.1.1 铀矿勘查

铀矿勘查属于放射性矿产地质学,广义的铀矿勘查包括铀矿地质研究、地质调查和地质勘查,最终目的是为铀矿山建设设计或矿业权流转提供铀矿资源储量和开采技术条件等必需的地质资料,以减少开发风险和获得最大的经济效益。

11.1.2 铀矿采冶

铀矿开采主要有地下开采和露天开采。从矿石中浸出铀主要有搅拌浸出、堆浸和就地破碎浸出等方法，针对已采掘的硬岩矿石，经破碎、筛分、选矿、造粒、焙烧等预处理后进行的浸出，再采用离子交换、萃取等工艺提取和纯化制备天然铀产品；地浸则是针对砂岩型铀矿的原地浸出方法，在矿床天然埋藏条件下，通过从地表钻进至矿层的注液钻孔将配制好的浸出剂注入矿层，选择性溶解矿石中的铀，形成含铀溶液，经抽液孔提升至地表制备铀产品的方法。地浸采铀投资省，建设周期短，产品成本低，劳动生产率高，是一种安全、绿色、环保的铀矿采冶新工艺。我国掌握的 CO_2+O_2 地浸采铀技术处于世界先进水平，目前已在新疆、内蒙古等地区建成一批先进的绿色地浸铀矿山。

11.1.3 铀纯化

铀纯化的主要任务是从得到的溶液中进一步去除钚239、钌103、锆95、铌95等裂变产物。

11.1.4 铀转化

铀转化是指把铀水冶厂精制的天然八氧化三铀或二氧化铀等中间产品制成铀的氧化物、氟化物和金属铀的过程。

11.1.5 铀浓缩

铀浓缩是指提高某一元素特定同位素丰度的同位素分离过程，浓缩设施分离同位素的目的是提高铀-235对于铀-238的相对丰度或浓度。这种设施的能力用分离功单位衡量。根据国际原子能机构的定义，丰度为3%的铀-235是核电站发电用低浓缩铀，铀-235丰度大于80%的是高浓缩铀，其中丰度大于90%的称为武器级高浓缩铀，主要用于制造核武器。

11.1.6 燃料组件制造

燃料组件制造是把烧结的二氧化铀芯块装到锆合金包壳管中，将近三百根装有芯块的锆合金包壳管组装在一起，成为燃料组件。

11.1.7 核电站

核电站是指通过适当的装置将核能转变成电能的设施，核电厂示意图见图 11-3。核电站以核反应堆来代替火电站的锅炉，核燃料在反应堆中发生特殊形式的"燃烧"产生热量，使核能转变成热能产生蒸汽。核电站的系统和设备通常由两大部分组成：核的系统和设备，又称为核岛；常规的系统和设备，又称为常规岛。

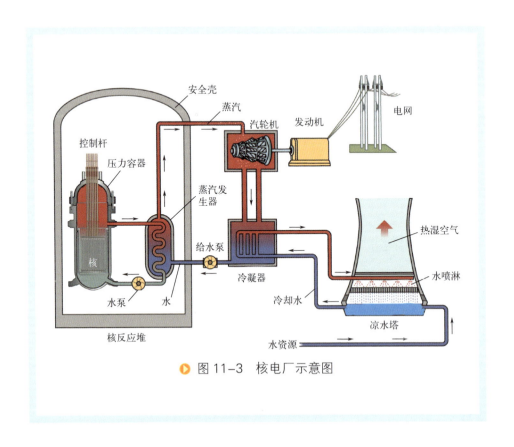

图 11-3 核电厂示意图

11.1.8　乏燃料后处理

乏燃料后处理是指把仅使用了其中 3%～4%U-235 后剩余的铀燃料（即乏燃料），以化学方法将铀和钚从裂变产物中分离出来，称为乏燃料再溶解和后处理技术。回收的铀和钚可在核电站混合氧化物燃料中再循环使用，以生产更多能量，从而使核燃料资源得到更充分利用并减少浓缩需求。

11.1.9　放射性废物处理

放射性废物处理是指使放射性废物适用于最终处置（包括往大气或水体中排放）之前的一切操作实践，废物处理的目标是尽量减少放射性废物的体积，以减少贮存、运输和处置的费用，并尽可能回收或复用，减少向环境的排放，排放的放射性废物总量和浓度必须符合有关规定，废物必须分类收集和存放，分别处理，防止交叉污染或污染的扩散。

11.1.10　放射性废物处置

放射性废物处置是把放射性废物放置在一个经批准的专门设施中，不再回取，使之与人类生存环境永久隔离的行政和技术活动的总称，它是核燃料循环的最后一个环节。

11.2　核能的主要特征

核能具有清洁、低碳、高效、安全和经济等特点。发展核能对于我国突破资源环境约束，保障能源安全，实施"双碳"目标及污染物排放，实现绿色低碳发展具有不可替代的作用，核能将成为人类未来能源体系的主要支柱之一。核能具有以下基本特征：

（1）安全性

安全始终是核能发展的底线。为确保核电站安全，世界上核电国家都制定了严格的安全标准和规定，并实施严格的监管措施。经过一个多世纪的发展，核能发展成为安全的能源之一。

为实现核电站的主要安全目标，核电站的安全设计必须切实保证3个基本功能：

① 能够安全停堆，并保持在安全停堆状态。

② 冷却堆芯，并长期排出余热。

③ 把放射性物质包容在适当的系统屏障内。

（2）经济性

核电是经济可靠的能源。经过近30年的发展，目前国内核电的发电成本已经低于脱硫脱硝火电厂的发电成本，并远低于风、光等新能源的发电成本。随着化石能源的日趋紧缺和"双碳"目标的压力，核电的经济性优势将进一步凸显。同时，核电具有利用率高、能量密度高等优点，并且一次核燃料装载可持续运行18个月，几乎不受资源、环境及其他外部因素的影响和制约。在供给可靠性方面，核电具有火电、水电、风电、太阳能发电等不可比拟的优势。

（3）清洁性

核电是清洁的能源。与火电相比，核电不排放二氧化碳、二氧化硫等废气和烟尘颗粒等。1kg 铀-235 的原子核全部裂变，可以释放相当于2700吨标准煤完全燃烧释放的能量。一台百万千瓦核电机组每年可减排二氧化碳约600万吨，二氧化硫2.6万吨，氮氧化物1.4万吨。发展核电可以减少污染物排放，有利于"双碳"目标的实现，能够实现能源与环境的协调发展。

第12章 核能领域技术清单

12.1 先进核裂变能

12.1.1 大型轻水堆技术

12.1.1.1 技术内涵

轻水型反应堆是以水和汽水混合物作为冷却剂和慢化剂的反应堆，是和平利用核能的一种方式。轻水堆就堆内载出核裂变热能的方式可分为压水堆和沸水堆两种，是目前国际上多数核电站所采用的两种堆型。

大型先进压水堆具有功率大、热转化效率高、燃耗高和安全性高等优点，成为近期核电发展的主力堆型，但是多数首堆存在拖期超概、建设成本高、经济性不高等不足。大型先进压水堆在国内外市场具有较大的市场空间，各核电大国都在持续改进和优化，将是未来相当长的一段时间内核电发展的主流堆型。发展大型、技术先进、经济性好的压水堆核电机组是我国核电发展的一个重要方向。

12.1.1.2 发展方向和趋势

（1）当前反应堆技术集中于轻水堆

根据目前在建的 57 台反应堆的技术分析，51 台为轻水堆（其中压水堆49台，沸水堆2台）；3台为重水堆；3台为快中子增殖反应堆。

从这些趋势中可以看到，反应堆技术主要集中于轻水堆。目前绝大多数在建的反应堆为轻水堆，相对于第二代反应堆而言，其安全性能比较高（比如配备有缓解严重事故风险的各种系统）、效率更高，燃料的经济性也相对较好。

（2）第三代"大型"反应堆实现规模化部署

在未来的几十年中，预计大部分核电装机容量的增长将来自第三代"大型"反应堆（单机容量在1000～1700MW之间）的部署，包括压水堆或沸水堆，也许还会有一些增长来自小型模块化反应堆、重水反应堆或第四代反应堆。

12.1.1.3 拟解决的关键科技问题

加快研发以绿色、智能、高效为标志的第四代铀矿勘查采冶技术，第三代先进压水堆安全性和经济性需要优化平衡，核能规模化发展阶段核设施运行与维修技术需要升级，核电设备制造工艺尚需不断完善和固化，一些关键技术还需突破，核电软件能力建设急需加强，压水堆乏燃料的贮存、后处理及废物处置环节需加强。

12.1.2 高温与超高温气冷反应堆技术

12.1.2.1 技术内涵

高温气冷堆是基于早期的气冷堆、改进型气冷堆发展起来的，有坚实的技术基础。高温气冷堆由于具有固有安全特性，从技术上消除了发生灾难性核事故的可能性。高温气冷堆的燃料元件在技术上很难进行后处理，采用一次通过式燃料循环，这一点上有利于防止核扩散。同时，发展超高温气冷堆是解决未来核能制氢等高温利用的重要途径之一。

12.1.2.2 发展方向和趋势

我国高温气冷堆技术已具备良好的发展基础。自20世纪70年代就开始研究高温气冷堆相关技术，10MW 高温气冷堆实验堆（HTR-10）于 2000 年建成临界，2003 年实现满功率并网发电。HTR-10 的建设标志着我国的高温气冷堆技术达到国际先进水平。

目前我国正在开展示范工程建设，进行示范堆运行验证，争取在 2025 年前开展高温气冷堆商用堆首堆建设，2030 年后高温气冷堆要在非电力工业应用领域实现一定规模的推广利用和实现高温气冷堆技术的出口，在我国能源供应中发挥应有作用。

12.1.2.3 拟解决的关键科技问题

提升燃料质量；开发复合组件、压力容器材料、热利用系统材料；提升石墨内部结构件质量；研发适合于高温运行的核电厂配套子项、产氢系统等技术。

12.1.3 超临界水冷堆技术

12.1.3.1 技术内涵

超临界水冷堆是一种高温高压的水冷堆，其反应堆冷却剂出口温度在水的热力学临界点（374℃，22.1MPa）之上。目前水冷堆是核能发电市场和舰船核动力的绝对主力，从技术发展看，主要集中在核反应堆系统在安全性和经济性等方面的不断改进和优化，因此，发展超临界水冷堆是我国第四代压水堆技术进一步发展的方向。

超临界水冷堆研发最大的特点是其很高的运行温度和压力，由此带来的主要技术挑战体现在 3 个方面：一是材料技术；二是热工水力性能试验；三是设计技术。

12.1.3.2 发展方向和趋势

自 21 世纪初开始，一些国家和地区例如欧洲、美国、日本和加拿大等，纷纷在第四代核能系统框架下开始了超临界水堆（SCWR）的研发活动。我国在"973 计划"项目等国家科研计划的支持下，多个单位已开展对超临界水堆的前期研究和基础研究，并与国际同行有广泛的交流。目前，在一些重要的技术领域和工程应用方面，取得了重要的突破和研发成果。

根据第四代核能系统国际论坛（GIF）提出的路线图，超临界水堆目前尚未完成性能研究和示范堆建造，预计 2030 年前后可以实现商业应用。

12.1.3.3　拟解决的关键科技问题

局部功率和冷却剂质量流量的不一致；开发耐高温包壳合金；明确和管理相对于传统轻水堆（LWR）的安全系统差异；与辐解和腐蚀性产品运输相关的水化学；快中子谱与安全要求不兼容等技术。

12.1.4　快堆技术

12.1.4.1　技术内涵

快中子反应堆，简称快堆。快中子堆是由快中子引起原子核裂变链式反应，并可实现核燃料增殖的核反应堆，能够使铀资源得到充分利用，还能处理热堆核电站生产的长寿命放射性废弃物。

12.1.4.2　发展方向和趋势

以快中子反应堆为代表的第四代反应堆技术，是继目前压水堆技术之后未来核能发展的方向，是解决我国裂变核能可持续性的途径。

第四代堆系统的目标是在 21 世纪后半叶实现应用，以解决核能的可持续问题。钠冷快堆是目前第四代堆中技术成熟度最高、最接近商用的堆型，也是世界主要核大国继压水堆之后的发展重点，是 2050 年之后核电的支柱技术。

12.1.4.3　拟解决的关键科技问题

核裂变燃料的增殖，超铀元素分离与嬗变，先进核能的多用途利用。

12.1.5 钍基熔盐堆技术

12.1.5.1 技术内涵

熔盐堆（MSR）所采用的铀、钍、钠、锆等氟化盐在高温熔融的液态下既是核燃料，又作为载热剂，从设计上与其他反应堆明显不同。高温下熔盐化学上很稳定，传热系统简单，可以达到较高的热效率。高温耐熔盐腐蚀的结构材料可以将出口温度提高到850℃，因此可以用于化学热力学方法制氢。同时 MSR 具有良好的安全性。熔盐中允许加入不同组成的锕系元素的氟化物，形成均一相的熔盐体系，用于嬗变。

12.1.5.2 发展方向和趋势

目前钍基熔盐堆处于起步阶段，旨在建立完善的研究平台体系、学习并掌握已有技术、开展关键科学技术问题的研究；钍基熔盐堆的大规模推广应用，尚有许多技术问题需要解决。

12.1.5.3 拟解决的关键科技问题

熔盐燃料理化行为；熔盐与结构材料的相容性；反应堆运行仪表和控制技术；在线燃料后处理等技术。

12.1.6 加速器驱动的先进核能系统

12.1.6.1 技术内涵

加速器驱动的先进核能系统（ADANES）是一种新的核燃料闭式循环体系，其主要目的是提高燃料利用率、提高核能安全性，成为可持续的低碳能源，实现千年能源供给。ADANES 包含 ADS 装置（燃烧器）和乏燃料再生循环系统。ADS 利用加速器产生的高能质子轰击重金属散列靶产生广谱中子，进而驱动次临界反应堆对高放废料进行嬗变，是核废料处理的有效手段。

12.1.6.2 发展方向和趋势

加速器的应用意味着投资规模大幅增加，不仅如此，工程应用中还需要对包括发电效率、加速器能耗等各个指标进行考虑。但是加速器的应用在增加投资的同时，提高了核电安全性，也大大简化了乏燃料处理过程，从全周期来看仍然具有较好的经济性。

12.1.6.3 拟解决的关键科技问题

加速器驱动核废料嬗变技术、堆芯的构型设计和构件研发、堆芯耐辐照耐高温核能结构材料、配套乏燃料循环技术。

12.1.7 小型模块化反应堆技术

12.1.7.1 技术内涵

小型模块化反应堆（SMR）已经成为核工业的潜在解决方案。国际原子能机构（IAEA）将电功率小于300MW的反应堆定义为小型堆。

一体式小型模块化反应堆作为安全、高效、稳定的分布式清洁能源，能很好地满足中小型电网的供电、城市区域供热、工业工艺供热和海水淡化等多个领域应用的需求，可以进入互补性市场比如适用于电网较小和/或地域受限的孤立电网，诸如海岛、海洋作业平台、边远地区等，或应用于热电联产，并且与其他适用于这些市场的发电形式相比更具竞争力。

空间反应堆是将核裂变反应产生的能量为空间飞行器提供能源的一种核反应堆。根据不同的任务需求、通过不同的方式，空间反应堆可以把核能转变为电能和推进动力，这样的装置分别被称为空间核电源和核推进。空间反应堆是未来空间活动的重要能源。随着空间技术的发展，大功率卫星、深空探测等都需要大功率、长寿命的空间能源相匹配,空间反应堆将成为这些大功率航天器的优选能源。

海洋核动力装置是安装在海洋核动力平台的核动力装置,是海上移动式小型核电站,是小型核反应堆与船舶工程的有机结合,可为海洋石油开采和偏远岛屿提供安全、有效的能源供给,也可用于大功率船舶和海水淡化领域。

12.1.7.2 发展方向和趋势

据预测,先进模块化小型堆技术将在 2025 年左右实现示范工程,预计 2030 年实现规模化应用,在供热、化工、制氢和冶金等方面具备规模化应用条件。

12.1.7.3 拟解决的关键科技问题

突破关键设备、模块化建造技术、运行技术及安全审查技术,开展大功率空间核反应堆电源技术研究。

12.1.8 先进核燃料元件设计及制造技术

12.1.8.1 技术内涵

先进核燃料组件技术主要包括压水堆、快堆等先进核燃料组件和耐事故容错核燃料组件的技术选型、研制及应用等。

12.1.8.2 发展方向和趋势

压水堆自主先进核燃料组件:我国国产燃料自主研发早期受引进技术影响而未能在国家层面获得支持,主要实施法国 AFA 系列燃料技术的技术路线。近年来,通过引进技术消化吸收,中核集团陆续开展了 CF 系列燃料组件研发和 N 系列先进合金研发。

新型反应堆核燃料元件:在新型热中子反应堆燃料技术方面,主要针对超临界水堆、高温气冷堆,正在开展相关研究工作;同时开展环形燃料元件的研究。

核电耐事故容错核燃料技术研究。耐事故容错核燃料（ATF）研发的主要内容包括先进燃料芯块技术研究、新型包壳材料研究、燃料方案综合评价及选型研究、堆内辐照研究及商用论证等。

加快自主先进的核燃料元件示范及推广工程，自主开发新一代具有更高安全性、经济性的燃料元件。完善先进燃料研发、制造和应用体系，加快智能制造在核燃料设计制造领域的应用是未来的发展方向。

12.1.8.3 拟解决的关键科技问题

突破快堆 MOX 组件芯块设计与成型工艺技术、高性能结构材料和组件制造工程化技术，掌握快堆 MOX 换料运行技术。突破大增殖比的 U-Pu-Zr 金属元件及添加 MA（次锕系核素）的金属燃料关键技术。事故容错核燃料先导棒/先导组件的商用对辐照考验技术。

12.1.9 超高温熔盐蓄热储能技术

12.1.9.1 技术内涵

熔融盐是一种非常有前景的高温液体传热蓄热工质，它具有传热性能好、压力低、成本低等优势。熔融盐传热蓄热技术已在太阳能热发电和高温工业过程中得到大规模应用。国内外对熔融盐传热蓄热工质的研究偏重混合硝酸盐、混合氟化盐，使用的混合熔融盐配方还存在熔点高、使用温度低等缺陷，熔盐热物性研究缺乏对混合熔盐宏观性能与熔盐种类、性质、比例、混合方法等关联机制的研究。

12.1.9.2 发展方向及趋势

由于具有使用温度较高、热稳定性好、比热容高、对流传热系数高、黏度低、饱和蒸气压低、价格低等"四高三低"的优势，熔融盐作为一种性能优良的高温传热蓄热介质，在太阳能热发电、核电等高温传热蓄热领域具有非常重要的应用前景,在目前商业化运行的太阳能热发电站中已有近 40% 的电站采用了熔融盐传热蓄热技术。集成熔融盐蓄热技术的太阳能热发电技术能够提供稳定连续可调的清洁电力,是未来解决世界能源问题的主要技术途径之一。

熔盐是一种性能优良的中高温传热蓄热介质,在核电、太阳能热发电、弃风弃光熔盐蓄热式供热、熔盐蓄热调峰电站,间歇高温工业余热蓄热、高温工业传热、燃气轮机叶片冷却等领域都有应用价值,市场空间巨大。

12.1.9.3 拟解决的关键科技问题

混合熔融盐基础理论和关键工艺技术、熔盐制备技术、高温材料腐蚀及控制技术等。

12.1.10 高温电解制氢技术与应用

12.1.10.1 技术内涵

从核能制氢技术的特点和优势可见,高温气冷堆、熔盐堆等高温电解制氢适合对氢气集中式、大规模、无排放的应用场景。因此所选择的与高温堆耦合的制氢技术也应该具有这些特点。

核能到氢能的转化路线中,核能发电—电解是最为成熟的技术,可用于在剩余核电的消纳或特殊场景下用小型堆电解制氢。核能辅助的化石燃料重整可用核热作为替代热源,节省部分化石燃料并部分降低排放。

从远期看来,热化学循环与高温蒸汽电解以高温堆的高温工艺热为热源,以水为制氢原料,可完全消除制氢过程的碳排放,是更具发展前景的核能制氢技术。

12.1.10.2 发展方向和趋势

基于高温堆在高温工艺热方面的独特优势,在其发展初期考虑将制氢及其综合应用作为未来应用的重要方向。鉴于高温堆能同时大规模提供氢气、电、热等能源，而且综合利用可提高能源利用效率，因此特别适合于有类似需求的工业应用场景。

高温堆制氢项目的总体目标为实现核能制氢示范并在有关行业内应用，为部分行业热、电、氢、氧的大规模供应提供总体解决方案，为实现我国节能减排、产品升级换代提供重要技术基础。

12.1.10.3 拟解决的关键科技问题

高温堆制氢关键设备技术、用于碘硫循环技术的工程材料技术、模拟高温堆供给高温工艺热的加热的实验技术、分布式核能制氢关键技术。

12.1.11 放射性废物减容与减害技术

12.1.11.1 技术内涵

核废物处理技术是指对核废物进行合理、安全处理和处置的方法与手段。

核电安全发展的目标是做到消除大量放射性物质的释放，能够达到减缓甚至取消场外应急。在核设施的运行中，会产生各种废物，其中乏燃料后处理过程中产生的高放废液含有高浓度、大释热率和强毒性的放射性物质。

放射性废物减容与减害技术一般包括对在役核电站运行工况下产生的放射性废液、有机废物和固体废物进行高效减容减害处理新技术，放射性废液减排新材料，有机废物和固体废物处理先进装置，新工艺全流程优化技术及系统集成等技术。

12.1.11.2 发展方向和趋势

焚烧法是最成熟的减容技术，但存在后期处理工艺复杂，技术相对落后的问题。蒸汽重整的成熟度较高，并且适用性广泛，减容比高，具有一定的优势。冷坩埚熔融及等离子体熔融技术相对成熟度一般，而其适用性较为广泛，在国外已经商业化并具备运行经验。湿法氧化和超临界水氧化工艺技术相对成熟度差，然而超临界水氧化工艺比其他热处理技术的反应温度低，特别适用于有机废液的处理，被美国环保署誉为最有效的有机废液处理方案，具有良好的发展前景。

12.1.11.3 拟解决的关键科技问题

综合各种减容技术的适用性、成熟性及先进性，建议尽快发展高效、高减容比的先进技术，如超临界水氧化技术和冷坩埚熔融或等离子体熔融技术，实现我国核废物减容处理的综合治理目标。

12.1.12 先进核材料

12.1.12.1 技术内涵

耐高温、抗强辐照、抗腐蚀结构材料和深燃耗燃料材料，是限制先进核能系统研发的共性基础性问题。美国正在建造的 VTR 主要就是为了解决材料辐照问题，俄罗斯也开发了多种先进核燃料，我国与他们相比还有很大差距。

12.1.12.2 发展方向和趋势

先进核材料应发展建设可以用于模拟高温、辐照、腐蚀等严苛环境的高通量辐照实验堆；基于第一性原理、分子动力学、有限元等方法开展多尺度材料辐照效应模拟与分析和表征方法的研究。

预期目标要达到完成高通量实验快堆的初步设计与工程设计，具备开工建设条件；完成一套具有我国自主知识产权的多尺度多物理材料分析软件。

12.1.12.3 拟解决的关键科技问题

新型核燃料材料与结构材料的研发，需要基于先进的核材料研发平台模拟高温、强辐照、强腐蚀环境，包括强的粒子源、高通量快谱实验堆等，同时还需要开展微观、介观、宏观多尺度多物理耦合的分析与表征方法研究。

先进核材料的核心科学问题是缺乏新材料研发所必需的实验平台（主要是辐照装置）和具有自主知识产权的微介观数值模拟软件。

12.1.13 核安全技术与工程

12.1.13.1 技术内涵

核安全是核能的根本，核事故的放射性源头是核燃料。相较于欧美核电研发先进国家，我国在事故容错燃料材料制备和安全分析体系及标准建立方面仍有差距，缺乏设计基准事故和设计扩展工况的自主高精度安全评估工具，缺乏基于多物理多尺度的先进耦合分析理念的数字化设计技术和先进安全评价方法；急缺核辐射源项分析和评估手段，需要进一步健全核安全法规。

12.1.13.2 发展方向和趋势

开发高性能事故容错燃料材料的制备技术以及高安全性的堆芯设计技术。建立相应的事故响应模拟测试体系以及与之对应的安全分析体系和标准。自主控制、自主决策、协调控制和智能控制等运行安全关键技术研究。多物理多尺度精细化耦合分析方法研究。严重事故预防与缓解关键技术研究。

建立完备的高性能事故容错燃料制备体系和评价标准。建立高保真数值模拟平台及设计基准事故与严重事故安全分析评价平台。建立先进核能系统设计与运行安全平台和安全审评体系，健全核安全法律法规。

12.1.13.3 拟解决的关键科技问题

先进事故容错燃料材料制备技术。高安全性反应堆设计与分析技术。

非能动与固有安全应用技术。安全运维与安评法规体系建立。严重事故预防与缓解技术。

事故容错燃料在复杂事故工况下的响应机制及其对现有安全分析体系的影响机理。多物理多尺度精细化耦合及固有安全反应性反馈机理。自主决策及协调控制的运行安全机理。严重事故多相场复杂物理化学进程演化行为机理。

12.1.14 核能非电利用技术

12.1.14.1 技术内涵

核能可通过海水淡化、制氢、区域供热和各种工业应用等非电力应用增加全球能源的安全性。

12.1.14.2 发展方向和趋势

核能的非电力应用可以为当今后世所面临的能源挑战提供可持续的解决方案。全世界利用核能进行海水淡化、制氢、区域供热和各种工业应用的兴趣正在持续增长。

核能淡化海水已被证明是一种可行的选择，可满足全球对饮用水日益增长的需求，为严重缺水的干旱和半干旱地区带来希望。核能淡化海水也可用于核电厂的有效水资源管理，特别是在缺水地区，可以确保核电厂建造、运行和维护各阶段都有正常供水。

核能制氢技术显示出巨大的潜力，并且与其他能源相比有许多优点，在未来世界能源经济中氢所占的比重被认为可能会越来越大。除了降低碳税外，随着高温核反应堆提供的更高温度，制氢所用的电力输入也在不断降低。此外，在如此高的温度下发电也更高效，因此更经济。

工业应用和核能热电联产涉及核电厂与其他系统和应用的整合。除了用于海水淡化和制氢外，核电厂产生的热量还可以用作其他应用，如冷却、加热和工艺热。

12.1.14.3 需要解决的关键科技问题

核能热化学循环制氢技术、核能高温电解制氢技术、高安全性核反应堆海水淡化系统、核热电联产技术、核能高温工艺热安全防护技术。

12.2 乏燃料安全处理处置与循环利用

12.2.1 湿法乏燃料后处理技术

核燃料湿法后处理是用沉淀、溶剂萃取、离子交换等在水溶液中进行的化学分离方法处理辐照核燃料的工艺过程，是核燃料后处理中通用的一类方法。湿法又有全分离和部分分离两个方案。核燃料湿法后处理以改进的二代水法技术满足商业布置为主轴，适时附加湿法高放废液全分离或部分分离作为湿法后处理功能的完善和提高，以满足锕系的分离和嬗变需求。

12.2.2 干法后处理技术

在高温、无水状态下处理辐照核燃料的化学工艺过程，是核燃料后处理中正处于研究、试验阶段的一类方法。其中研究比较充分的有氟化挥发流程、熔融精炼流程和盐转移流程等。

干法后处理也存在一些需要解决的困难问题，如大部分高温过程的净化效果较差，高温反应特别是高温卤化反应设备的腐蚀较严重，设备维修和遥控操作都比较困难等。

12.2.3 冷坩埚玻璃化技术

冷坩埚法是采用高频感应加热，炉体外壁为水冷套管和高频感应圈，不用耐火材料，不用电极加热。高频（300～13000kHz）感应加热使玻璃熔融，由于水冷套管中连续通过冷却水，近套管形成一层固态玻璃壳体，熔融的玻璃则被包容在自冷固态玻璃层内，顶上还有一个冷罩，限制易挥发物的释放。冷坩埚除了熔铸玻璃外，还可用来熔融废金属、处理乏燃料包壳、焚烧高氯高硫的废塑料和废树脂等。

12.2.4　石墨自蔓延等放射性废物处理技术

自蔓延固化技术由俄罗斯开发，来源于粉末冶金制造合成陶瓷材料，基本原理为：$3C+4Al+3TiO_2 = 2Al_2O_3 +3TiC$。反应过程类似于铝热反应，电弧引燃，将石墨粉末、金属铝和氧化钛混合，形成陶瓷固化体，将 C 固定在 TiC 晶格中。该技术已完成实验室研究，计划在俄罗斯多利扎尔国家动力工程研究所（与 Beloyarskaya 核电站相邻）建立工程应用设施。

自蔓延固化技术的优点是将包含 ^{14}C 在内的绝大部分放射性核素固定在碳化物内形成非常稳定的固化体，具有极好的化学惰性和难溶性，浸出率极低，非常适合地质处置的要求，但严重缺陷是废物的体积和重量大幅增加。

12.2.5　快堆嬗变技术

12.2.5.1　技术内涵

核嬗变是一种化学元素转化成另外一种元素，或一种化学元素的某种同位素转化为另一种同位素的过程。能够引发核嬗变的核反应包括一个或多个粒子（如质子、中子以及原子核）与原子核发生碰撞后引发的反应，也包括原子核的自发衰变。但反过来说，原子核的自发衰变或者与其他粒子的碰撞并不一定都导致核嬗变。比如，γ 衰变以及同它有关的内转换过程就不会导致核嬗变。核嬗变既可以自然发生，也可以人工引发。

在快中子堆中，嬗变次锕系核素（MA）对堆芯的特性是存在一定影响的，体现在：一是添加 MA 后使冷却剂密度效应呈正反馈，降低了缓发中子份额，同时也使平均瞬发中子的时间减少了，形成了堆芯的安全控制和安全运行；二是由于 MA 中的俘获截面大，可以成为中子吸收剂，但是裂变和俘获截面都比母核大很多，使反应性加强。将 MA 加到快堆堆芯中能够嬗变一定量的 MA 核素，还可以减小燃耗反应下的损失，MA 的添加量和减小程度成正比；但是也会给堆芯带来一系列安全参数的恶化。

12.2.5.2 发展方向和趋势

对快堆嬗变 MA 进行系统研究的主要是法国、日本、美国和俄罗斯等几个国家。快堆的中子通量密度比热堆大，所以 MA 在快中子堆中嬗变时中子能谱的影响就会小一些，而且在快中子堆中焚烧 MA 时硬的中子能谱相对于热堆也是具有优势的，快堆中的锕系核素在发生了裂变反应后很容易变成稳定的核素，所以研究表明了加入嬗变 MA 核素快堆的效率要高于热堆的效率，但是由于裂变截面的不同，快堆的裂变截面更低，造成了 MA 被加入快堆后对燃料温度系数和空泡系数产生影响，造成了堆芯的安全性有所降低。

12.2.5.3 拟解决的关键科技问题

中国实验快堆工程（CEFR）嬗变靶件的设计和研制技术、含次锕系元素的 MOX 燃料制造技术、含 MA 燃料的快堆堆芯设计技术、批量使用含 MA 燃料的反应堆安全运行技术、辐照后含 MA 燃料的后处理技术等。

12.2.6 ADS 嬗变技术

12.2.6.1 技术内涵

加速器驱动的次临界系统（ADS）是由加速器、散裂靶和次临界反应堆等组成的系统。从反应堆设计上，ADS 属于快堆的一种，由于使用了加速器散裂中子源和次临界堆芯，具有更高的变效率与安全性。但由于是次临界系统，其发电效率很难达到电站水平。反应堆分离出的次锕系元素和裂变产物在 ADS 中以焚烧和嬗变等方式消耗，有利于实现核废料的处理和处置，达到废物最小化的目标，保障核能的绿色环保、可持续发展。

ADS 的特点是通过调节控制加速器的运行参数，可调控中子源的强度和快中子能谱，进而调控次临界反应堆中可裂变/可嬗变核素的嬗变速率。因为 ADS 采用的堆芯是一个深度次临界系统，具有固有安全性，可从根本上杜绝核临界事故，提高了反应堆系统的安全性，从而可提高公众对核能的接受程度。

12.2.6.2 发展方向和趋势

ADS 建设规模和投资大，相关的一系列重大关键技术综合性很强且极富挑战性，目前尚无建成先例。因此，国际上 ADS 研发均采用总体规划、分阶段实施的做法，并设想在 2030 年左右开始建设 ADS 示范装置。目前国际上 ADS 研发正在从关键技术攻关逐步转入原理验证和装置建设阶段。

12.2.6.3 拟解决的关键科技问题

"ADS 嬗变系统"相关基础研究、质子直线加速器、液态金属散裂靶、铅铋冷却反应堆、平台及配套设施等。

12.2.7 核能资源勘探开发与核燃料循环

12.2.7.1 技术内涵

我国已经确立了先进闭式核燃料循环战略，但在核燃料分离与嬗变技术方面，还存在短板，尚无法形成闭式循环，另外核燃料短缺问题尚未得到根本性解决，核废料处置方案尚未明确。

12.2.7.2 发展方向和趋势

应在高精度核资源勘探技术、高效率萃取分离技术、先进核临界安全技术、与我国核能发展规划相适应的高放核废料嬗变技术及相关实验研究、大规模核废料深地质贮存技术研究等方面加大任务部署力度。

预期目标为提出明显改善精度的勘探技术；形成 2～3 种高效率萃取工艺，U、Pu 分离效率达到 99.999%；突破年处理能力达到 800t 的临界安全等关键技术；完成克量级的 MA 核素嬗变实验；形成能够满足我国核电发展规划的核废料深地质贮存方案等。

12.2.7.3 拟解决的关键科技问题

核燃料的高精度勘探技术；乏燃料高效分离技术；高放核废料嬗变技术；核废料深地质贮存技术。

对于核燃料循环前、后端产业链进行总体布局和系统建设；在高效率萃取技术、水法和干法分离技术等基础科学问题方面寻求突破。

12.3 可控核聚变能

12.3.1 聚变示范堆 DEMO

开发聚变堆的根本目的是将等离子体产生的聚变能量开发成人类可直接利用的商业电能，为达到这个目的，必须经历实验堆和商用示范堆两个阶段的发展。实验堆用以验证聚变反应的物理和工程可行性，而聚变示范堆（DEMO）则是聚变堆商业化之前的商用示范堆。DEMO 的规模大约是商用堆规模的 50%～75%，DEMO 从物理及工程上也可看成是第一代商用聚变电站。从商业开发角度，DEMO 主要目的是吸引投资方进行投资，DEMO 设计者须使投资方相信：建造下一步的商用聚变堆技术可行，安全可靠，而且利润巨大，值得投资。而且 DEMO 必须使公众和政府相信：聚变堆可以长期安全可靠地运行、对环境影响小及能耗低。总的来说，DEMO 的主要作用是：验证将来商业聚变电站的安全、可靠性以及环境可行性；验证聚变电站预期的经济效益。

12.3.2 大型托卡马克聚变堆装置的设计、建造和运行

12.3.2.1 技术内涵

磁约束核聚变是利用特殊形态的磁场把氘、氚等轻原子核和自由电子组成的、处于热核反应状态的超高温等离子体约束在有限的体积内，使它受控制地发生大量的原子核聚变反应，释放出能量。目前世界上的磁约束核聚变装置主要有三种类型：托卡马克、仿星器以及反场箍缩。它们有各自的优点，其中托卡马克更容易接近聚变条件而且发展最快。

托卡马克，是一种利用磁约束来实现受控核聚变的环形容器。它的名字 Tokamak 来源于环形（toroidal）、真空室（kamera）、磁（magnit）、线圈（kotushka）字母的缩写。最初是由位于苏联莫斯科的库尔恰托夫研究所的阿齐莫维齐等人在 20 世纪 50 年代发明的。托卡马克的中央是一个环形的真空室，外面缠绕着线圈。在通电的时候托卡马克的内部会产生巨大的螺旋型磁场，将其中的等离子体加热到很高的温度，以达到核聚变的目的。

12.3.2.2 发展方向和趋势

为了尽早地实现可控聚变核能的商业化，充分利用现有的托卡马克装置和资源，基于全超导托卡马克新的特性，探索和实现两到三种适合于稳态条件的先进托卡马克运行模式，在稳态等离子体性能上实现突破。探索稳态条件下的先进托卡马克运行模式和手段。实现高功率密度下的适合未来反应堆运行的等离子体放电，为实现近堆芯稳态等离子体放电奠定科学和工程技术基础。

12.3.2.3 拟解决的关键科技问题

等离子体稳定性、输运、快粒子等的物理诊断技术，等离子体剖面参数和不稳定性的实时控制理论和技术，先进托卡马克运行技术，高功率密度下等离子体放电技术，等。

12.3.3 惯性约束聚变驱动器技术

12.3.3.1 技术内涵

惯性约束聚变（ICF）将某种形式的能量直接或间接地加载到聚变靶上，压缩并加热聚变燃料，在内爆运动惯性约束下实现热核点火和燃烧。基于脉冲功率技术的快 Z 箍缩（fast Z-pinch）技术可以实现驱动器电储能到 Z 箍缩负载动能或 X 射线辐射能的高效率能量转换，能量较为充足，驱动器造价相对低廉，并有望实现驱动器重频运行，将为驱动 ICF 以及惯性聚变能（IFE）提供可用的能量源。惯性约束聚变发电站所需要的驱动器必须具有下面几个特点：第一，它必须能将靶丸点燃并使靶上的能量增益达到足够高的数值；第二，具有好的可靠性和重复性；第三，具有好的经济性，即驱动器的成本必须尽量降低。

12.3.3.2 发展方向和趋势

ICF 最早采用高功率激光作为驱动源。目前国际上运行的功率最高的激光聚变装置是美国的 NIF（National Ignition Facility），其输出能量达 1.8MJ，峰值功率为 500TW。从 2010 年正式开始实验以来，NIF 在内爆动力学、流体力学不稳定性和辐射输运等方面取得了一系列重要成果，并首次在聚变燃料区实现聚变功率增益大于 1 的里程碑式进展。2022 年 12 月 13 日，美国能源部宣布，美国科研人员在研究核聚变能源方面取得重大突破，首次实现了净能量增益，实现单发点火目标。目前认为，影响点火最主要的两个因素是激光等离子体相互作用和靶丸内爆流不稳定性。目前对于 Z 箍缩聚变研究尚处于起步阶段，仍然需要对其聚变的可行性开展大量的实验验证。

12.3.3.3 拟解决的关键科技问题

可循环利用的传输线及回收利用技术，高增益、高产额燃料靶的设计技术，点火方案优化设计技术，内爆室和靶丸结构设计技术，等。

第 13 章

核能技术发展路线图

13.1 核能发展总体路线图

基于核能发展"三步走"战略以及国际核能研究最新发展趋势，我国核能发展近中期目标是优化自主第三代核电技术，实现核电安全高效、规模化发展，加强核燃料循环前端和后端能力建设；中长期目标是开发第四代核能系统，大幅提高铀资源利用率、实现放射性废物最小化、解决核能可持续发展面临的挑战，适当发展小型模块化反应堆、开拓核能供热和核动力等利用领域；长远目标则是发展核聚变技术。核能技术发展详见路线图 13-1。

2030 年前后，第四代堆将逐渐推向市场。预计 2050 年基本实现压水堆与快堆的匹配发展。

聚变能源是人类社会可持续发展未来理想战略新能源之一，但是其开发难度极大，2050 年后有望建成聚变示范堆。

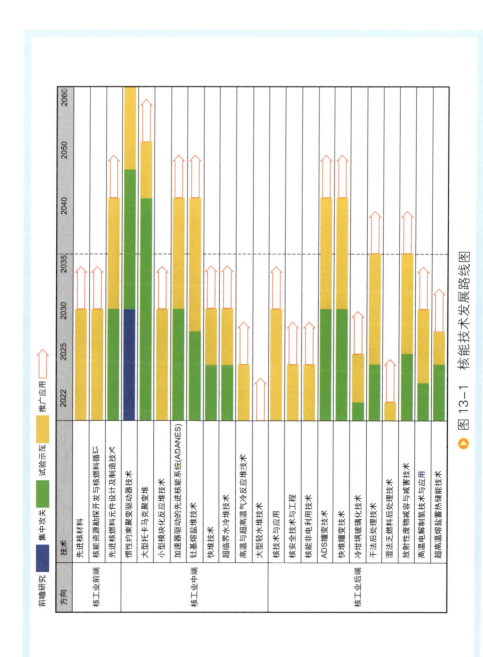

图 13-1 核能技术发展路线图

13.2 压水堆发展路线及备选技术

13.2.1 路线

近期,形成自主第三代核电技术的型谱化开发,开展批量化建设;全面实施中低放废物的处理,制定轻水堆的延寿和退役方案;开发小型模块化反应堆技术,建设陆上示范工程实现热电联产和海水淡化,同时推动浮动核电站建设,开拓海洋资源。

2030年前后,完成耐事故容错核燃料元件开发和严重事故机理研究;形成商业规模的后处理能力,与快堆初步形成闭式核燃料循环。

2050年前后,压水堆和快堆匹配发展,实施可持续的燃料循环,建立地质处置库。

13.2.2 备选技术

①铀资源勘查技术;②铀资源采冶技术;③同位素分离技术;④先进核燃料组件技术;⑤压水堆核能安全技术;⑥运行和维修安全技术;⑦智能化核电站技术;⑧一体式小型模块化反应堆技术;⑨核电装备制造技术创新;⑩核燃料循环后段技术。

13.3 快堆及第四代堆发展路线及备选技术

13.3.1 路线

2030年将有部分成熟堆型推向市场并逐渐扩大规模。同时发展以后处理为核心的燃料循环技术并形成与核电相匹配的产业能力,力争2050

年实现快堆与压水堆匹配发展。

13.3.2 备选技术

①一体化核燃料循环的自主大型商用增殖快堆技术；②高放废物的分离和嬗变技术；③核能多用途利用技术；④开发小型化铅冷堆技术。

13.4 受控核聚变科学技术路线及备选技术

13.4.1 路线

（1）磁约束聚变

近期目标：建立近堆芯级稳态等离子体实验平台，吸收消化、发展与储备聚变工程试验堆关键技术，设计、预研聚变工程试验堆关键部件等。

中期目标（2030年前后）：建设、运行聚变工程试验堆，开展稳态、高效、安全聚变堆科学和工程技术研究。

远期目标（2050年前后）：发展聚变电站，探索聚变商用电站的工程、安全、经济性相关技术。

（2）惯性约束聚变

2030年建设峰值电流为60～70MA的Z箍缩驱动器，实现聚变点火；2035年正式建设Z-FFR，适时开展工程演示。

13.4.2 备选技术

①磁约束聚变；②惯性约束聚变。

第 14 章

核能领域专利分析

14.1 研究背景

知识产权保护可以通过促进创新带来发展,由于科技创新具有可传播性和国际化的发展趋势,也就要求知识产权制度给予相应的协调和保护。

在新一轮高技术革命浪潮的推动下,全球经济竞争格局和产业布局态势正在发生深层次的变化,知识经济递进式发展,国家综合竞争力越来越依靠创新驱动,尤其是关键领域的重大技术突破。因此,鼓励发明创造、提高创新能力、促进科技进步,知识产权正发挥着无以替代的支撑保障和重要的引导作用,专利与技术创新的关系更加紧密,反过来知识产权的发展可以代表行业的发展趋势和方向。

本章运用专利宏观检索来分析核能领域技术发展的趋势和方向,分别对核能领域核裂变能、乏燃料后处理和可控核聚变三个方面进行介绍。

14.2 核裂变能专利现状分析

14.2.1 反应堆技术

从全球的反应堆专利趋势图 14-1 可以看出,反应堆专利申请和公开数量都在逐年增加,2020 年大约是 2002 年的 2 倍,说明核能反应堆技术逐渐引起重视,随着"双碳"进程的推进,核能反应堆技术将会在未来更加引人注目。从反应堆专利地区或组织排名图 14-2 可以看出,反应堆专利技术主要集中在美、日两个核大国手里,中国反应堆专利技术经过近年来的快速发展取得了不小的成绩,但与美、日还存在着不小的差距。从全球反应堆主要专利申请人情况图 14-3 来看,反应堆专利技术申

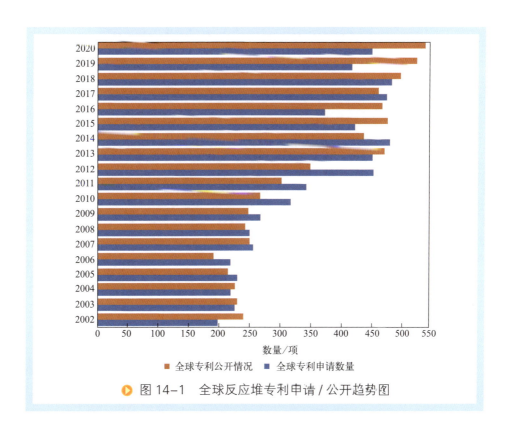

图 14-1 全球反应堆专利申请/公开趋势图

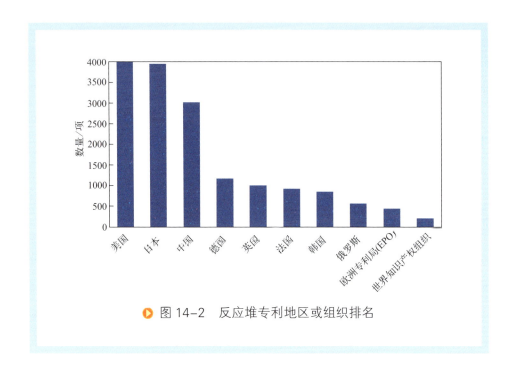

图 14-2　反应堆专利地区或组织排名

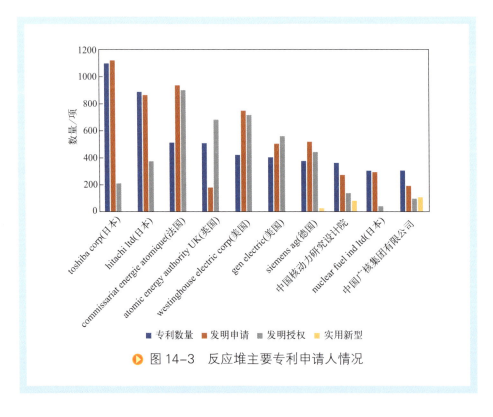

图 14-3　反应堆主要专利申请人情况

请人主要分布在日、美、欧地区的公司，我国反应堆的申请人主要是中国核动力研究设计院和中国广核集团有限公司两家，但与世界强企还存在一定的差距，说明我国核能反应堆技术与先进技术还有一定的差距，应加大研发力度。

14.2.2 核能非电应用技术

从全球的核能非电应用专利趋势图 14-4 可以看出，专利申请和公开数量都在逐年增加，2020 年大约是 2002 年的 20 倍，说明核能非电应用技术近年来发展迅速，核能非电应用是核能未来应用的又一主要场景。从核能非电应用专利地区或组织排名图 14-5 可以看出，核能非电应用专利技术主要集中在中国，中国核能非电应用专利经过近些年的快速发展已经领先于世界其他国家和地区。从全球核能非电应用主要专利申请人情况图

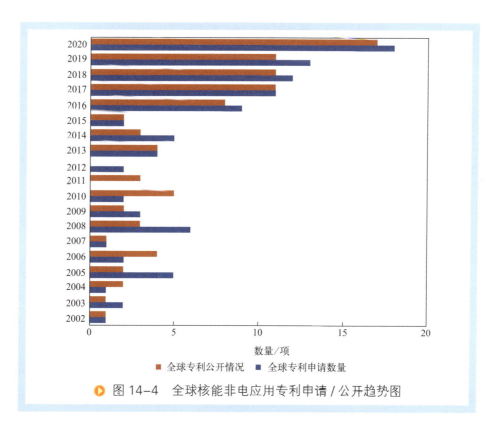

图 14-4　全球核能非电应用专利申请 / 公开趋势图

14-6来看，核能非电应用专利技术申请人主要分布中国科研机构和高校，但数量相对来说非常少，国外核能非电应用的专利申请很少，说明核能非电应用技术应加大研发力度，进一步结合其他行业扩大应用范围。

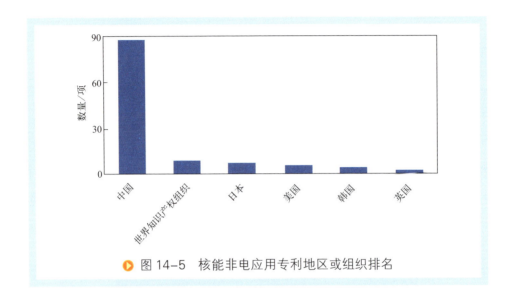

▶ 图 14-5 核能非电应用专利地区或组织排名

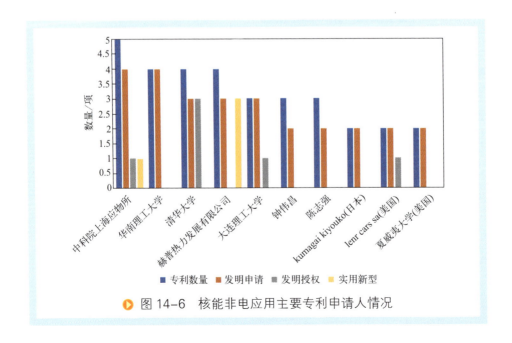

▶ 图 14-6 核能非电应用主要专利申请人情况

14.2.3 核安全科学技术

从全球的核安全科学技术专利趋势图 14-7 可以看出，专利申请和公开数量都在逐年增加，2020 年大约是 2002 年的 2 倍，说明核安全科学技术近年来发展迅速，核能利用在安全性为生命线的前提下发展，所以核安全科学技术是核能发展的前提条件。从核安全科学技术专利地区或组织排名图 14-8 可以看出，核安全科学技术专利技术主要集中在日本手里，日本经历福岛核事故后，在核安全科学技术方面加大了研发力度。中国核安全科学技术专利经过近些年的快速发展已经处于世界前列。从全球核安全科学技术主要专利申请人情况图 14-9 来看，核安全科学技术专利技术申请人主要分布在日本和中国的核电企业，其中中国企业与日本企业的差距还非常明显，因此，我国核电企业应加强核安全科技的研发力度。

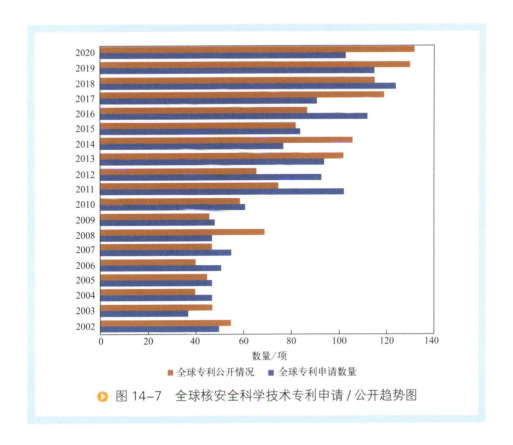

图 14-7 全球核安全科学技术专利申请/公开趋势图

图 14-8 核安全科学技术专利地区或组织排名

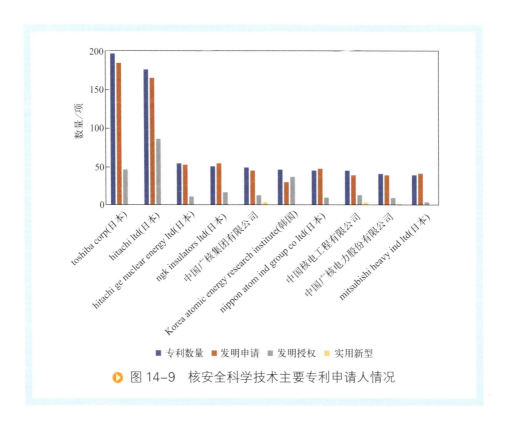

图 14-9 核安全科学技术主要专利申请人情况

14.3 乏燃料后处理专利现状分析

从全球的乏燃料后处理专利趋势图 14-10 可以看出，2017 年以前专利申请和公开数量每年都基本持平，2017 年后上升趋势明显，说明乏燃料后处理技术近年来引起了高度重视，随着乏燃料的量越来越多，其处理技术有待进一步提高。从乏燃料后处理专利地区或组织排名图 14-11 可以看出，乏燃料后处理专利技术主要集中在日本，中国乏燃料后处理专利经过近些年的快速发展已经处于世界前列。从全球乏燃料后处理主要专利申请人情况图 14-12 来看，乏燃料后处理专利技术申请人主要分布在日本的核电企业，我国企业与日本企业之间的差距还非常明显，因此，我国核电企业应加强乏燃料后处理的研发力度。

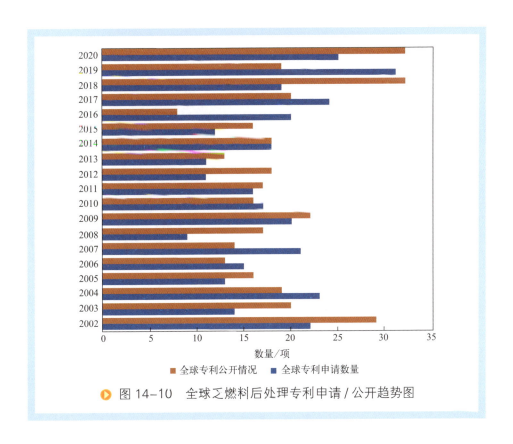

图 14-10　全球乏燃料后处理专利申请/公开趋势图

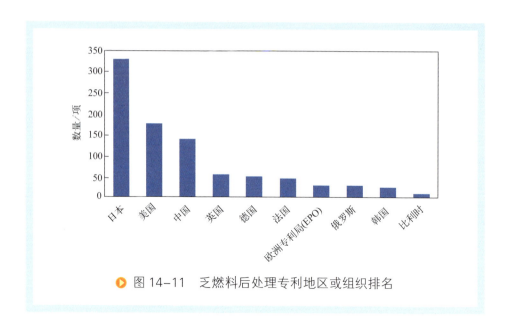

图 14-11 乏燃料后处理专利地区或组织排名

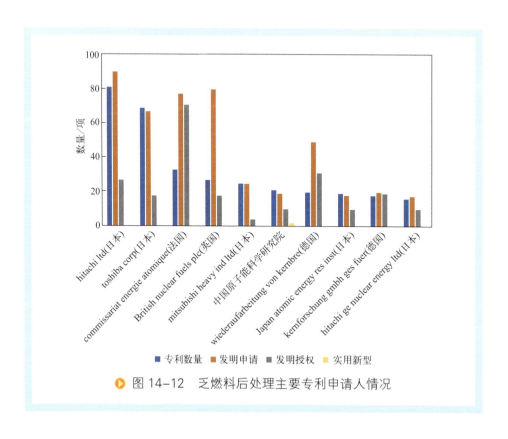

图 14-12 乏燃料后处理主要专利申请人情况

14.4 可控核聚变专利现状分析

14.4.1 磁约束核聚变技术

从全球的磁约束核聚变技术专利趋势图 14-13 可以看出，磁约束核聚变技术专利申请和公开数量在 2014—2016 年达到峰值，2016 年后发展有所放缓，说明磁约束核聚变技术经历了大爆发后逐步走向正轨。从磁约束核聚变技术地区或组织排名图 14-14 可以看出，磁约束核聚变技术专利主要集中在美国手里，中国紧随其后，但与美国还存在着不小的差距，在未来终极能源核聚变能方面美国走在世界的前列，其他国家处于跟跑状态。从全球磁约束核聚变技术主要专利申请人情况图 14-15 来看，

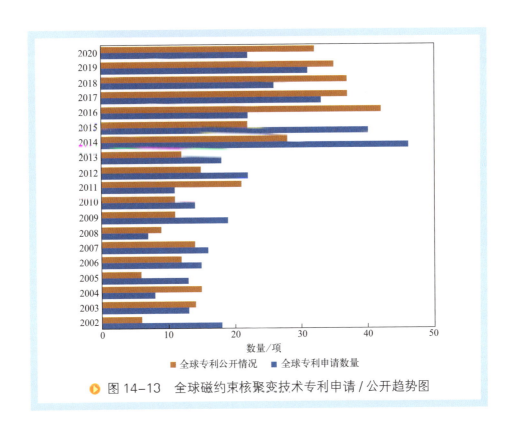

图 14-13 全球磁约束核聚变技术专利申请/公开趋势图

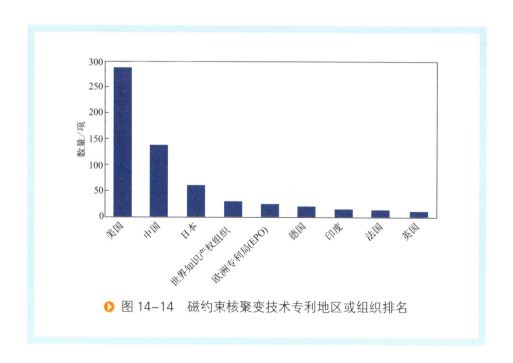

图 14-14 磁约束核聚变技术专利地区或组织排名

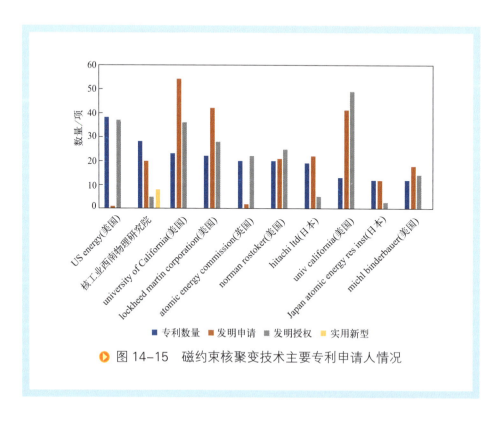

图 14-15 磁约束核聚变技术主要专利申请人情况

磁约束核聚变技术专利申请人主要分布在美国，我国核工业西南物理研究院该项技术专利位于世界前列。但我国无论从专利数量还是专利申请人数量上都与美国存在一定的差距，因此我国应加强磁约束核聚变技术方面的研发力度和投入，在未来终极能源技术领域占据重要一席。

14.4.2 惯性约束核聚变技术

从全球的惯性约束核聚变技术专利趋势图 14-16 可以看出，惯性约束核聚变技术专利申请和公开数量相比于磁约束核聚变技术数量明显减少，每年稳定在几项专利的申请和公开量。从地区或组织排名图 14-17 可以看出，惯性约束核聚变技术专利和磁约束核聚变技术专利一样主要集中在美国手里，中国紧随其后，但与美国还存在着不小的差距，在未来终极能源核聚变能方面美国走在世界的前列，其他国家处于跟跑状态。从全球惯性约束核聚变技术主要专利申请人情况图 14-18 来看，惯性约

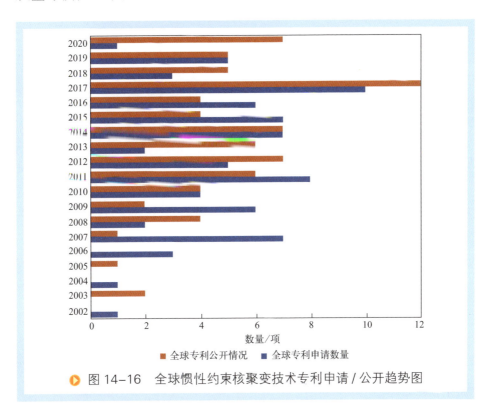

图 14-16　全球惯性约束核聚变技术专利申请 / 公开趋势图

束核聚变技术专利申请人主要分布在美国的实验室，我国哈尔滨工业大学该项技术专利方面位于世界前列。但我国无论从专利数量还是专利申请人数量上都与美国存在一定的差距，因此我国应加强惯性约束核聚变技术方面的研发力度和投入，在未来终极能源技术领域占据重要一席。

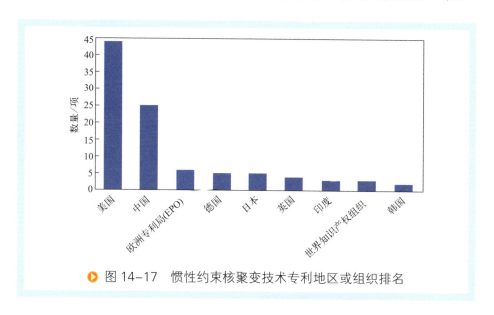

图 14-17　惯性约束核聚变技术专利地区或组织排名

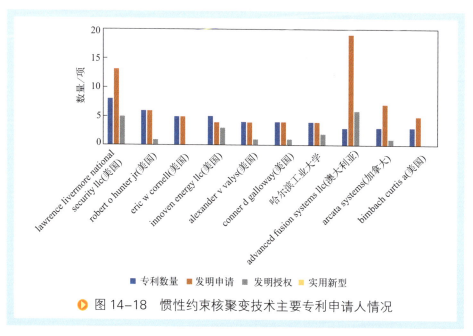

图 14-18　惯性约束核聚变技术主要专利申请人情况

第 15 章

"碳中和、碳达峰"目标下核能行业对策建议

核电作为稳定高效的清洁能源,是唯一可以大规模替代传统化石能源的基荷能源。时隔 3 年,2021 年核电再次被写入政府工作报告,提出"在确保安全的前提下积极有序发展核电",这是政府工作报告在提及发展核电时首次用"积极"一词来表述。目前我国核电发电量占全国发电量份额比较小,我国核电发展仍然有比较大的空间。根据"十四五"规划,"十四五"核电装机将达到 7000 万千瓦。照此估算,未来 5 年,中国或将有 2000 万千瓦的核电装机容量投入运营。

坚定核能安全发展战略,对我国构建安全高效能源体系、应对"双碳"挑战、保障可持续发展、加快科技创新、保障和提升国家总体安全具有重大的战略意义。

15.1 核电将成为兑现减排主力军,加强核电在未来能源体系中的作用和定位

低碳是核电作为能源的突出优势。核能是全生命周期碳排放最少的

发电技术之一。核电是未来新增非化石能源中最具竞争力的重要组成部分，是我国兑现减排承诺、实现"碳达峰""碳中和"战略部署的必然选择。核电行业可通过"已有规模稳定发展、后续规模有序增长"等有效途径，使核电成为我国新型电力系统的重要基础支撑，从而在帮助电力系统应对极端气候挑战和保障电力安全供应中发挥更加重要的作用。逐步推动核能开发资源配置的扩展化、多样化，保持核电的平稳有序发展，从而推动核能在新型能源体系中发挥更重要的作用。

15.2 核能非电应用将为能源密集型行业脱碳助力

由于核电站既生产低碳电力又生产热能，在世界许多地区具有成本竞争力，也为能源密集型行业的脱碳提供了机会，如扩大低碳或零碳钢铁、氢气和化工生产。在未来的脱碳能源组合中，核电有可能加强与其他低碳能源的整合，核能多用途利用将步入提档加速期。

15.3 核安全政策加快出台，保障核能安全性生命线

当前阻碍我国核电发展的一个重要因素便是公众对于核电的负面印象，1986年苏联切尔诺贝利核电站的核泄漏事故和2011年日本福岛第一核电站事故造成的举世瞩目的灾难都让人将核电同危险联系在一起。基于此，加快核安全相关政策的出台，切实保障核工业中核与辐射的安全至关重要。安全性作为核能行业的生命线，更应该在全产业发展中得到优先保障。积极研究探索公众宣传新思路新办法，提高公众对核能的接受程度，树立核能在公众心中的安全、高效、创新发展形象。

15.4 乏燃料管理尽快完善，确保核能可持续发展

乏燃料即反应堆中使用过的核燃料，将其进行化学处理，除去其中的裂变产物，并分离和回收易裂变核素及可转换核素，是提高核电经济性、确保核能可持续发展并降低放射性废物长期危害的最佳途径。

在我国核电高速发展的背景下，乏燃料管理也日趋紧迫。推进乏燃料处理处置工作规范、高效、有序开展，加强乏燃料管理工作非常迫切。尽快制定《乏燃料管理条例》，可为规范和加强乏燃料管理提供坚实的制度保障和依据。

15.5 加大国内铀资源勘查开发力度，确保核能物质基础供应安全

铀资源是核能发展的物质基础。要进一步加大国内铀矿勘查开发的经费投入和政策支持力度，推进实施铀资源保障重大科技工程，加快科技成果转化，尽快摸清我国铀资源家底，建成一批具有国际领先水平的千吨级铀矿大基地，确保核能可持续发展。

总结

纵观全球，根据世界资源研究所发布的报告，全球已有50多个国家实现碳达峰，约占到全球碳排放总量的40%，绝大多数为发达经济体，且欧洲国家占主导地位。全球已有超过130个国家和地区提出了"零碳"或碳中和的气候目标，时间目标以在2050年实现碳中和为主。从世界各国发展经验来看，能源结构调整是"双碳"目标实现的主要路径之一。美国、欧盟、日本等国家和地区大力推动清洁能源创新，促进新能源和替代能源的开发和推广利用，实现能源多样化和清洁化发展。

《世界能源展望2023》研究结果表明，目前在很多地区可再生能源已成为增量新建发电的成本最低的选择，可再生能源在其成本竞争力的推动下将继续快速增长。预计到2030年，可再生能源将占全球发电量的45%~50%，到2050年，比例将提升至65%~85%。太阳能是可再生能源发展的最大贡献者，其次是风能。然而，可再生能源的建设也面临供应链保障、许可程序、电网建设等挑战。虽然采用核能和碳捕集、利用与封存（CCUS）技术可以降低可再生能源建设的负担，但这取决于政治环境和未来的成本发展。

从我国推动"双碳"目标的实际工作看，近年来，我国陆续出台一系列政策文件和规划举措在源头治理、能源结构调整等多个方面作出部署。目前，我国能源和电力市场化改革积极推进，各区域电力市场已经建立，市场化售电量比例迅速提高，新能源逐步成为发电量增量主体，新能源产业也随之呈现快速发展趋势。新能源产业既是国家发展经济的重点之一，也是实现可持续发展的必要手段，故国家将继续加大对新能源产业的支持力度，通过技术创新、政策引导、资金扶持等多种方式，促进新能源产业的快速发展。

2021年政府工作报告中提出"大力发展新能源，在确保安全的前提下积极有序发展核电"，体现了国家对行业发展的明确政策导向。随着可再生能源高比例、大规模发展，可再生能源行业发展逐渐呈现融合之势，包括上下游产业的融合、与其他能源的融合、与其他行业的融合以及与其他国家和地区的融合。核能作为稳定高效的清洁能源，既可作为基荷供应可调度电力，又可部分参与调峰响应电能需求，是实现"双碳"战略目标的重要支柱能源。未来，核能将保持积极有序发展的态势，在能源多样性协调发展需求方面，核电规模化发展的基础更加完备，与风电、光伏等其他非化石能源将形成协调发展的局面。

未来，在能源革命的推动下，能源结构的调整将催生不同领域的合作共荣，打破领域之间的行业壁垒，突破各个环节的技术瓶颈，加快实现跨领域综合交叉发展，形成多领域协同创新发展的新局面。近中期电能替代和电气化率提升将持续拉动全社会用电需求增长，未来将形成风光领跑、大型可控电源协同发展的新格局，燃煤发电向调峰、供热服务功能转变。新能源将与传统能源进行深度融合，以实现能源的高效利用和低碳排放。同时，新能源产业也将为传统能源产业的转型升级提供新的动力和支持。

参考文献

[1] 丁仲礼,张涛.碳中和逻辑体系与技术需求[M].北京:科学出版社,2022.

[2] 何道清,何涛,丁宏林.太阳能光伏发电系统原理与应用技术[M].北京:化学工业出版社,2012.

[3] 王志峰.太阳能热发电站设计[M].2版.北京:化学工业出版社,2019.

[4] 沈文忠.太阳能光伏技术与应用[M].上海:上海交通大学出版社,2013.

[5] 丁建宁.高效晶体硅太阳能电池技术[M].北京:化学工业出版社,2019.

[6] 徐大平,柳亦兵,吕跃刚.风力发电原理[M].北京:机械工业出版社,2011.

[7] 潘文霞,杨建军,孙帆.风力发电与并网技术[M].北京:中国水利水电出版社,2017.

[8] 倪晨华,武贺,张榕.海洋能开发利用技术与示范[M].天津:天津科学技术出版社,2018.

[9] 李健.海洋能开发利用标准分析及标准战略研究[M].北京:海洋出版社,2021.

[10] 殷存毅.区域发展与政策[M].北京:社会科学文献出版社,2011.

[11] 蒋庆哲,王志刚,董秀成,等.中国低碳经济发展报告蓝皮书(2020—2021)[M].北京:石油工业出版社,2021.

[12] 董秀成,高建,张海霞.能源战略与政策[M].北京:科学出版社,2016.

[13] 水电水利规划设计总院.中国可再生能源发展报告2020[M].北京:中国水利水电出版社,2021.

[14] 麻常雷.中国海洋能产业进展2020[M].北京:海洋出版社,2020.

[15] 彭伟,麻常雷,王海峰.中国海洋能产业发展年度报告[M].北京:海洋出版社,2019.

[16] 陈冠益,马隆龙,颜蓓蓓.生物质能源技术与理论[M].北京:科学出版社,2017.

[17] 自然资源部中国地质调查局,国家能源局新能源和可再生能源司,中国科学院科技战略咨询研究院,国务院发展研究中心资源与环境政策研究所.中国地热能发展报告(2018)[M].北京:中国石化出版社,2018.

[18] 杜祥琬.核能技术发展战略研究[M].北京:机械工业出版社,2021.

[19] 白云生.中国战略性新兴产业研究与发展——核电[M].北京:机械工业出版社,2021.

[20] 中国产业发展促进会生物质能产业分会，德国国际合作机构，生态环境部环境工程评估中心，北京松杉低碳技术研究院.3060零碳生物质能发展潜力蓝皮书［R/OL］.（2021-09-14）［2022-12-03］.https：//beipa.org.cn/filedownload/394003.

[21] 国家太阳能光热产业技术创新战略联盟.2021中国太阳能热发电行业蓝皮书［R/OL］.（2022-02-09）［2022-05-07］.下载中心 - 国家太阳能光热产业技术创新战略联盟（cnste.org）.

[22] 国家太阳能光热产业技术创新战略联盟.2022中国太阳能热发电行业蓝皮书［R/OL］.（2023-01-31）［2023-05-11］.下载中心 - 国家太阳能光热产业技术创新战略联盟（cnste.org）.

[23] 北京国际风能大会暨展览会组委会.风电回顾与展望2021［R/OL］.（2021-10-28）［2022-04-11］.https：//mp.weixin.qq.com/s/VsH6fCCcaPz3izmeqPDLEQ.

[24] 国家发展和改革委员会能源研究所，国际能源署.能源技术路线图：中国风电发展路线图2050［R/OL］.（2011-10-05）［2022-08-11］.https：//www.iea.org/reports/technology-roadmap-china-wind-energy-development-roadmap-2050.

[25] 落基山研究所，能源转型委员会.电力增长零碳化（2020—2030）：中国实现碳中和的必经之路［R/OL］.（2021-04-09）［2022-04-16］.电力增长零碳化（2020-2030）：中国实现碳中和的必经之路 - 落基山研究所（RMI）.

[26] 中国可再生能源学会，中国可再生能源学会光伏专业委员会.2022中国光伏技术发展报告简版［R/OL］.（2022-07-05）［2022-11-16］.2022年中国光伏技术发展报告简版（cres.org.cn）.

[27] 中国光伏行业协会.2022—2023中国光伏产业发展路线图［R/OL］.（2023-02-23）［2023-05-16］.http：//www.chinapv.org.cn/road_map/1137.html.

[28] 中国光伏行业协会.2021中国光伏产业发展路线图［R/OL］.（2022-02-23）［2023-05-16］.http：//www.chinapv.org.cn/road_map/1016.html.

[29] 中国可再生能源学会.2022年中国光伏技术发展报告简版［R/OL］.（2022-07-10）［2023-09-10］.http：//www.cres.org.cn/zk/yjbg/art/2022/art_9033f7b04aa14043bd493dad46757547.html.

[30] 中国可再生能源学会风能专业委员会.2021年中国风电吊装容量统计简报［R/OL］.（2022-04-22）［2023-05-01］.https：//mp.weixin.qq.com/s/eW3OuSxYRQeGqmXdpxVaoQ.

[31] 中国可再生能源学会风能专业委员会.2022年中国风电吊装容量统计简

报［R/OL］.（2023-03-28）［2023-08-05］.https：//mp.weixin.qq.com/s/OWjtwPVOTkz18HXDJFXGLg.

[32] 中能传媒研究院.中国能源大数据报告（2023）［R/OL］.（2023-07-01）［2023-07-22］.https：//www.scbgao.com/doc/144256/.

[33] Global Wind Energy Council.Global offshore wind report 2022［R/OL］.（2022-09-22）［2022-12-17］.You searched for Global Offshore Wind Report 2022 -Global Wind Energy Council（gwec.net）.

[34] Global Wind Energy Council.Global wind report 2023［R/OL］.（2023-04-10）［2023-05-09］.Global Wind Report 2023 -Global Wind Energy Council（gwec.net）.

[35] Ocean Energy Europe.Ocean energy key trends and statistics 2022［R/OL］.（2023-03-23）［2023-05-09］.https：//www.oceanenergy-europe.eu/wp-content/uploads/2023/03/Ocean-Energy-Key-Trends-and-Statistics-2022.pdf.

[36] The International Hydropower Association.Hydropower 2050［R/OL］.（2021-09-10）［2022-05-19］.Hydropower 2050：Identifying the next 850+GW towards Net Zero.

[37] The International Hydropower Association.2022 hydropower status report［R/OL］.（2022-07-05）［2022-09-19］.https：//www.hydropower.org/publications/2022-hydropower-status-report.

[38] International Renewable Energy Agency.Renewable energy statistics 2023［R/OL］.（2023-07-06）［2023-07-15］.Renewable energy statistics 2023（irena.org）.

[39] International Renewable Energy Agency.Global geothermal market and technology assessment［R/OL］.（2023-02-16）［2023-06-15］.Global geothermal market and technology assessment（irena.org）.

[40] International Renewable Energy Agency. 水电不断变化的角色：挑战与机遇［R/OL］.（2023-02-13）［2023-04-15］.https：//www.irena.org/Publications/2023/Feb/The-changing-role-of-hydropower-Challenges-and-opportunities-ZH.

[41] 国家能源局.抽水蓄能中长期发展规划（2021—2035年）［R/OL］.（2021-09-17）［2022-12-15］.抽水蓄能中长期发展规划（2021—2035年）-国家能源局网站（nea.gov.cn）.

[42] 海洋能开发利用进展.瑞典CorPower公司波浪能装置完成陆上测试［R/OL］.（2022-10-09）［2022-12-18］.https：//mp.weixin.qq.com/s/2DgweS7oCBQQ8A49DIi1nA.

[43] 海洋能开发利用进展.英国 MPS 公司推进部署风波混合能源平台［R/OL］.（2022-10-09）［2022-12-18］.https：//mp.weixin.qq.com/s/clBQgoyGOItA5nagtGYd9g.

[44] 海洋能开发利用进展 瑞典 Minesto 公司布放第二台 D4 潮流能机组［R/OL］.（2022-10-09）［2022-12-18］.https：//mp.weixin.qq.com/s/z-XNnxmk0CNxsz0WOIMYPw.

[45] 海洋可再生能源开发利用.国际波浪能产业动态［R/OL］.（2023-02-1）［2023-2-15］.https：//mp.weixin.qq.com/s/6RMa8Dqa-_JVht9v73hbyg.

[46] 海洋能开发利用进展.国际波浪能产业动态［R/OL］.（2022-12-06）［2023-1-15］.https：//mp.weixin.qq.com/s/oB8ZdL3F2z1278qJPvbkRA.

[47] 海洋能开发利用进展.国际潮流能产业动态［R/OL］.（2022-11-29）［2023-1-15］.https：//mp.weixin.qq.com/s/wyMFbITUaak31jBN-tL1dA.

[48] 中国新闻网.世界单台容量最大潮流能发电机组在浙江舟山启动［R/OL］.（2022-02-24）［2023-07-14］.世界单台容量最大潮流能发电机组在浙江舟山启动 - 中新网（chinanews.com.cn）.

[49] 国际船舶海工网.英国 MPS 开发出制氢、海上发电、波浪能可在一个浮式平台上完成［R/OL］.（2022-02-19）［2023-04-10］.https：//mp.weixin.qq.com/s/LECK8FM-0gbzs5Auc-GNKQ.

[50] 国家能源局.水电发展"十三五"规划（2016—2020 年）［EB/OL］.（2016-11-29）［2022-10-15］.http：//www.nea.gov.cn/2016-11/29/c_135867663.htm.

[51] 国家能源局.中华人民共和国能源法（征求意见稿）［EB/OL］.（2020-04-10）［2023-04-15］.http：//www.nea.gov.cn/2020-04/10/c_138963212.htm.

[52] 中华人民共和国中央人民政府.中华人民共和国国民经济和社会发展第十四个五年规划和 2035 年远景目标纲要［EB/OL］.（2021-03-13）［2022-03-15］.中华人民共和国国民经济和社会发展第十四个五年规划和 2035 年远景目标纲要 _ 滚动新闻 _ 中国政府网（www.gov.cn）.

[53] 何京东,曹大泉,段晓男,等.发挥国家战略科技力量作用,为"双碳"目标提供有力科技支撑［J］.中国科学院院刊,2022,37（04）:415-422.

[54] 蔡睿,朱汉雄,李婉君,等."双碳"目标下能源科技的多能融合发展路径研究［J］.中国科学院院刊,2022,37（04）:502-510.

[55] 刘伟民,麻常雷,陈凤云,等.海洋可再生能源开发利用与技术进展［J］.海洋科学进展,2018,36（01）:1-18.

[56] 王世明,李淼淼,李泽宇,等.国际潮流能利用技术发展综述［J］.船舶工程,2020,42（增 1）:23-28,487.

[57] 张浩东.浅谈中国潮汐能发电及其发展前景[J].能源与节能,2019(05):53-54.

[58] 王冀."蓝"能可贵的海洋能[J].地球,2020(02):6-11.

[59] 王欣,唐其,谢文超,等.促进我国海洋可再生能源发展的政策路线研究[J].海洋开发与管理,2016,33(06):79-83.

[60] 薛碧颖,陈斌,邹亮.我国海洋无碳能源调查与开发利用主要进展[J].中国地质调查,2021,8(04):53-65.

[61] 李大树,刘强,董芬,等.海洋温差能开发利用技术进展及预见研究[J].工业加热,2021,50(11):1-3,16.

[62] "中国工程科技2035发展战略研究"海洋领域课题组.中国海洋工程科技2035发展战略研究[J].中国工程科学,2017,19(01):108-117.

[63] 刘伟民,刘蕾,陈凤云,等.中国海洋可再生能源技术进展[J].科技导报,2020,38(14):27-39.

[64] 路晴,史宏达.中国波浪能技术进展与未来趋势[J].海岸工程,2022,41(01):1-12.

[65] 王项南,麻常雷."双碳"目标下海洋可再生能源资源开发利用[J].华电技术,2021,43(11):91-96.

[66] 刘强,李大树,兰志刚.海洋温差能发电循环系统热力学分析[J].工业加热,2020,49(03):6-9.

[67] 陈映彬,黄技,赖寿荣,等.波浪能发电现状及关键技术综述[J].水电与新能源,2020,34(01):33-35,43.

[68] 张仂,孟兴智,潘文琦.盐差能利用趋势[J].盐科学与化工,2021,50(04):1-3.

[69] 郑洁,杨淑涵,柳存根,等.海洋可再生能源装备技术发展研究[J].中国工程科学,2023,25(03):22-32.

[70] 马最良,姚杨,赵丽莹.污水源热泵系统的应用前景[J].中国给水排水,2003,19(7):41-43.

[71] KONG Y L, PANG Z H, SHAO H B, et al. Recent studies on hydrothermal systems in China: A review[J]. Geothermal Energy, 2014, 2(1): 19.

[72] 李克勋,宗明珠,魏高升.地热能及与其他新能源联合发电综述[J].发电技术,2020,41(01):79-87.

[73] 王沣浩,蔡皖龙,王铭,等.地热能供热技术研究现状及展望[J].制冷学报,2021,42(01):14-22.

[74] 王贵玲,张薇,梁继运,等.中国地热资源潜力评价[J].地球学报,2017,38(04):449-450,134,451-459.

[75] 黄嘉超, 梁海军, 谷雪曦. 中国地热能发展形势及"十四五"发展建议[J]. 世界石油工业, 2021, 28(02): 41-46.

[76] 莫一波, 黄柳燕, 袁朝兴, 等. 地热能发电技术研究综述[J]. 东方电气评论, 2019, 33(02): 76-80.

[77] 庞忠和, 罗霁, 龚宇烈. 国内外地热产业发展现状与展望[J]. 中国核工业, 2017(12): 47-50.

[78] 曾卢洁. 陈勇: 从中国资源禀赋考虑应大力发展地热能[J]. 高科技与产业化, 2019(09): 20-23.

[79] 李美成, 高中亮, 王龙泽, 等. "双碳"目标下我国太阳能利用技术的发展现状与展望[J]. 太阳能, 2021(11): 13-18.

[80] 杨俊峰, 李博洋, 霍婧, 等. "十四五"中国光伏行业绿色低碳发展关键问题分析[J]. 有色金属(冶炼部分), 2021(12): 57-62.

[81] 李小璐, 张婧竹, 张治平, 等. "双碳"目标下可再生能源产业政策趋势研判[J]. 中国环保产业, 2021(11): 63-65.

[82] 王志峰, 何雅玲, 康重庆, 等. 明确太阳能热发电战略定位促进技术发展[J]. 华电技术, 2021, 43(11): 1-4.

[83] 王仁和, 任柳青. 地方太阳能光伏政策出台的逻辑——兼论产业发展阶段与产业政策的关联[J]. 科学学研究, 2021, 39(10): 1781-1789, 1802.

[84] 徐蔚冰. 发挥太阳能热发电优势 亟待政策扶持规模化降本[N]. 中国经济时报, 2021-07-14(003).

[85] 李红伟, 刘彤, 唐鹏, 等. 光热-光伏-风电-火电联合发电调度优化[J/OL]. 中国测试: 1-8[2023-08-03]. http://kns.cnki.net/kcms/detail/51.1714.TB.20211130.2018.025.html.

[86] 吴毅, 王佳莹, 王明坤, 等. 基于超临界CO_2布雷顿循环的塔式太阳能热发电系统[J]. 西安交通大学学报, 2016, 50(05): 108-113.

[87] 张云龙, 陈新亮, 周忠信, 等. 晶体硅太阳电池研究进展[J]. 太阳能学报, 2021, 42(10): 49-60.

[88] 纪志国. 我国风电产业现状与发展趋势探究[J]. 中国设备工程, 2020(18): 217-218.

[89] 贾振航. 科普讲座 第五讲 取之不竭的风能[J]. 节能与环保, 2004(06): 54-55.

[90] 张杰, 赵君博, 翟东升. 可再生能源发展态势及特征——基于四领域常见可再生能源专利的主题分析[J]. 科技管理研究, 2018, 38(19): 38-46.

[91] 方程, 许彦斌, 张凯琳, 等. 可再生能源消纳责任权重制下风电多阶段消纳策略[J]. 华北电力大学学报(自然科学版), 2023, 50(03): 101-109.

[92] 刘媛媛.能源转型下可再生能源发展现状与趋势研究［J］.中国经贸导刊（中），2018（35）：9-11.

[93] 杨永江，张晨笛.中国水电发展热点综述［J］.水电与新能源，2021，35（09）：1-7.

[94] 王舒鹤.中国水电发展的现状与前景展望［J］.河南水利与南水北调，2021，50（07）：26-27.

[95] 宁传新，张博庭.新常态下中国水电发展的机遇与挑战［J］.科技资讯，2019，17（33）：32-34.

[96] 佚名.2018年中国水电发展趋势探讨［J］.中国水能及电气化，2018（03）：1-3.

[97] 韩雪，胡润青.浅析可再生能源供热与区域热电协同［J］.供用电，2017，34（12）：15-20.

[98] 胡润青，窦克军.我国北方地区可再生能源供暖的思考与建议［J］.中国能源，2017，39（11）：25-27，32.

[99] 李琰琰，葛慧，郭志强.我国可再生能源供热发展潜力分析［J］.区域供热，2016（06）：108-111.

[100] 罗淑湘，赵鹏，牛彦涛，等.基于GIS的区域可再生能源供热/热水网络规划模型研究［J］.建筑技术，2017，48（07）：693-695.

[101] 孙旭东，徐小宇，罗魁，等.新能源应用安全风险防控战略框架研究［J/OL］.中国工程科学：1-12［2023-10-07］.http：//kns.cnki.net/kcms/detail/11.4421.G3.20230927.1813.002.html.

[102] 何建东，邱情芳，冯成.大规模海上风电集成送出关键技术与发展趋势综述［J］.风能，2022（12）：82-87.

[103] 朱蓉，向洋，孙朝阳，等.中国典型复杂地形风能资源特性及其形成机制［J/OL］.太阳能学报，2024，45（04）：226-237.

[104] 赵东来.中国海上风电运营优化及发展研究［D］.北京：华北电力大学，2022.

[105] 刘玉新，郭越，黄超.中外海上风电发展形势和政策比较研究［J］.科技管理研究，2023，43（08）：65-70.

[106] 刘羊旸.迈向清洁低碳——我国能源发展成就综述［EB/OL］.（2021-06-10）［2022-11-15］.https：//www.gov.cn/xinwen/2021-06/10/content_5616827.htm.

[107] 国家能源局.国家能源局2023年一季度新闻发布会文字实录［EB/OL］.（2023-02-13）［2023-02-15］.http：//www.nea.gov.cn/2023-02/13/c_1310697149.htm.

[108] 国家能源局.国家能源局组织召开2023年2月份全国可再生能源开发建设形势分析会［EB/OL］.（2023-02-20）［2023-02-27］.http：//www.nea.gov.cn/2023-02/20/c_1310698646.htm.

[109] 国家能源局.全国能源工作会议召开·国家能源局：2023年继续加大风电光伏建设［EB/OL］.（2023-01-03）［2023-03-12］.http：//www.nea.gov.cn/2023-01/03/c_1310687970.htm.

[110] 国家能源局.我国太阳能资源是如何分布的？［EB/OL］.（2014-08-03）［2022-07-12］.我国太阳能资源是如何分布的？——国家能源局（nea.gov.cn）.

[111] 国家能源局.我生物质发电研究取得新突破 助力"双碳"目标实现［EB/OL］.（2021-12-24）［2022-03-12］.http：//www.nea.gov.cn/2021-12/24/c_1310391407.htm.

[112] 田宜水,单明,孔庚,等.我国生物质经济发展战略研究［J］.中国工程科学,2021,23（01）:133-140.

[113] 于建荣,王跃,毛开云.生物基产品发展现状及前景分析［J］.生物产业技术,2017（04）:7-15.

[114] 田宜水.中国规模化养殖场畜禽粪便资源沼气生产潜力评价［J］.农业工程学报,2012,28（08）:230-234.

[115] 国家林业和草原局.中国森林资源报告［M］.北京：中国林业出版社,2019.

[116] 王岚,赵启红,陈洪章.规模化纤维素乙醇的困境与出路［J］.高科技与产业化,2018（06）:55-61.

[117] 夏昇,陈爵,付乾,等.可再生合成燃料研究进展［J］科学通报,2020,65（18）:1814-1823.

[118] 吴创之,阴秀丽,刘华财,等.生物质能分布式利用发展趋势分析［J］.中国科学院院刊,2016,31（02）:191-198.

[119] 肖明松.我国生物质高效利用途径和发展路线［C］//勤哲文化传播（上海）有限公司.2014中国（国际）生物质能源与生物质利用高峰论坛（BBS 2014）主论坛：全球生物质能源产业发展高层论坛（现状、趋势与挑战）论文集.［出版者不详］,2014:35.

[120] 杜祥琬,黄其励,李俊峰,等.我国可再生能源战略地位和发展路线图研究［J］.中国工程科学,2009,11（08）:4-9,51.

[121] 谭增强,牛国平,王一坤,等.生物质直燃发电大气污染物超低排放技术路线分析［J］.热力发电,2021,50（10）:101-107.

[122] 王勃华.光伏行业2022年发展回顾与2023年形势展望［EB/OL］.中

国可再生能源学会,（2023-02-17）[2023-06-12].https：//mp.weixin.qq.com/s/wHAu0QqqIt5kAHkcGxEzsw.

[123] 中国可再生能源学会光伏专业委员会.2022太阳电池中国最高效率结果发布[EB/OL].光伏专委会,（2023-04-02）[2023-08-05].https：//mp.weixin.qq.com/s/8oPLX2j6PouzPGLoOkWi_Q.

[124] 人民网.全球首个深远海风光同场漂浮式光伏实证项目成功发电[EB/OL].（2022-11-01）[2023-01-05].全球首个深远海风光同场漂浮式光伏实证项目成功发电 -- 经济·科技 -- 人民网（people.com.cn）.

[125] 人民网.全球首个超高海拔光伏实证实验基地在四川投产[EB/OL].（2022-10-21）[2022-12-19].http：//finance.people.com.cn/n1/2022/1021/c1004-32549175.html.

[126] 新华网.海潮涌绿电生——单机1.6兆瓦潮流能发电机组在浙江舟山下海[EB/OL].（2022-2-25）[2022-7-19].海潮涌绿电生——单机1.6兆瓦潮流能发电机组在浙江舟山下海 - 新华网（news.cn）.

[127] 浙江可胜技术股份有限公司.青海中控德令哈储能光热电站再创纪录！全国首个发电量超设计能力！[EB/OL].北极星储能网,（2022-07-06）[2022-12-05].https：//news.bjx.com.cn/html/20220706/1238879.shtml.

[128] 国家太阳能光热产业技术创新战略联盟.中船新能乌拉特100MW槽式光热电站累计发电约5.5亿度[EB/OL].（2023-02-15）[2023-05-05].https：//mp.weixin.qq.com/s/eOtJj2lDYewj9RZsJleBBg.

[129] 国家太阳能光热产业技术创新战略联盟.400名参会代表参观首航敦煌100MW熔盐塔式光热电站[EB/OL].（2023-03-02）[2023-04-05].https：//mp.weixin.qq.com/s/2EQuPC4EyY8cCVUsZESRSw.

[130] 国家太阳能光热产业技术创新战略联盟.中广核德令哈50MW槽式光热发电项目进入"三岛联调"阶段[EB/OL].（2018-06-20）[2022-07-05].https：//mp.weixin.qq.com/s/Wu0tcgLFcULQ1QJqsy0HJA.

[131] 国家太阳能光热产业技术创新战略联盟.单日发电量达61.9万千瓦时！中电建青海共和50MW光热示范电站发电性能稳步提升[EB/OL].（2023-04-06）[2023-06-12].https：//mp.weixin.qq.com/s/Uz0qiH3_6OxTj0jzK-q9Cg.

[132] 国家太阳能光热产业技术创新战略联盟.全球首座熔盐线性菲涅尔光热电站迎来400名参观代表[EB/OL].（2023-03-03）[2023-03-12].https：//mp.weixin.qq.com/s/vdMN-a8WkNh7ELkUkVLtyQ.

[133] 国家太阳能光热产业技术创新战略联盟.鲁能海西州50MW光热发电项目一次并网发电成功[EB/OL].（2019-09-20）[2023-02-12].https：//

[134] 廖睿灵. 点赞！重大工程彰显中国实力［EB/OL］. 人民日报海外版，（2023-01-03）［2023-01-12］. http://paper.people.com.cn/rmrbhwb/html/2023-01/03/content_25957375.htm.

[135] 周小彦. 重磅！2022年中国风电产业成绩单出炉［EB/OL］. 北极星风力发电网，（2023-01-03）［2023-03-12］. https://news.bjx.com.cn/html/20230103/1280431.shtml.

[136] 中国电力建设集团有限公司. 中企承建的卡塔尔最大光伏电站建成投产［EB/OL］. （2022-10-21）［2023-03-19］. http://www.sasac.gov.cn/n2588025/n2588124/c26284716/contcnt.html.

[137] 杜祥琬，叶奇蓁，徐銤，等. 核能技术方向研究及发展路线图［J］. 中国工程科学，2018，20（03）：17-24.

[138] 陈军强，曾威，王佳营，等. 全球和我国铀资源供需形势分析［J］. 华北地质，2021，44（02）：25-34.

[139] 周全之. 中国大陆核电发展历程及前景［J］. 大众用电，2019，34（07）：21-23.

[140] 邢继，高力，霍小东，等. "碳达峰、碳中和"背景下核能利用浅析［J］. 核科学与工程，2022，42（01）：10-17.

[141] IAEA.Advances in small modular reactor technology developments，2016 edition［R］.Vienna：lAEA，2016.

[142] IAEA.Nuclear technology review 2017［R］.Vienna：IAEA，2017.

[143] 唐传宝，柴晓明. 实现"双碳"目标，核能不可或缺［J］. 中国机关后勤，2022（01）：72-74.

[144] Mydee Schneider，Antony Froggatt.World nuclear industry status report 2015［R］.Paris：Mac Arthur Foundation，2015.

[145] 中国核电发展中心，国网能源研究院有限公司. 我国核电发展规划研究［M］. 北京：中国原子能出版社，2019.

[146] Mydee Schneider，Antony Froggatt.World nuclear industry status report 2017［R］.Paris：Mac Arthur Foundation，2017.

[147] IAEA.International status and prospects for nuclear power 2017［R］.Vienna：IAEA，2017.

[148] IAEA.Energy，electricity and nuclear power estimates for the period up to 2050［R］.Vienna：lAEA，2017.

[149] 程竹静，李磊，张诗悦. 世界先进核能与核安全技术发展及其对我国的启示［J］. 中国基础科学，2021，23（04）：52-55，62.

[150] 叶奇蓁.未来我国核能技术发展的主要方向和重点[J].中国核电，2018，11（02）：130-133.

[151] 杨勇，王静，徐銤.我国基于快堆的可持续核能系统发展思考[J].中国工程科学，2018，20（03）：32-38.

[152] 林双幸，张铁岭.加快钍资源开发 促进我国核能可持续发展[J].中国核工业，2016（01）：32-36，64.

[153] 张晓，蔡煜琦，宋继叶，等.亚洲铀资源勘查开发动态与核能发展战略[J].铀矿地质，2023，39（01）：84-100.

[154] Nuclear Energy Agency and the International Atomic Energy Agency. Uranium 2020: Resources, production and demand[R].Vienna: IAEA-OECD/NEA，2020.

[155] IAEA.Nuclear power reactors in the world[R].Vienna: IAEA，2018.

[156] World Nuclear Association.World nuclear performance report 2017[R]. England and Wales: WNA，2017.

[157] 赵琛，王一帆，李思颖，等.中国未来核电发展趋势与关键技术[J].能源与节能，2020（11）：46-49，67.

[158] 陈敏曦.核电在未来能源系统中的定位与发展[J].中国电力企业管理，2019（22）：91-95.

[159] 鲁刚，郑宽.能源高质量发展要求下核电发展前景研究[J].中国核电，2019，12（05）：498-502.

[160] 张磊，刘正晖，胡丹，等.欧盟核电市场分析及开发策略[J].中国核电，2021，14（05）：735-738.

[161] 叶奇蓁.提升核电仪控技术水平，助力核电产业长足发展[J].中国核电，2017，10（03）：300-301.

[162] 国家能源局.众多国家开发海洋能源[N/OL].（2006-02-09）[2024-05-19].https://www.nea.gov.cn/2006-02/09/c_131056260.htm.